건축실시설계 931시간의 기록

교육내용으로서의 실시설계는 형태나 공간계획 등의 건축계획뿐만 아니라 건물의 기능과 안전을 발휘하게 하는 대지, 토목, 구조, 기계, 전기, 소화, 피난, 방재, 정화조 등을 고려한 기술, 환경계획 등이 포함된다.

따라서 도시설계/지구단위계획, 대지안의 공지, 마감재료계획, 창호계획, 계단/동선계획, 부설주차장, 건물시스템설계, 무장애설계, 안전방재계획, 구조(스팬), 층고/천정고 계획, 건물 내부/외부공간 레벨계획, 대지조성계획 등에 대한 내용을 학생들의 결과물에 담았다. 시공을 전제로 작성한 도면으로 모든 표현과 표기는 표준화된 기준을 따랐고 하나의 표현 요소가 다른 도면에도 연동되어 표현되므로 앞뒤 도면의 일관성과 정확성을 준수하였다.

이 책은 배치도, 평면도, 입면도, 단면도, 외벽단면상세도, 계단/화장실확대도 등 학생들이 작성한 도면 내용(평균 84장)중의 일부만으로 편집하였다.

이충기 교수

현재 서울시립대학교 건축학부 교수이며 서울시건축정책위원, 세운상가재생총괄MP, 한국건축학교
육인증원인증사업단장, 서울시도시건축공동의원 등을 맡고 있다. 서울시명예시장, 국토부중앙건축
위원, 목포시도시재생총괄코디, 서울시찾동사업총괄MP, 서울건축문화제총감독, 한국문화예술위원
등의 활동을 하였다.

2010베니스비엔날레참여작가, 건축대전초대작가, 블라디보스톡비엔날레, 베를린DAZ초청전시, 푸
랑크푸르트DAM초청전시, 홍콩센젠비엔날레 등의 전시활동과 겸하여 수연목서(2021한국건축문화
대상), 인왕산초소책방(2020한국공공건축대상, 2021서울시건축상), 진집(2016건축문화대상, 대
구시건축상), 선벽원(2013한국건축베스트7, 서울시건축상, 한국리모델링대상), 제주전문건설회관
(2006제주건축문화대상), 옥계휴게소(2005한국건축문화대상), 인삼랜드휴게소(2001한국건축문
화대상), 가나안교회(2001한국건축문화대상)등의 대표작과 수상작을 발표하였다.

최근 리모델링 건축과 마을가꾸기, 공공디자인 등의 사회, 공공적 활동과 도시, 건축의 재생 및 재활용
분야에 많은 관심과 노력을 기울이고 있다.

지도교수
이충기

에디터
강현우, 권오태, 박서현, 신준호, 최맑은별

참여학생
강현우, 권오태, 김가은, 김소영, 남석원, 노동섭,
박서현, 신준호, 양유진, 임예지, 최맑은별

서울시립대학교 건축학부

이충기 스튜디오 수업 기록

———

건 축 실 시 설 계
931시간의 기록

THE DOCUMENTS OF 931 HOURS

uosarch

9000

750

775

Park, Seohyun
psh4050@uosarch.ac.kr
@lillili_ya

Kim, Soyoung
lora21@naver.com

Model

Getting stupid

Falling into the screen

Pretending to draw

Kang, Hyunwoo
gusdn205@uosarch.ac.kr
@hyunwoouo

1800

Kim, Gaeun
pillar177@uosarch.ac.kr
@uddy_ganny

Runnig away

Kim, Gaeun

Critic de

Getting sleep

Choi, Malgeunbyul
byulchoi0324@gmail.com
@mal_geun

2400

Thinking about dinner

Packing up

Listening to music

Shin, Junho
grand0605@daum.net
@chamchiramen

Model

Nam, Seokwon
sktmrms@naver.com

Yang, Yoojin
diddbwls7797@naver.com
@wrkshp.yang

Studio Chung-

N

500

2550

Lim, Yeji
lim99021@uosarch.ac.kr
@ccllzl

Kwon, Ohtae
apicad7@naver.com
@ooohtae_

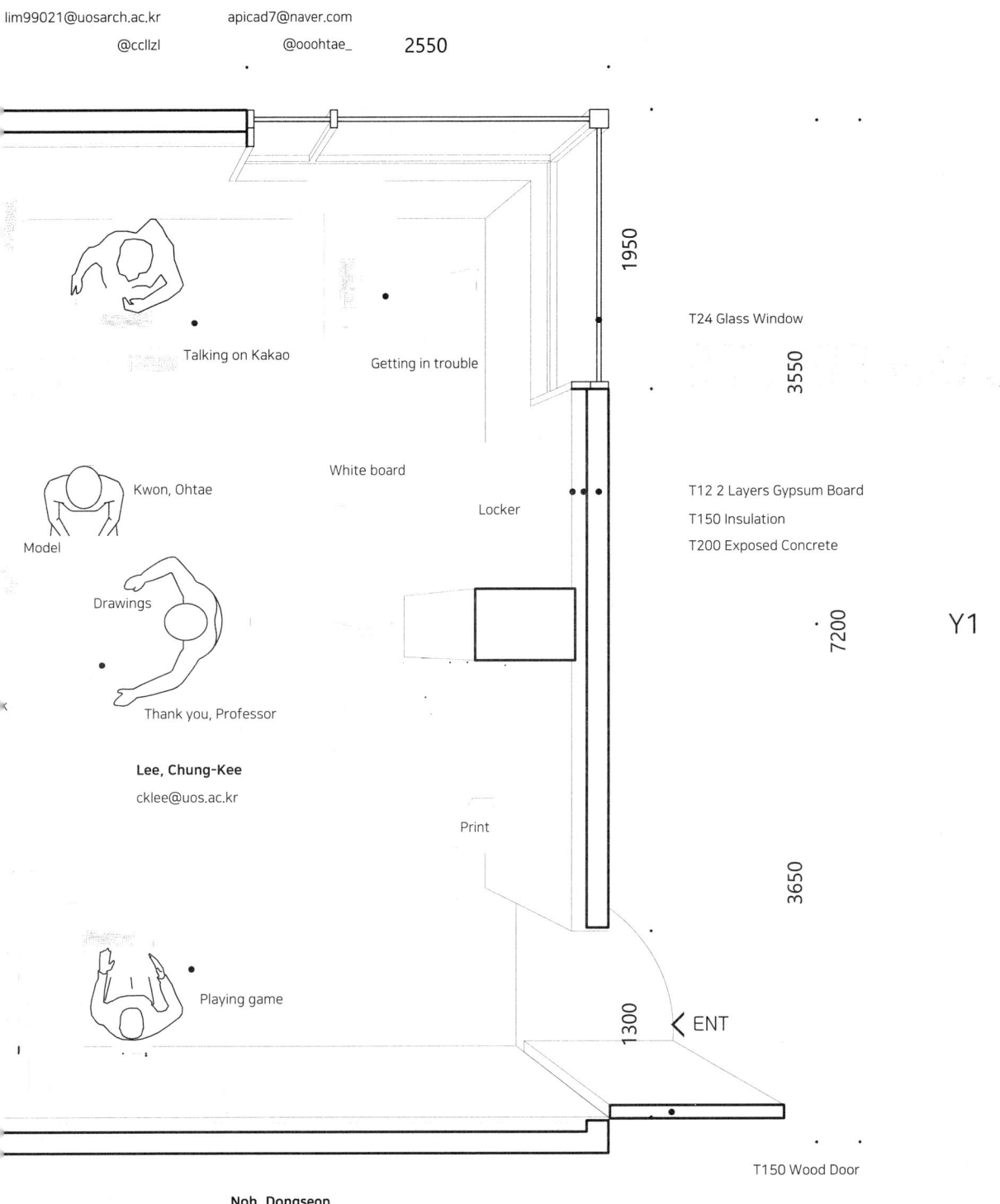

Talking on Kakao

Getting in trouble

1950

T24 Glass Window

3550

White board

Model

Kwon, Ohtae

Locker

T12 2 Layers Gypsum Board
T150 Insulation
T200 Exposed Concrete

Drawings

7200

Y1

Thank you, Professor

Lee, Chung-Kee
cklee@uos.ac.kr

Print

3650

Playing game

1300

＜ ENT

T150 Wood Door

Noh, Dongseop
rohhj@uos.ac.kr
@nodongseob

163,Seoulsiripdae-ro, Dongdaemun-gu, Seoul, Republic of Korea
3F Studio A Chung-Kee Lee

ee Lee Floor Plan

Scale : None

Drawing1 *

[–][Top][2D Wireframe]

CONTENTS

× 🔧 🗖 ▾ Type a command

Model   Layout1

Prologue

Construction Documents

Epilogue

Chung-Kee

한 학기 동안의 설계 결과를 책으로 묶어 내게 되었습니다.

이제 학생들의 작업을 한권의 책으로 만드는 일은 컴퓨터의 도움을 얻어서이긴 하지만 설계 과제 보다 한결 쉬워 보입니다.

그러나 글과 그림으로 보이는 이미지를 확대하면 겉으로 드러나지 않은 한 학기동안의 땀과 노력과 시간들이 녹아있고 접혀져(folding)있습니다.

그것이 그들에게나 저에게도 이 책이 뿌듯하게 다가올 수밖에 없는 이유이기도 합니다.

내용이나 형식이 부족하게 보일지라도 예쁘게 보아 주시기 바랍니다.

밤새고 맞이하는 수업시간의 부스스한 학생들 모습들을 떠올리면 그저 그들만큼이나 참하고 자랑스러운 작품집임을 부인할 수 없기 때문입니다.

우리 학생들은 폭염의 여름부터 낙엽 지는 가을까지 저와 동행하며 수고로움을 마다하지 않았습니다.

지난 가을, 캠퍼스의 맑은 바람과 형형색색의 낙엽들이 몸서리치도록 좋았다는 걸 밤샘작업과 낮 수업에 쫓긴 그들은 몰랐을 것입니다. 축제다 운동이다 해서 캠퍼스가 떠나갈 듯해도 목소리 한번 크게 지르지 못했을 그들 생각에 마음이 저립니다.

설계가 무엇이관데, 이리도 힘들게 했을까?

10월의 해살이 내리 쬐는 캠퍼스 잔디밭에서 그들의 앞날을 꺼내어 보길 희망했지만 시간에 쫓기고 마음에 쫓기어 잘 되지 않았습니다. 후회가 됩니다.

이 충 기

나는 그들이 가지는 앞날에 대한 막연한 불안을 떨치기 위해 늘 걸어 걸어가라고 강요 했습니다. 모든 일에 감사해 할 때까지....

1년 후면 내게는 많은 후회와 아쉬움을 남긴 채 그렇게 걸어, 걸어 그들은 세상으로 나가게 될 것입니다.

그들이 보이지도 않는 막연한 꿈과 두려움을 떨치고 드넓은 세상의 꽃밭에 누워 햇살을 보는 축복이 있기를 희망합니다.

설.계.실.에.딴.살.림.을.차.리.고.밤.새.웠.던.그.들.에.게.이.노.래.를.보.냅.니.다.

흐르는 강물을 거꾸로 거슬러 오르는 연어들의 도무지 알 수 없는, 그들만의 신비한 이유처럼

그 언제서 부터인가 걸어 걸어오는 이 길. 앞으로 얼마나 더 많이 가야만 하는지.

여러 갈레길 중, 만약에 이 길이, 내가 걸어가고 있는.

돌아서 갈 수밖에 없는 꼬부라진 길일지라도, 딱딱해지는 발바닥 걸어 걸어 가다보면,

저 넓은 꽃밭에 누워서 나 쉴 수 있겠지.

여러 갈레길 중 만약에 이 길이, 내가 걸어가고 있는.

망막한 어둠으로 별 빛조차 없는 길일지라도, 포기할 순 없는 거야. 걸어 걸어 가다보면,

뜨겁게 날 위해 부서진 햇살을 보겠지.

그 후로는 나에게 너무나도 많은 축복이라는 걸 알아.

수없이 많은 걸어 가야할 내 앞길이 있지 않나.

그래 다시 가다보면, 걸어 걸어 걸어 가다보면, 어느 날 그 모든 일들을 감사해 하겠지.

보이지도 않는 꿈.... 지친 어깨 떨구고 한숨짓는 그대, 두려워 말아요.

거꾸로 강을 거슬러 오르는 저 힘찬 연어들처럼, 걸어 걸어 가다보면, 걸어 걸어 가다보면.

(강산에)

좁은 설계스튜디오에서 그들의 순수하고 해맑은 가능성의 미래를 접하며 함께 뒹굴었던 시간들이 큰 행복이자 행운임을 알게 되었습니다. 감사하고 또 감사합니다.

"
건축설계는 시공을 전제로 한 실시설계로 완성된다.
"

기획단계에서부터 대지에 대한 조사와 분석, 프로젝트의 기능과 관련된
계획자료와 사례, 선례조사와 그에 따른 디자인 컨셉, 전략, 목표까지
포함되는 기본계획, 그리고 건물 시스템을 고려한 기본설계의 과정을
거쳐 실시설계에 이르게 된다. 이는 주어진 기능의 해결, 무장애, 친환경
등과 관련된 건축계획과 건물의 기능과 안전을 발휘하게 하는 토목,
구조, 기계, 전기, 소화, 피난, 방재, 정화조 등을 고려한 기술계획 등이
함께 요구되는 통합설계의 과정이다.

4학년 2학기의 설계는 이전의 설계 스튜디오에서 배우고 익힌
다양한 설계과정을 종합하고 통합하여 시공을 전제로 하는
실시설계도면 작성으로 구성된다. 이를 위해 이전 설계 스튜디오
과정에서 본인이 디자인한 적절한 규모의 프로젝트를 선택해야 한다.
실시설계를 진행함에 있어 내외부의 마감재료 결정이나 건물시스템에
필요한 기계, 전기, 정화조, 물탱크 등의 설비 공간확보와 구조 계획,
창호계획 등에 대한 기초적 지식이 갖추어져야 할 것이며 이를 위해
필요한 경우 특강이 지원될 것이다.

실시설계에 있어 무엇보다 중요한 것은 시공을 전제로 작성하는
것이기에 모든 표현과 표기는 표준화된 표현방법과 기준을 따르는 것과
하느이 표현요소가 다른 도면에도 연동되어 표현되므로 앞뒤 두면의
일관성과 정확성을 준수하는 것이다.

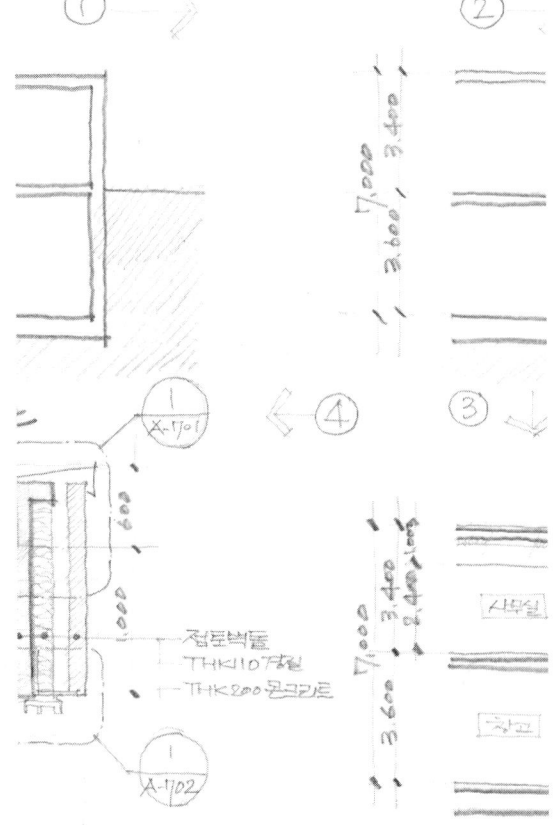

SECTION

1. 건축도면

- 배치도 1/200 - 설계개요, 면적표 ············· 1매
- 우배수계획, 외부공간 및 조경 계획 ··········· 1매
- 실내외재료마감표 N.S ···················· 1매
- 평면도 1/100 - (지하, 1, 2, ... , 지붕) ········· 1~2매
- 입면도 1/100 - 정, 배, 좌, 우측면도 ·········· 1~2매
- 단면도 1/100 - 종, 횡단면도 ················ 1~2매
- 창호도 1/50, 30 ······················· 1매
- 계단 확대 평, 단면도 1/50 ················ 1매
- 외벽 확대 평, 입, 단면도 1/50 ············· 1~3매
- 화장실 확대 평면 및 전개도 ················ 1매
- 부분상세도 1/10 ························ 1~2매

- 단면투시도 N.S ···················· 1매
- 외부투시도 N.S ···················· 1매
- 내부투시도 N.S ···················· 1매
- 부분단면투시도 N.S ················· 1매
- 천정평면도 1/100 (선택) ·············· 1매

2. 구조도면
- 주심도 ························· 1매
- 구조평면도 ····················· 1매

3. 모형사진

- CD 1매, A3 SIZE 20매 이상
- 상기 도면 모두를 포함하여 A3 백상지에 출력, 반접 제본하여 제출

- 실시설계는 기존의 계획도면을 기준으로 출발하지만 디자인 능력과 기술지식이 통합되고 발현되는 창의적인 설계과정이다. 실시설계 진행과정에서 디자인이 결정, 완성된다.
- 실시설계 작업 대상작품은 도면작업에 용이한 비교적 작은 규모의 작품을 선택하는 것이 좋다.
- 실시설계도면 작업대상 작품은 A1 도면의 크기에 1/100 스케일의 평면에 치수의 표현이 가능한 여유를 고려하여 선택하여야 한다. 스케일의 크기에 따라 작품선택이 여의치 않을 경우 평면의 일부분을 선택하여 작업할 수도 있다.
- 도면은 일정한 규격의 포맷을 정하여 작업하여야 한다.
- 도면은 다른 사람이 알아 볼 수 있도록 표준화된 재료, 치수, 제목, 참고표시 등의 표현방법을 지켜서 작성하여야 한다.
- A1 1장에 들어갈 도면의 크기와 치수선을 고려하여 균형 잡힌 도면 배치를 하여야 한다.
- 배치도, 평면도, 입면도, 단면도 등을 작업함에 있어 도면의 방향은 도로나 향을 기준으로 하여 항상 일정한 방향을 유지하도록 한다.
- 도면의 문자, 숫자 등은 도면 축척에 맞는 적절한 크기와 위치 등을 고려하여야 한다.
- 도면표현에는 다양한 선의 종류가 필요하다. 단면선과 입면선의 다양한 위계를 잘 살려서 작성한다.
- 도면작성을 위한 컴퓨터 프로그램은 RIHNO, REVIT(BIM), AUTOCAD 등의 프로그램을 이용한다.
- 최종 제출물은 CD 1매와 A3 크기(A3 도면 기준 1/200 정도의 축척)의 백상지에 출력하여 죄측에 편철하여 제출한다.
- 표지에는 0000 신축공사, 작성완료일, 소속, 이름 등을 표기한다.

4 학 년 설 계 스 튜 디 오 스 케 쥴

9

M	T	W	T	F	S	S
	1	2	3	4	5	6
	강의계획 설명			대상프로젝트 선정 , 적정성 검토 / 특강 : 실시설계의 내용과 구성		
7	8	9	10	11	12	13
	설비층 평면도 작성 / 특강 : 실시설계 도면 매뉴얼			실내외재료마감표· 1층 평면도 작성		
14	15	16	17	18	19	20
	2층 평면도 작성 / 특강 : 실시설계와 BIM			3층 · 지붕 평면도 작성		
21	22	23	24	25	26	27
	입면도 작성 / 특강 : 무장애 계획			종단면도 작성		
28	29	30				
	횡단면도 작성					

10

M	T	W	T	F	S	S
			1	2	3	4
				추석		
5	6	7	8	9	10	11
	배치도 - 1 작성			배치도 - 2 작성		
12	⑬	14	15	16	17	18
	중간평가			창호도 - 1· 창호일반사항 작성		
19	20	21	22	23	24	25
	창호도 - 2 작성			계단 확대 평· 단면도 - 1 작성		
26	27	28	29	30	31	
	계단 확대 평· 단면도 - 2 작성			공사 현장 답사 / 특강 : 친환경 에너지 절약 설계		

11

M	T	W	T	F	S	S
						1
2	3	4	5	6	7	8
	외벽 확대 평·입·단면도 - 1 작성			외벽 확대 평·입·단면도 - 2 작성		
9	10	11	12	13	14	15
	화장실 확대 평면·입면전개도 - 1 작성			화장실 확대 평면·입면전개도 - 2 작성		
16	17	18	19	20	21	22
	부분상세도 - 1 작성			부분상세도 - 2 작성		
23	24	25	26	27	28	29
	천정평면도 작성			확대 단면 투시도 - 1 작성		
30						

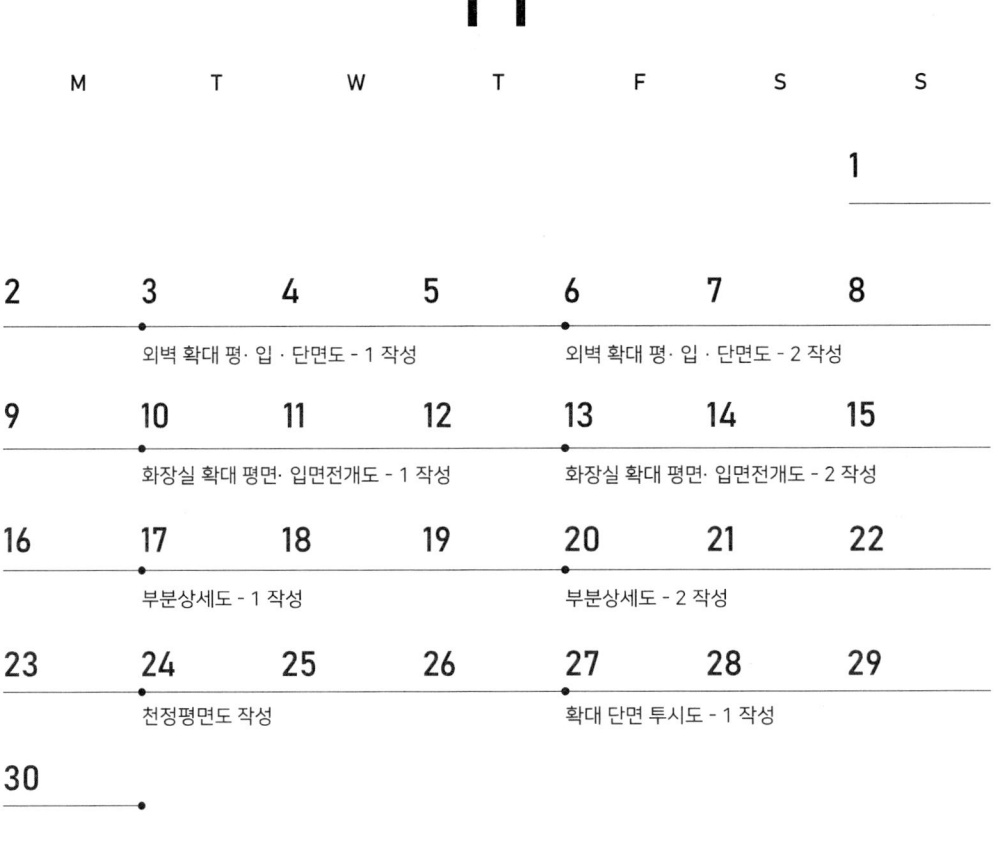

12

M	T	W	T	F	S	S
	1	2	3	4	5	6
	확대 단면 투시도 - 2 작성			확대 단면 투시도 - 3 작성		
7	8	9	10	11	12	13
	보강주간					
14	15	16	17	**18**	19	20
	도면 정리			최종 평가		
21	22	23	24	25	26	27
	전시					
28	29	30	31			

이 충 기 스 튜 디 오 기 본 원 칙

1 수업은 매주 화요일 및 금요일 오후 2시부터 시작된다.

그러나 과제물을 해오지 않거나 부족할 경우 늦게까지 남아서 할 수도 있으며, 과제물 준비를 잘 해올 경우도 발표
순서에 의해 늦어질 수 있다.

2 수업은 대면 수업과 비대면 수업(온라인)을 병행하여 진행한다.

대면수업은 전원이 같이 참석하는 공동수업과 개별적으로 Desk-Critique 형식으로 진행한다.

3 수업을 위해 개인별로 과제물이나 도면이 준비되어야 한다.

과제물이나 발표 준비가 안되어 있는 경우는 발표할 기회가 주어지지 않으며, 결석으로 평가된다. 만약 일부라도
만회하려면 다음 수업시간 전까지 과제물을 교수연구실이나 과사무실 메일박스에 제출한다.

4 3번 이상 결석(미발표)할 경우는 과목 낙제가 된다.

개인사정이 있는 경우는 그 전 주에 의논을 하거나 사전에 전화로 상의를 해야 한다.

실시설계 주요내용 및 검토사항

- **도시설계에 대한 고려 (설계 개요에 표현)**
  - 지역, 지구
  - 건폐율, 용적률
  - 차량 출입구 위치

- **대지안의 공지 (법규/조례 확인)**
  - 대지경계 확정 / 대지면적 결정
  - 건축선 : 도로경계선 이격, 인접대지경계선 이격

- **계단 및 동선 계획 (법규 확인)**
  - 직통계단 (2개 이상일 경우, 직통계단의 구조)
  - 피난계단 (피난층 · 피난거리 · 피난계단의 구조)
  - 특별피난계단 (적용, 특별피난계단의 구조)

- **건축물 부설 주차장 (조례 확인)**
  - 주차대수, 주차계획 (구조 스팬 계획관련)
  - 도로에서 대지로의 접근 계획, 장애인 주차 계획, 주출입구까지의 무장애 동선 계획

- **건물시스템 설계**
  - 계단 및 코어 계획
    (엘리베이터 · 계단 · 화장실 · PS · EPS · AD 등)
  - 기계실, 전기실, 비상발전기실, 물탱크실, 정화조 계획
  - 구조 계획 (적정 스팬 계획)
  - 외피 계획의 적절성 (디테일 설계 가능성)
  - 재료 계획

- **무장애 설계**
  (대지 외부 - 대지 내부 , 주차장 - 목적 공간까지의 계획)
  - 장애인 주차
  - 장애인 램프 계획 (출입구 턱, 내부공간에서의 턱)
  - 장애인 엘리베이터
  - 점자블록, 장애인 화장실

- **안전방재 계획**
  - 방화구획 (층간 방회구획, 면적 방화구획, 방화문 - 피난방향, 오픈 부위 - 방화셔터)
  - 건물 내 피난 통로 (직통계단, 피난계단, 복도계획)
  - 대지 내 피난통로 (피난계단 - 외부출구)
  - 건물 외부 소방차 접근 및 통로 고려

- **층고, 천정고 계획**
  - 구조 스팬
  - 설비공간 고려한 천정고 및 층고 계획

- **건물 내부 및 외부 공간 레벨 계획**
  - 입면도 및 단면도에 반영

- **대지조성 계획**
  - 절토 및 성토 계획 (대지 종횡단면도에 표현)
  - 조경 설계, 식재 계획, 법정 조경면적
  - 통신 · 전기 · 도시가스 · 상수도 설비 인입맨홀
  - 대지 내 우수 · 하수 · 오수 설비 맨홀 및 배출 계획
  - 지붕 우배수 계획 (지붕 - 선홈통 - 맨홀 및 우배수 계획)

건 축 허 가 조 서 및 검 사 조 서

■ 건축법 시행규칙 [별지 제 23호 서식] < 개정 2018.11.29 >

건축주	서울 문화 재단
대지위치	서울특별시 동대문구 청계천로 517
지번	서울특별시 동대문구 용두동 255-67

※ 「공간정보의 구축 및 관리 등에 관한 법률」에 따른 「지번을 의 관리 및 매립에 관한 법률」 제 8조에 따에 따라 공유 수면 점용 사용 허가를 받은 경우 그 장소가 지번이 없으면 그 점용 사용 허가를 받은 장소를 적습니다.

조사 / 검사자	성명	OOO	면허번호	00000
	사무소명	ARCHOOO	등록번호	672-81-00000
조사 / 검사일자	20.12.22	설계일자		20.09.01 ~ 20.12.22

「건축법」제 27조 및 같은 법 시행 규칙 제 21조에 따라 아래와 같이 건축허가조사 및 검사조서를 제출합니다.

2020 년　　12 월　　22 일

조사 / 검사자　　OOO　(서명 또는 인)

특별시장 · 광역시장 · 특별자치시장 · 특별자치도지사, 시장 · 군수 · 구청장 　귀하

구분			조사내용	조사결과	필요조치 사항
현장 조사	대지현황		대지조성의 필요성	[✔]있음 [ ]없음	
			형질변경의 필요성	[✔]있음 [ ]없음	
			대지의 안전상태	[✔]있음 [ ]없음	
			지상, 지하지장물	[ ]있음 [✔]없음	
	인접대지 현황		고저차	[✔]있음 [ ]없음	북측, 남측: 0.6m
			인접시설 현황	[✔]있음 [ ]없음	서측, 지상 9층, 동측 지상 10층 건물 서측 이격거리:1m, 동측 이격거리:1m
	도로 현황	통과 도로	대지에 접한 도로의 개소	2 개소	
			대지에 접한 도로의 너비	15 m	북측 도로: 8m
			대지에 접한 도로의 길이	70 m	북측 도로: 72m
			대지와 도로의 고저차	0.45 m	
			보행 또는 차량통행 가능여부	[✔]가능 [ ]불가능	
		막다른 도로	대지에 접한 도로의 개소	0 개소	
			대지에 접한 도로의 너비	m	
			대지에 접한 도로의 길이	m	
			대지와 도로의 고저차	m	
			보행 또는 차량통행 가능여부	[ ]가능 [ ]불가능	
	기존 건축물		기존 건축물	[✔]있음 [ ]없음	
			위반된 부분	[ ]있음 [✔]없음	

구분		검토내용	관련규정	검토결과
설계 도서 검토	대지 및 도로	대지의 안전 등	「건축법」 제40조	✓
		대지의 조경	「건축법」 제42조, 조례 (15)% 이상	(15)%　　[ ]해당 없음
		건축선의 지정	「건축법」 제46조	✓
		건축선에 따른 건축제한	「건축법」 제47조	✓
	피난시설	직통계단의 설치	「건축법」 제49조	[✓]적합 [ ]부적합 [ ]해당 없음
		피난 · 특별피난 · 옥외피난계단의 설치	「건축법」 제49조	[✓]적합 [ ]부적합 [ ]해당 없음
		관람석 등으로부터의 출구설치	「건축법」 제49조	[✓]적합 [ ]부적합 [ ]해당 없음
		건축물 바깥쪽으로의 출구 설치	「건축법」 제49조	[✓]적합 [ ]부적합 [ ]해당 없음
		옥상광장 등의 설치	「건축법 시행령」 제40조	[✓]적합 [ ]부적합 [ ]해당 없음
		방화구획 등의 설치	「건축법」 제49조	[✓]적합 [ ]부적합 [ ]해당 없음
		계단의 설치기준 및 구조	「건축법」 제49조	[✓]적합 [ ]부적합 [ ]해당 없음
		거실의 반자 · 채광 · 환기	「건축법」 제49조	[✓]적합 [ ]부적합 [ ]해당 없음
		층간 바닥 구조	「건축법」 제49조	[✓]적합 [ ]부적합 [ ]해당 없음
		경계 및 칸막이벽 구조	「건축법」 제49조	[✓]적합 [ ]부적합 [ ]해당 없음
		건축물에 설치하는 굴뚝	「건축법 시행령」 제54조	[ ]적합 [ ]부적합 [✓]해당 없음
	내화구조	건축물의 내화구조	「건축법」 제50조	[✓]적합 [ ]부적합 [ ]해당 없음
		대규모 건축물의 방화벽 등	「건축법」 제50조	[✓]적합 [ ]부적합 [ ]해당 없음
	건축재료	건축물의 내부 마감재료	「건축법」 제52조	[✓]적합 [ ]부적합 [ ]해당 없음
		건축물의 외벽 마감재료	「건축법」 제52조	[✓]적합 [ ]부적합 [ ]해당 없음
		복합자재의 품질관리	「건축법」 제52조3	[✓]적합 [ ]부적합 [ ]해당 없음
	지하층	지하층 구조	「건축법」 제53조	[✓]적합 [ ]부적합 [ ]해당 없음
	용도제한	용도지역 및 용도지구에서의 건축물의 건축 제한 등	「국토의 계획 및 이용에 관한 법률」 제76조	[✓]적합 [ ]부적합 [ ]해당 없음
	건폐율 용적률	건축물의 건폐율	도시 · 군계획조례 (60)% 이하	[✓]적합 [ ]부적합 (58.17)%
		건축물의 용적률	도시 · 군계획조례 (800)% 이하	[✓]적합 [ ]부적합 (228.74)%
	대지 안 의 공지	건축선으로부터 이격거리	「건축법」 제58조	[✓]적합 [ ]부적합 [ ]해당 없음
		인접 대지경계선으로부터 이격거리	「건축법」 제58조	[✓]적합 [ ]부적합 [ ]해당 없음
	높이제한	건축물의 높이제한	「건축법」 제60조	[✓]적합 [ ]부적합 [ ]해당 없음
		일조 등의 확보를 위한 건축물의 높이제한	「건축법」 제61조	[✓]적합 [ ]부적합 [ ]해당 없음

구분		검토내용	관련규정	검토결과
설계 도서 검토	건축설비	승용승강기의 설치	「건축법」 제64조	[✓]적합　[ ]부적합　[ ]해당없음
		승용승강기의 구조	「건축법」 제64조	[✓]적합　[ ]부적합　[ ]해당없음
		비상용승강기의 설치	「건축법」 제64조	[ ]적합　[ ]부적합　[✓]해당없음
		비상용승강기의 승강장 및 구조	「건축법」 제64조	[ ]적합　[ ]부적합　[✓]해당없음
		배연설비의 설치	「건축법」 제49조	[✓]적합　[ ]부적합　[ ]해당 없음
		급수설비	「건축법」 제62조	[✓]적합　[ ]부적합　[ ]해당 없음
		승용 · 비상용승강기의 설치	「건축법」 제64조	[✓]적합　[ ]부적합　[ ]해당 없음
		열손실방지 조치	「녹색건축물 조성 지원법」 제15조	[✓]적합　[ ]부적합　[ ]해당 없음
	도시설계	지구단위계획에의 적합 여부	「국토의 계획 및 이용에 관한 법률」 제49조부터 제 54조까지	[✓]적합　[ ]부적합　[ ]해당 없음
		공개 공지의 확보	「건축법」 제43조, 조례(　　　)% 이상	(　　　　)%　　　　[✓]해당 없음
	장애인 편의시설	관계 법령에 따라 의무적으로 설치하는 시설		[✓]적합　[ ]부적합　[ ]해당 없음
그 밖의 사항				
종합의견		조사내용 및 검토내용이 관련 법 및 규정에 적법함.		

건 축 설 계 VI 평 가 기 준

성명 : OOO   학번 : 2000872000   2020. 12. 00.   담당교수 :이 충 기

구분	평가 항목		SPC	점수	중간		최종		비고
					자기평가	교수평가	자기평가	교수평가	
도면 작성 및 형식	문자 / 숫자 크기의 통일성과 적절한 사용 여부			5	4	3	4	4	
	축열 / 인출선 / 지시선 / 도면 타이틀 등 각종 도면 기호 사용의 적정 사용 여부			5	5	4	5	5	
	벽 / 창호 / 재료의 적절한 구분 사용 여부			5	4	3	5	4	
	적절한 펜세팅과 배경 패턴의 효과적 사용 여부			5	4	4	5	5	
	소 계 (20)			20	17	14	19	18	
도면 내용	설계 개요			5	4	3	5	4	
	재료마감표 / 표준마감상세도			5	3	3	5	4	
	배치도	건물 규모 / 공간 레벨 / 보행자, 차량 동선, 피난 / 도로 / 건축선 등의 계획		5	4	3	5	5	
		외부 공간 계획 / 조경 / 절성토 계획 / 레벨 조정 등 대지조성 계획		5	4	4	4	4	
		상하수도 / 가스 / 전기인입 / 오,우수 처리 계획		5	5	5	5	5	
	평면도	적절한 구조(스팬) 계획 지상, 지하 주차 계획의 적정성		5	5	5	5	5	
		주출입구 램프 / 엘리베이터 / 화장실 / 주차 구획 등 장애인 편의시설 계획		5	3	3	4	4	
		기전실 / 정화조 / PS / EPS 등 설비실 공간 계획		5	5	4	5	4	
		피난 계단 / 방화 구획 / 소화전 설치 등 소방 계획		5	4	4	4	4	
		기둥 / 외벽 / 창문 및 복도 / 코아 위치의 적정 계획		5	5	4	5	4	
	입면도	적절한 입단면 계획 (2면 이상)		5	5	5	5	5	
		마감 재료의 표기		5	5	5	5	5	
	단면도	적절한 층고 및 천정 계획 건물 전체 구조의 표현		5	5	4	5	5	
		주요 단면 위치, 치수, 재료 표기		5	5	4	5	5	
	소 계 (70)			70	61	56	67	63	
도면 표현	도면 레이아웃과 기타 효과적인 표현 등 완성도 평가			5	4	3	5	4	
기술도서 작성 능력 / 종합 설계 능력 / 실무 관련 도서				5	4	4	5	5	
합계 (100)				100	82	74	96	90	

재 료 스 터 디

" "실시설계"라 함은 중간설계를 바탕으로 하여 입찰, 계약 및 공사에 필요한 설계도서를 작성하는 단계로서,

공사의 범위, 양, 질, 치수, 위치, 재질, 질감, 색상 등을 결정 하여 설계도서를 작성하며,

시공중 조정에 대해서는 사후설계관리업무 단계에서 수행방법 등을 명시한다. "

건축물의 설계도서 작성기준
[국토교통부고시 제2016-1025호]

4_2 건축설계 VI 재료 스터디 (사례)

이름 : OOO	학년 : 4학년	분반 : A반

대지위치 : 서울 동대문구 청계천로 517		

프로그램 : 카페, 전시관, 공연장, 메이커스 큐브, 공유작업실, 공유오피스 및 회의실, 오픈 클래스룸, 라운지, 강연장, 야외전망대, 스카이 라운지		

설계 주제 및 개념 :

재료 다이어그램

기존건물 (고밀도 목재 판넬)
: 현 건물의 입면은 패널을 때어낸 형태로 현 상태를 유지하기 어려워 새로운 재료를 붙여야 한다고 판단하였다

기존 건물을 감싸는 외피
(송판무늬 콘크리트)

외피의 투명성을 주어 내부를 보이게 해주는 유리
(로이 유리)

외피가 돌아올라가며 생기는 보이드 부분과 유리를 통해 내부의 목재 판넬 마감이 보인다

A - 302 정면도

현재 서울문화재단에 위치하며 바로 앞에 청계천을 가지고 있다. 청계 태를 띄고 있다. 크게는 건물을 돌아 올라가지만 중간중간의 실내, 실외를 가로지르는 동선들이 건물의 재미를 주고 있다. 바깥 껍데기 부분과 내부의 부분을 분리함으로써 사람들은 안에 무엇이 있는지 생각해볼 수 있다.

외장재(혹은 내장재) 선정 이유와 주요 특성

1. 노출 콘크리트 (송판무늬 콘크리트)
선정이유: 기존 건물을 감싸 올라가는 형태를 위해 긴 매스감을 유지하며 어느 곳은 실외에 벽만 남아있는 곳이 있다. 사이트가 좌우로 길어서 일반적인 노출 콘크리트보다 송판 노출 콘크리트를 사용해서 길게 모양을 내는 것이 좋다고 판단했다. 기존 건물의 새로운 마감재인 목재 판넬에 더 잘 어울릴 수 있다고 생각되었다.

특성 : 다양한 형태의 구조표현이 가능하고 건축물 본연의 모습을 그대로 드러냄으로써 단단하고 웅장한 느낌을 표현할 수 있다. 시간과 빛, 기후에 따라 시시각각 자연과의 오묘한 조화를 만들어주기 때문에 독특한 조형미를 느낄 수 있다. 또한 건축물의 콘크리트 위의 추가적인 마감재가 들어가지 않기 때문에 유지 및 관리가 쉬우며 표면 강도가 강하고 내구성도 비교적 높은 편이다.

2. 고밀도 목재 판넬
선정이유: 기존 서울문화재단의 외장재는 이전의 리노베이션을 거치면서 타일을 땐 그 상태 그대로 두었다. 그대로 남겨두기에 좋은 이미지가 아니기 때문에 사람들에게 더 친근하고 청계천의 느낌을 살려 나무 마감을 안으로 넣어 사람들이 활동하는 곳에는 목재 마감을 하고 그것을 감싸는 송판 노출 콘크리트를 선택했다.

3. 로이 유리
특성 : 반사 유리나 컬러 유리 등의 표면에 은 등의 금속 또는 금속산화물을 얇게 코팅한 유리이다. 로이(Low-E: low-emissivity)라는 이름은 낮은 방사율, 낮은 복사능을 뜻한다. 따라서 단열효과가 커서 에너지 절약에 도움이 된다. 로이 유리는 2중 이상으로 가공하는데 보통 코팅면이 내판 유리의 바깥쪽으로 오게 만든다.

콘크리트와 나무 적용 사례

재료 샘플 사진 및 스케치

1. 노출콘크리트 (송판무늬 콘크리트)

2. 고밀도 목재 판넬

3. 로이유리

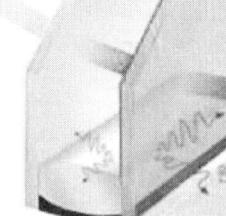

적용 사례

1. 노출콘크리트 (송판무늬 콘크리트)

2. 고밀도 목재 판넬

3. 로이유리

개 인 자 료 조 사 및 발 표 내 용

법규 조사
주차장 계획 ······ 박서현

계단 (피난계획) ······ 김소영

방화 방재 계획 ······ 남석원

재료 조사
유리 ······ 양유진

조적조 ······ 노동섭

페인트 ······ 임예지

설비 조사
정화조 ······ 김가은

조명 ······ 신준호

위생 도기 ······ 권오태

오우수 설비 ······ 최맑은별

방수 ······ 강현우

건 축 설 계 VI 특 강 내 용

실시설계의 내용과 구성
조준희

20.09.04

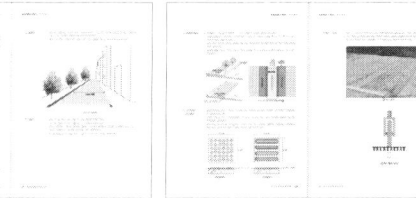

실시설계 도면 매뉴얼
정기정

20.09.08

실시설계와 BIM
박현우

20.09.15

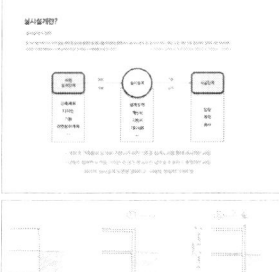
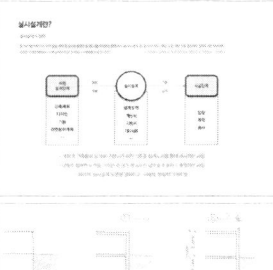
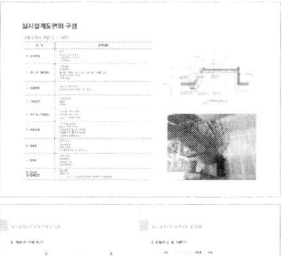

무장애계획
이충기

20.09.22

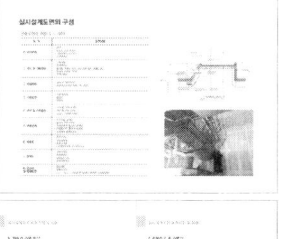
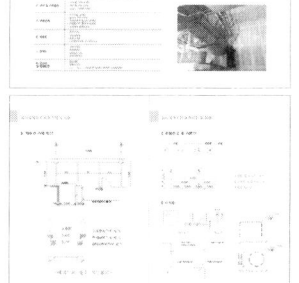

친환경에너지절약설계
조준희

20.10.27

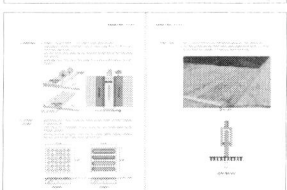
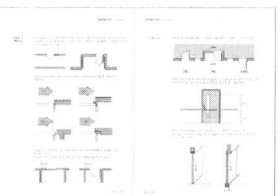

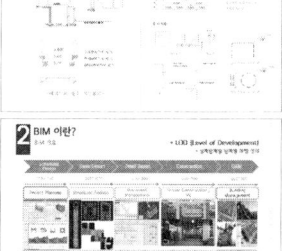

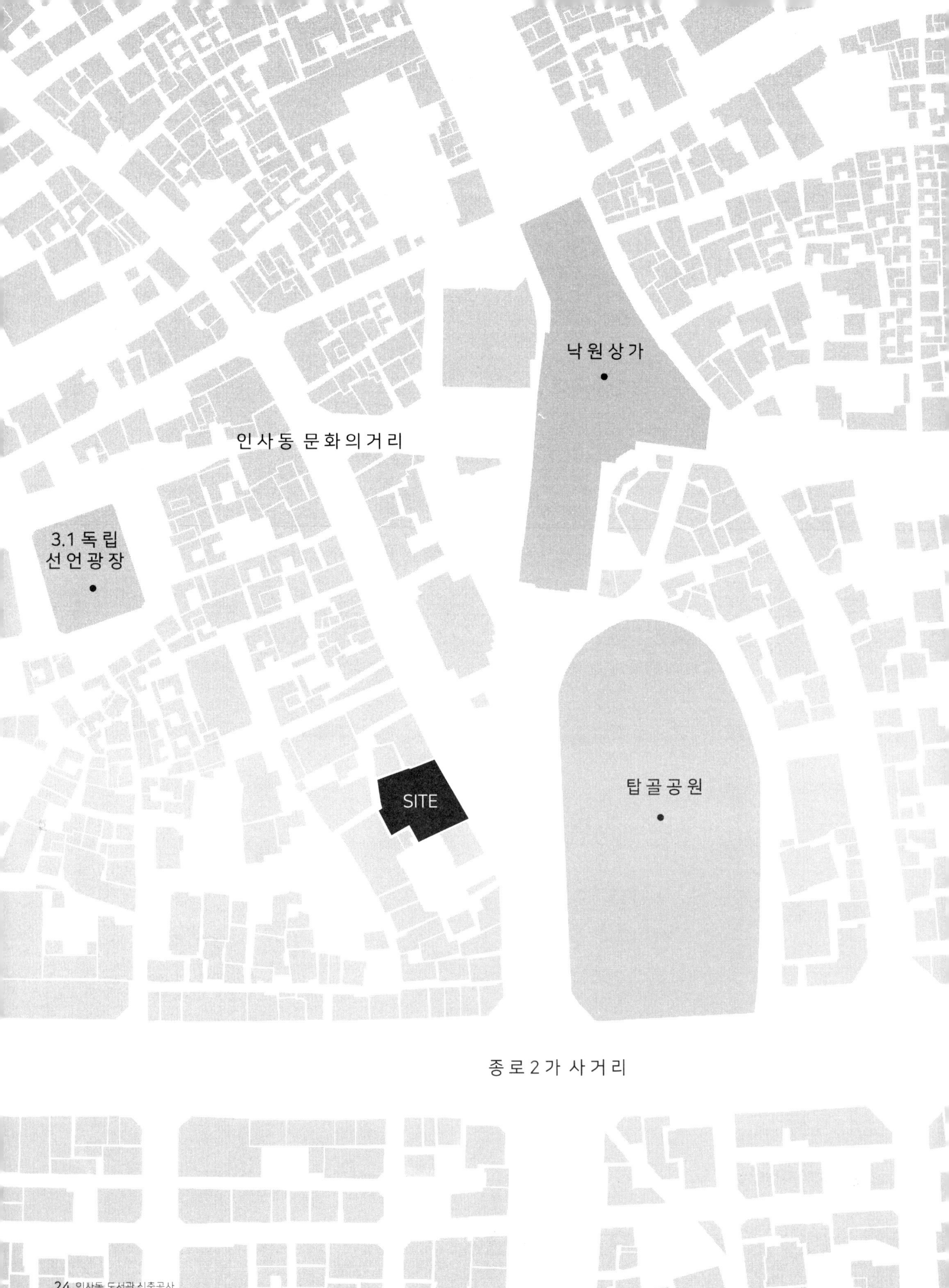

종로2가 사거리

탑골공원

SITE

3.1독립선언광장

인사동 문화의거리

낙원상가

01

INSADONG LIBRARY DESIGN

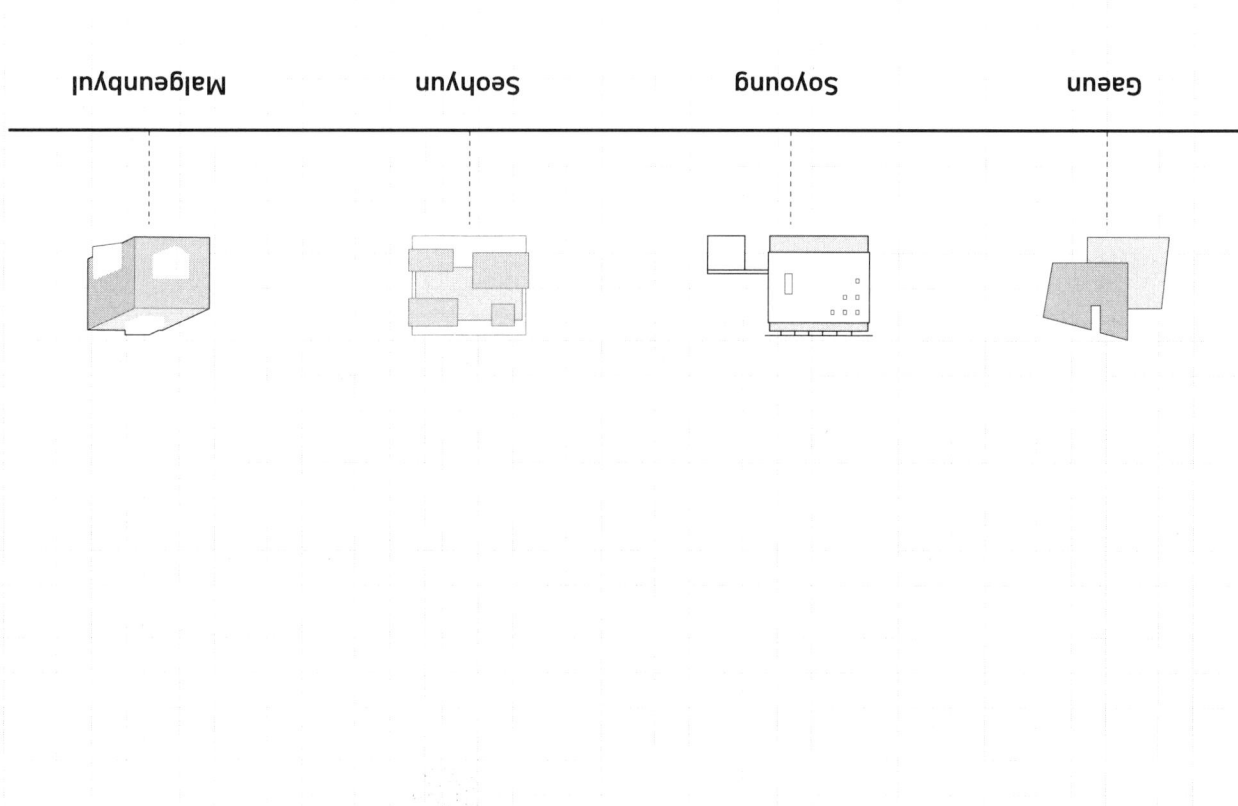

Malgeunbyul   Seohyun   Soyoung   Gaeun

도 면 목 록 표

표지	건축허가조사 및 검사조서	재료 스터디 (3장)	도면 목록표 (2장)
건축 일반사항 (2장)	건축 개요	배치도	대지 종, 횡 단면도
오, 우수 계획도	맨홀 및 집수정 상세도	건축/ 바닥면적 구적도 및 구적표 (3장)	실내외 마감 재료표 (2장)
표준 마감 상세도 (2장)	지하 2층 평면도	지하 1층 평면도	● 1층 평면도
● 2층 평면도	3층 평면도	4층 평면도	5층 평면도
6층 평면도	지붕, 옥탑 지붕 평면도	남측 입면도	서측 입면도
북측 입면도	동측 입면도	횡단면도	종단면도

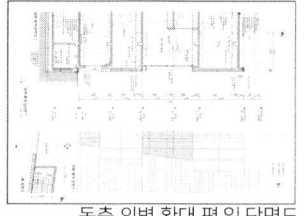

동측 외벽 확대 평,입,단면도

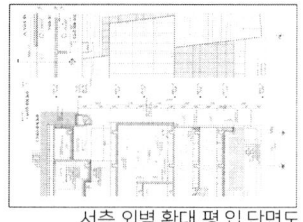

서측 외벽 확대 평,입,단면도

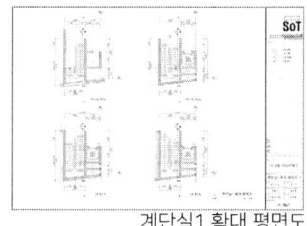

계단실1 확대 평면도

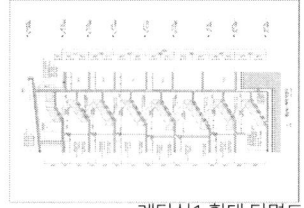

계단실1 확대 단면도

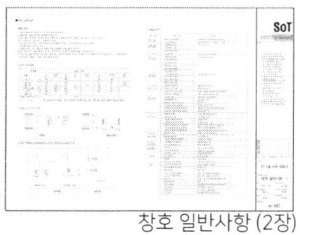

창호 일반사항 (2장)

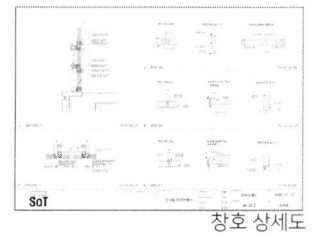

창호 상세도

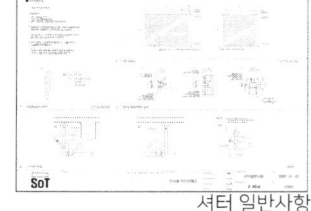

셔터 일반사항

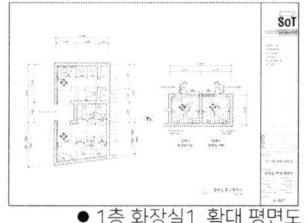

● 1층 화장실1 확대 평면도

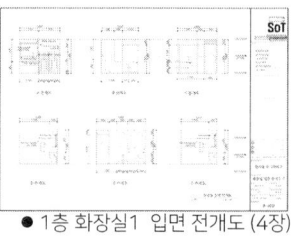

● 1층 화장실1 입면 전개도 (4장)

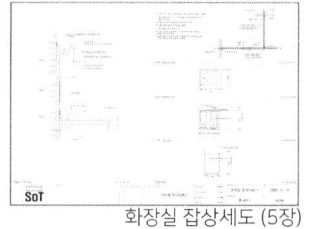

화장실 잡상세도 (5장)

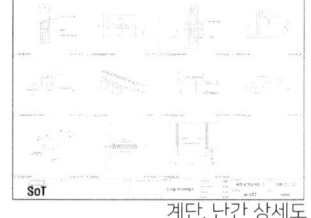

계단, 난간 상세도

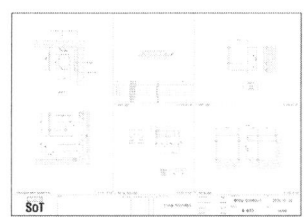

석고보드 상세도

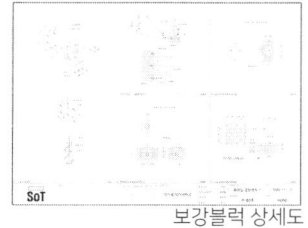

보강블럭 상세도

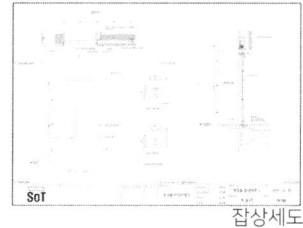

잡상세도

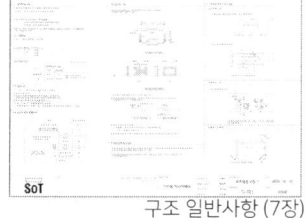

구조 일반사항 (7장)

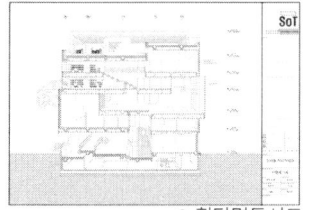

● 횡단면투시도

● 외부 투시도

● 실내투시도-1

실내투시도-2

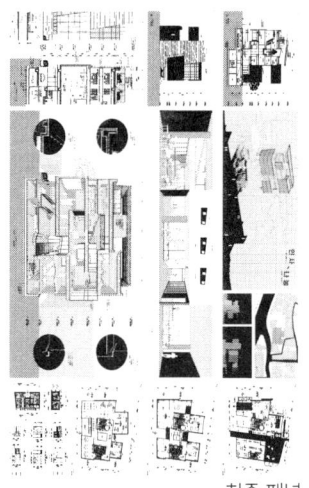

발전과정 모형사진

● 모형사진-1

● 모형사진-2

최종 패널

● : 수록된 도면

평균 168 Page 도면집 작성

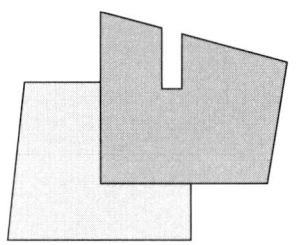

김가은 | KIM GAEUN

위치		서울특별시 종로구 인사동 130-1 외7필지
용도		교육연구시설(도서관), 문화 및 집회시설
대지면적		960.69m²
건축면적		574.49m²
연면적		2,401m²
건폐율		574.49 / 960.69x100 = 59.8%
용적률		2,401 / 960.69x100 = 249.92%
구조		철근 콘크리트
규모		지하 1층, 지상 5층
최고 높이		GL + 21.8m

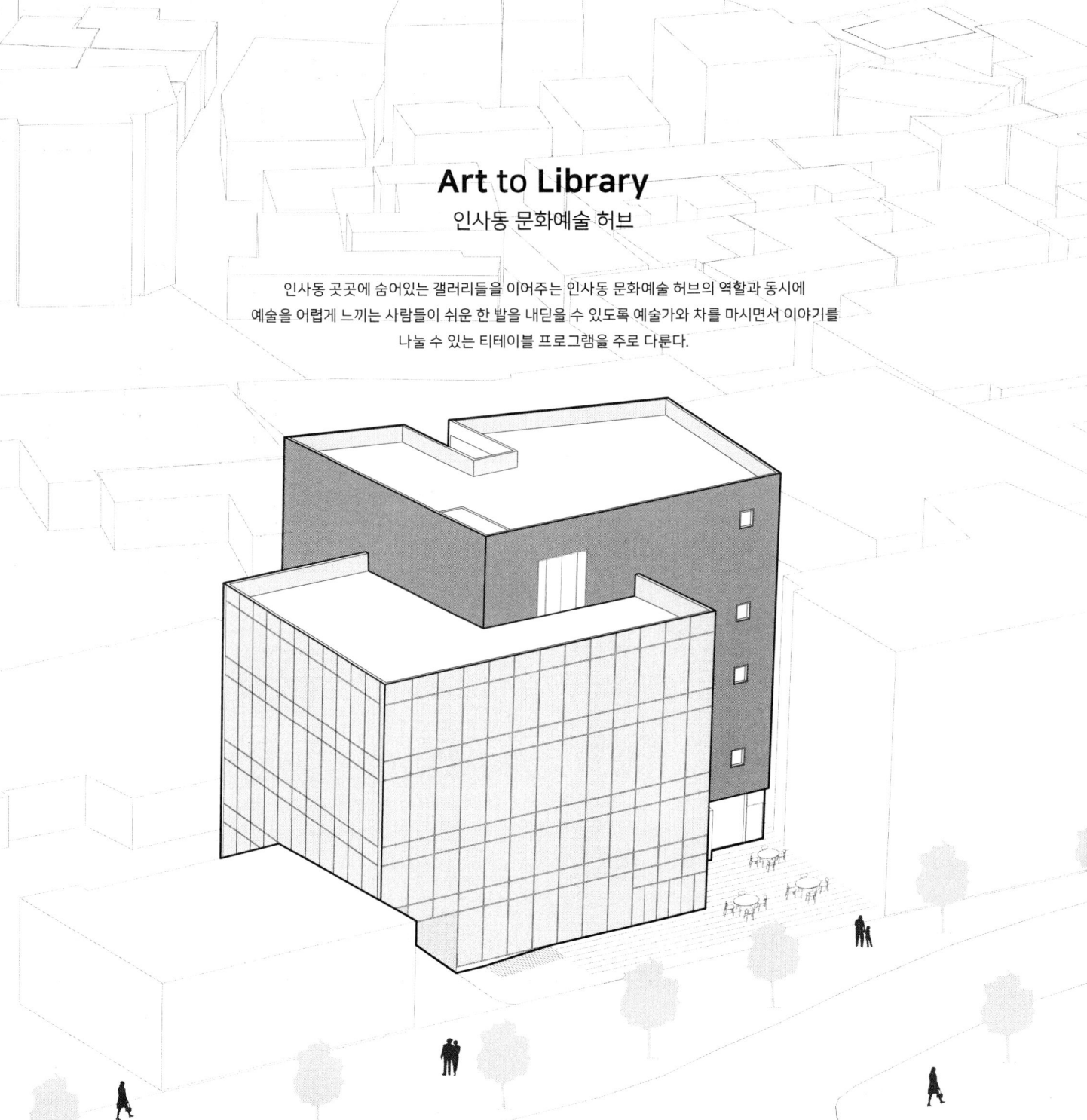

Art to Library
인사동 문화예술 허브

인사동 곳곳에 숨어있는 갤러리들을 이어주는 인사동 문화예술 허브의 역할과 동시에
예술을 어렵게 느끼는 사람들이 쉬운 한 발을 내딛을 수 있도록 예술가와 차를 마시면서 이야기를
나눌 수 있는 티테이블 프로그램을 주로 다룬다.

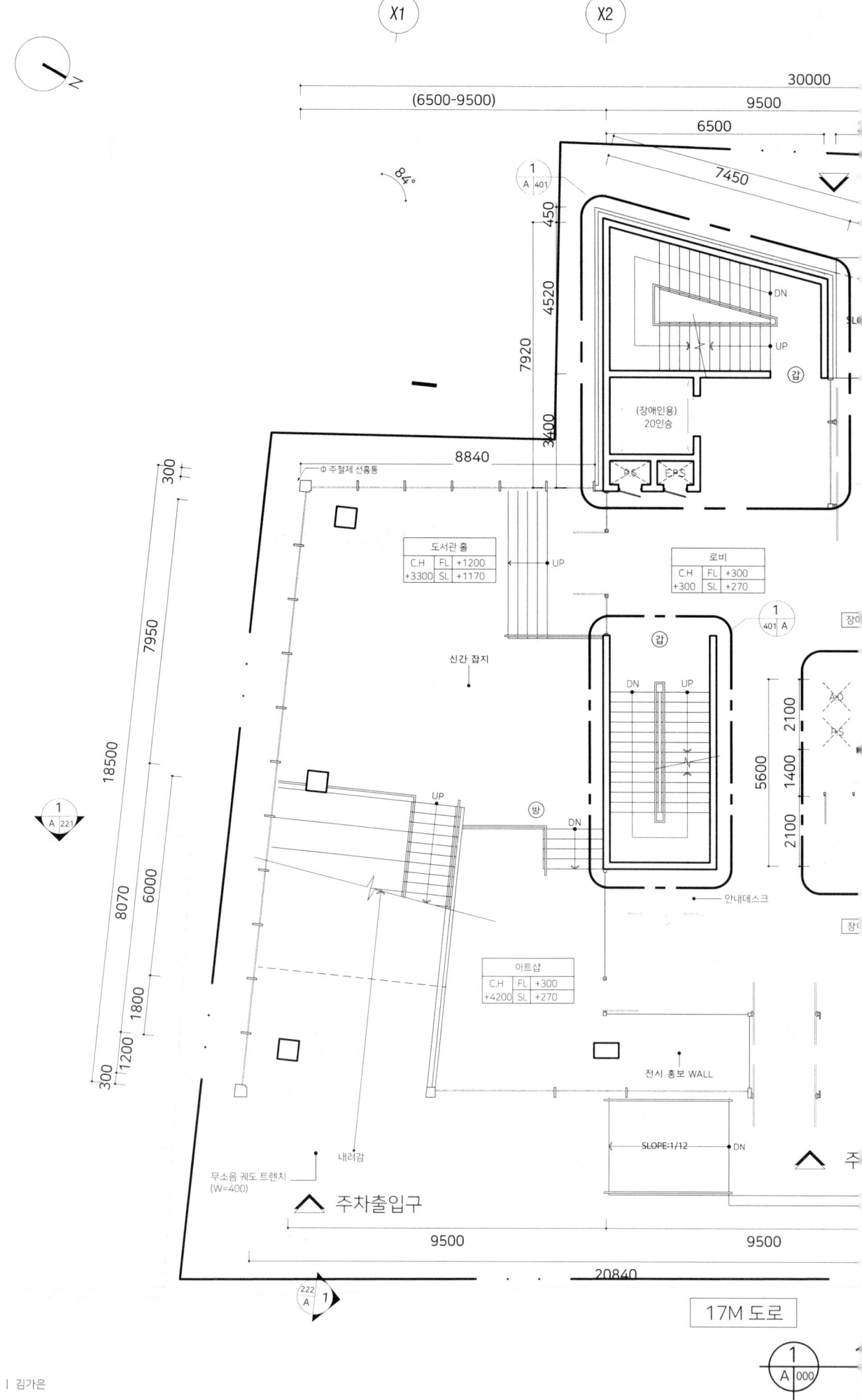

N

84°

30000
(6500-9500)   9500
6500
7450

450
4520
7920
3400

DN
UP
SL

1
A 401

(갑)

(장애인용)
20인승

PS   EPS

⊕ 주철제 선홈통

8840

UP

도서관 홀		
C.H	FL	+1200
+3300	SL	+1170

로비		
C.H	FL	+300
+300	SL	+270

1
401 A

장

300

7950

18500

1
A 221

8070
6000
1800
1200
300

신간 잡지

DN   UP

(갑)

5600
2100
1400
2100

AD
PS

2100

UP

(방)   DN

안내데스크

장

아트샵		
C.H	FL	+300
+4200	SL	+270

전시 홍보 WALL

SLOPE:1/12   DN

주

무소음 궤도 트렌치
(W=400)

내려감

▲ 주차출입구

222
A 1

9500   9500

20840

17M 도로

1
A 000

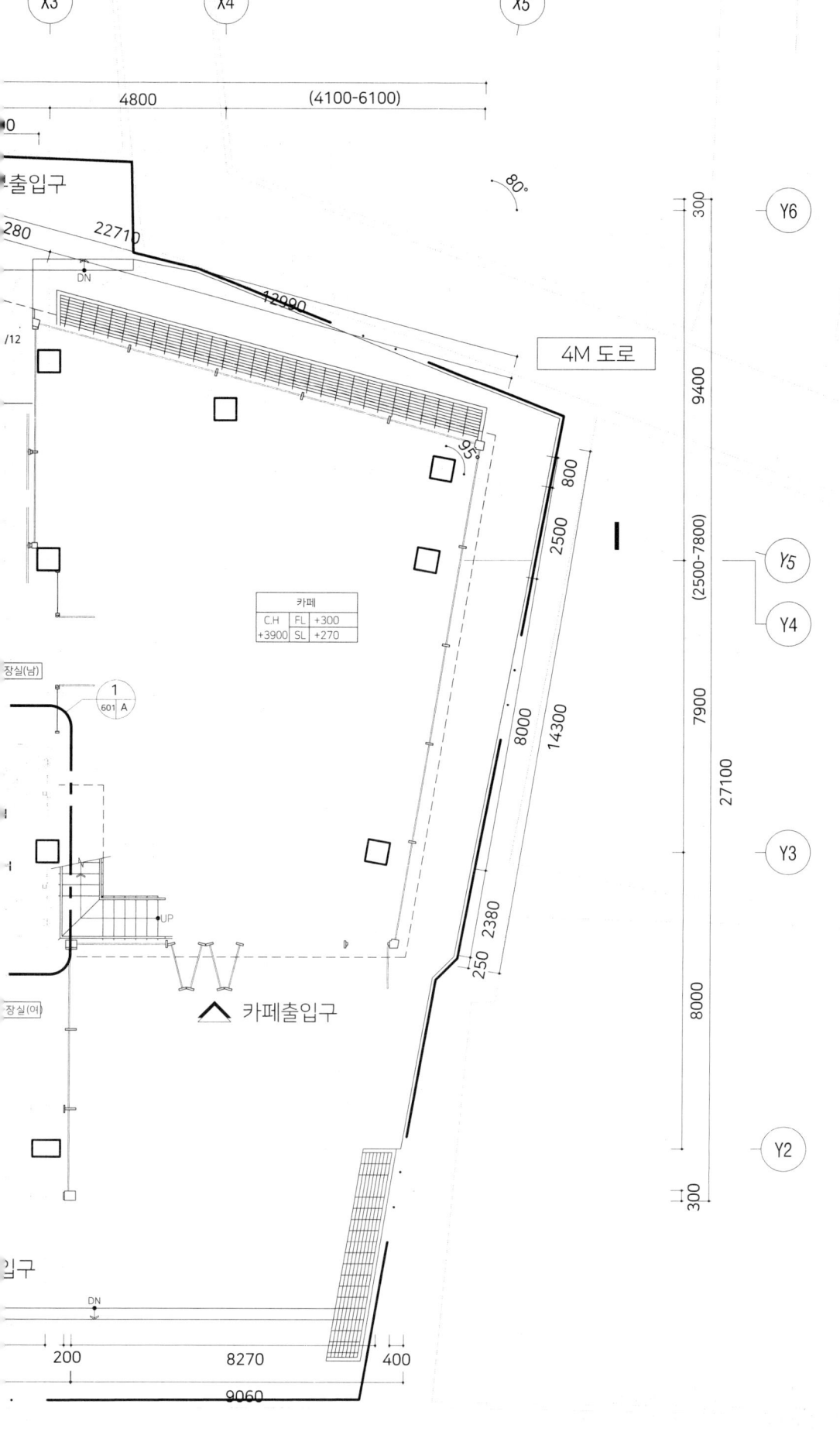

X3　　　X4　　　X5

4800　　(4100-6100)

출입구

280　　22710

80°

4M 도로

12900

/12

DN

95°

800

2500

Y6

Y5

Y4

Y3

Y2

300

9400

(2500-7800)

7900

27100

8000

300

카페		
C.H	FL	+300
+3900	SL	+270

장실(남)

1
601　A

8000

14300

UP

250　2380

장실(여)

△ 카페출입구

입구

DN

200　　8270　　400

9060

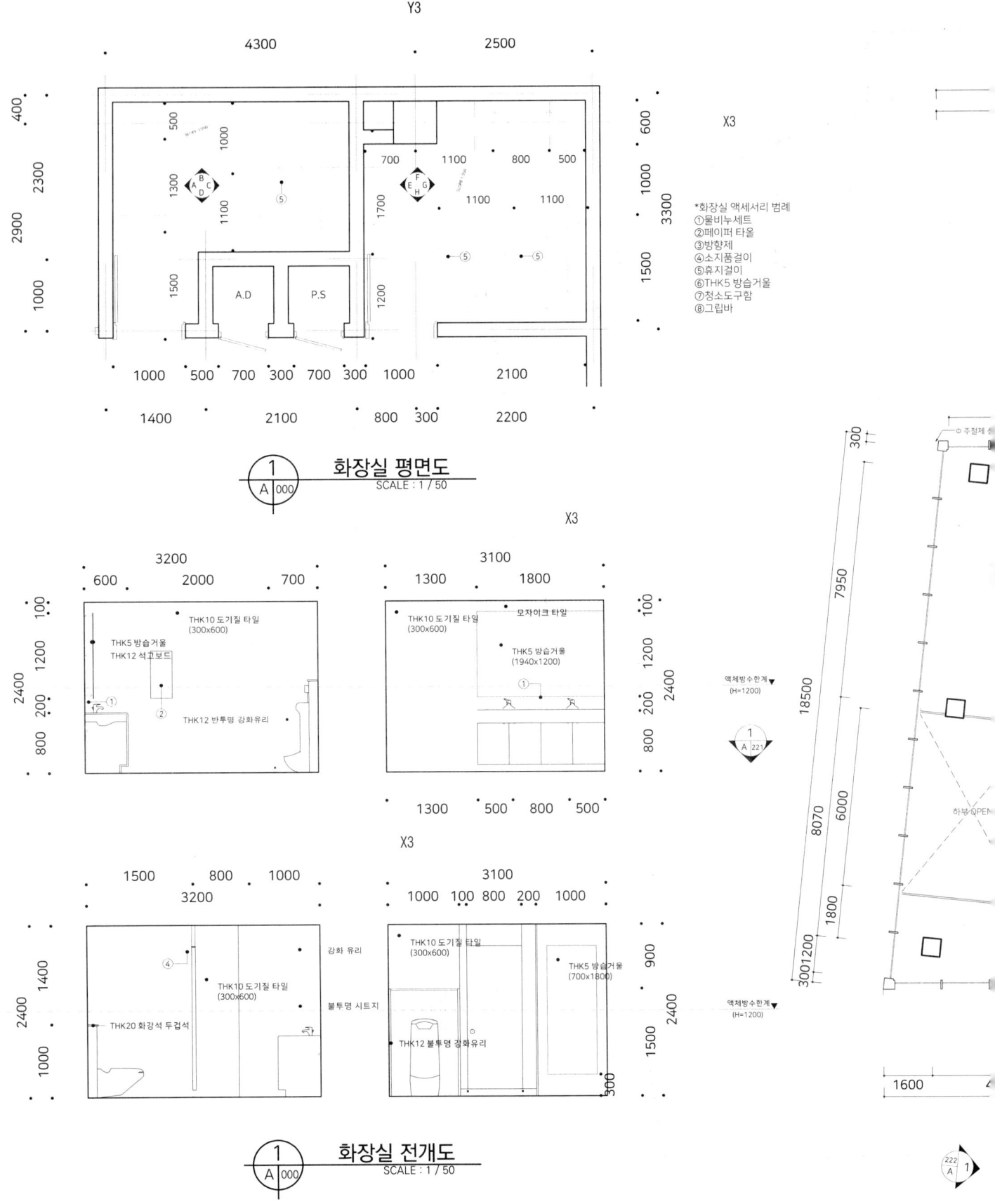

Y3

4300 2500

X3

400
2300
2900
1000

500
1000
1300
1100
1500

ABCD

700 1100 800 500

EFGH

1700 1100 1100

A.D   P.S

1200

600
1000
3300
1500

*화장실 액세서리 범례
①물비누세트
②페이퍼 타올
③방향제
④소지품걸이
⑤휴지걸이
⑥THK5 방습거울
⑦청소도구함
⑧그립바

1000 500 700 300 700 300 1000   2100

1400   2100   800 300   2200

① 화장실 평면도
A 000
SCALE : 1 / 50

X3

3200

600   2000   700

THK10 도기질 타일
(300x600)

THK5 방습거울
THK12 석고보드

THK12 반투명 강화유리

①

②

100
1200
2400
200
800

3100

1300   1800

THK10 도기질 타일
(300x600)

모자이크 타일

THK5 방습거울
(1940x1200)

①

100
1200
2400
200
800

1300 500 800 500

X3

1500   800   1000
3200

강화 유리

THK10 도기질 타일
(300x600)

불투명 시트지

THK20 화강석 두겁석

④

2400
1400
1000

3100

1000 100 800 200 1000

THK10 도기질 타일
(300x600)

THK5 방습거울
(700x1800)

THK12 불투명 강화유리

300

2400
900
1500

① 화장실 전개도
A 000
SCALE : 1 / 50

300

7950
18500
8070   6000
1800
300 1200

액체방수한계 ▽
(H=1200)

① A 221

액체방수한계 ▽
(H=1200)

주철제

하방 OPEN

1600

222 A 1

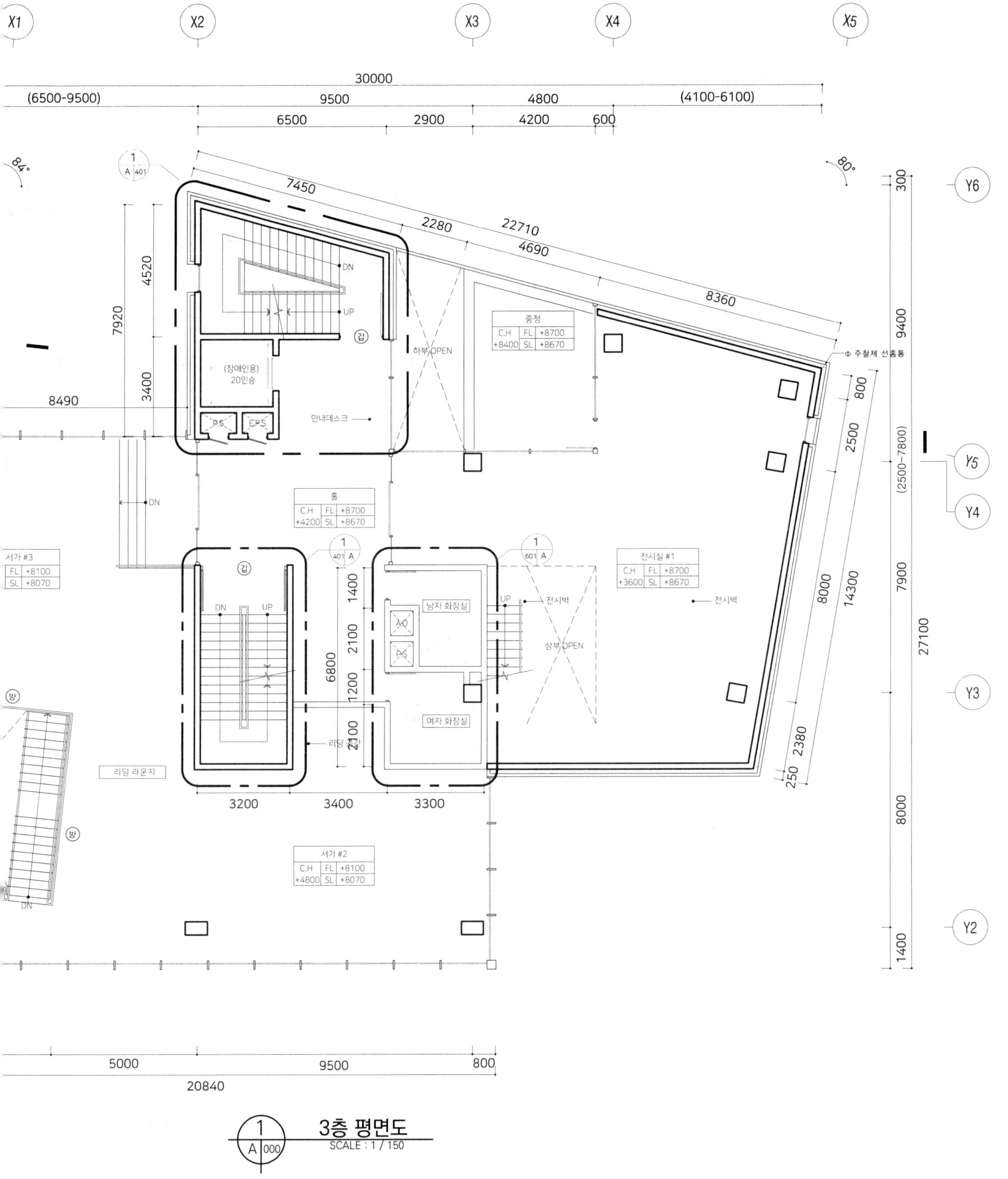

X1　　　　X2　　　　　　　　X3　　　X4　　　　　　　X5

30000

(6500-9500)　　　　9500　　　　4800　　　(4100-6100)

6500　　　2900　　4200　　600

84°

1
A 401

7450

2280　　　22710
4690

80°

300

Y6

4520

7920

22710

DN

UP

갑

하부OPEN

중정

중정		
C.H	FL	+8700
+8400	SL	+8670

8360

9400

3400

(장애인용)
20인승

800

2500

(2500-7800)

Φ 주철제 선홈통

8490

P.S　E.P.S

안내데스크

27100

DN

홀

홀		
C.H	FL	+8700
+4200	SL	+8670

Y5

Y4

서가 #3

서가 #3	
FL	+8100
SL	+8070

1
401 A

1
601 A

전시실 #1

전시실 #1		
C.H	FL	+8700
+3600	SL	+8670

갑

DN　　UP

1400

2100

남자 화장실

A0

UP

전시벽

8000

14300

7900

6800

1200

상부OPEN

전시벽

방

2100

여자 화장실

리딩

2380

250

방

3200　　3400　　3300

리딩 라운지

서가 #2

서가 #2		
C.H	FL	+8100
+4800	SL	+8070

8000

Y3

Y2

DN

1400

5000　　　9500　　　800

20840

1
A 000

3층 평면도
SCALE : 1 / 150

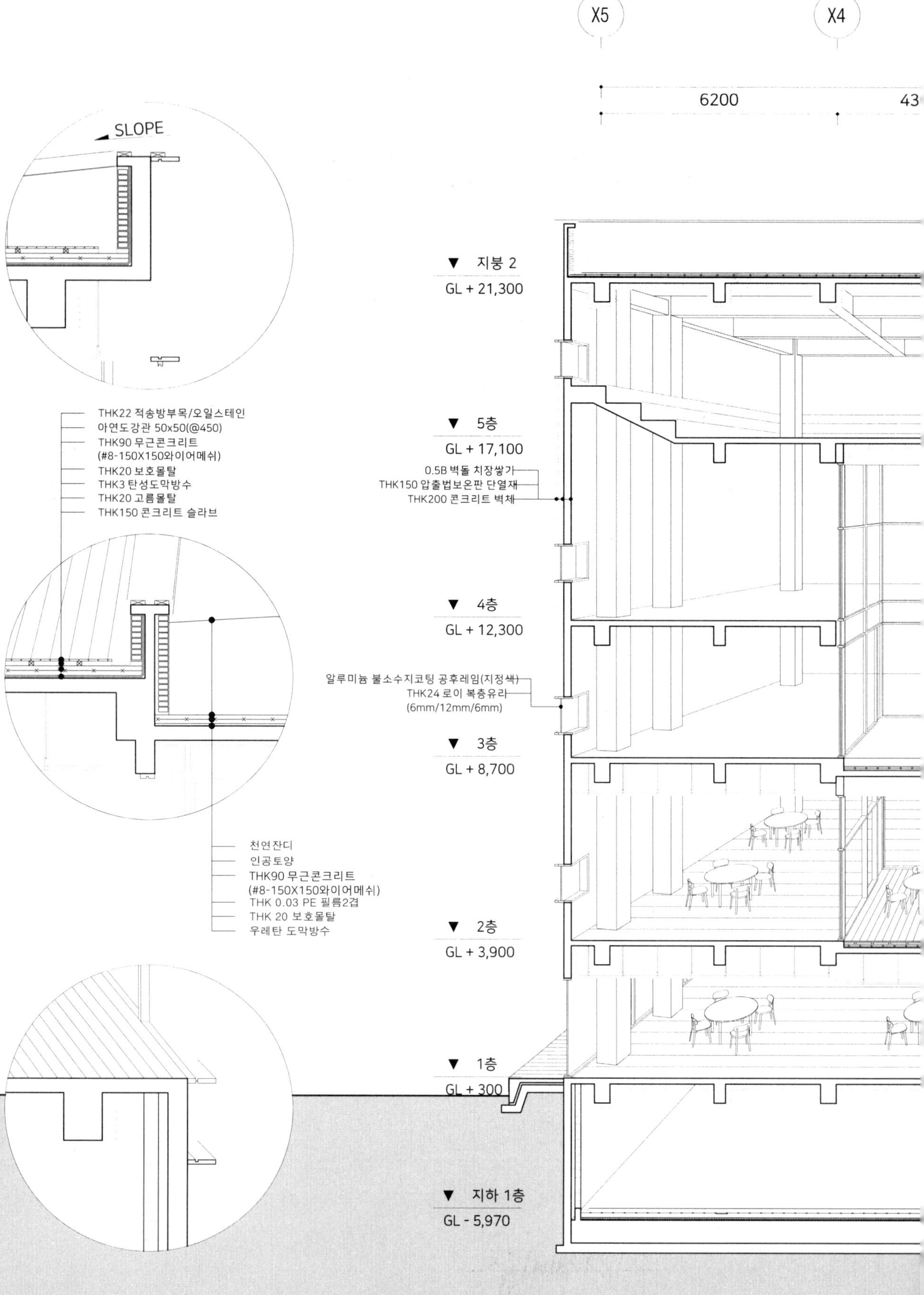

SLOPE

THK22 적송방부목/오일스테인
아연도강관 50x50(@450)
THK90 무근콘크리트
(#8-150X150와이어메쉬)
THK20 보호몰탈
THK3 탄성도막방수
THK20 고름몰탈
THK150 콘크리트 슬라브

천연잔디
인공토양
THK90 무근콘크리트
(#8-150X150와이어메쉬)
THK 0.03 PE 필름2겹
THK 20 보호몰탈
우레탄 도막방수

X5		X4
	6200	43

▼ 지붕 2
GL + 21,300

▼ 5층
GL + 17,100

0.5B 벽돌 치장쌓기
THK150 압출법보온판 단열재
THK200 콘크리트 벽체

▼ 4층
GL + 12,300

알루미늄 불소수지코팅 공후레임(지정색)
THK24 로이 복층유라
(6mm/12mm/6mm)

▼ 3층
GL + 8,700

▼ 2층
GL + 3,900

▼ 1층
GL + 300

▼ 지하 1층
GL - 5,970

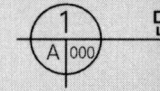

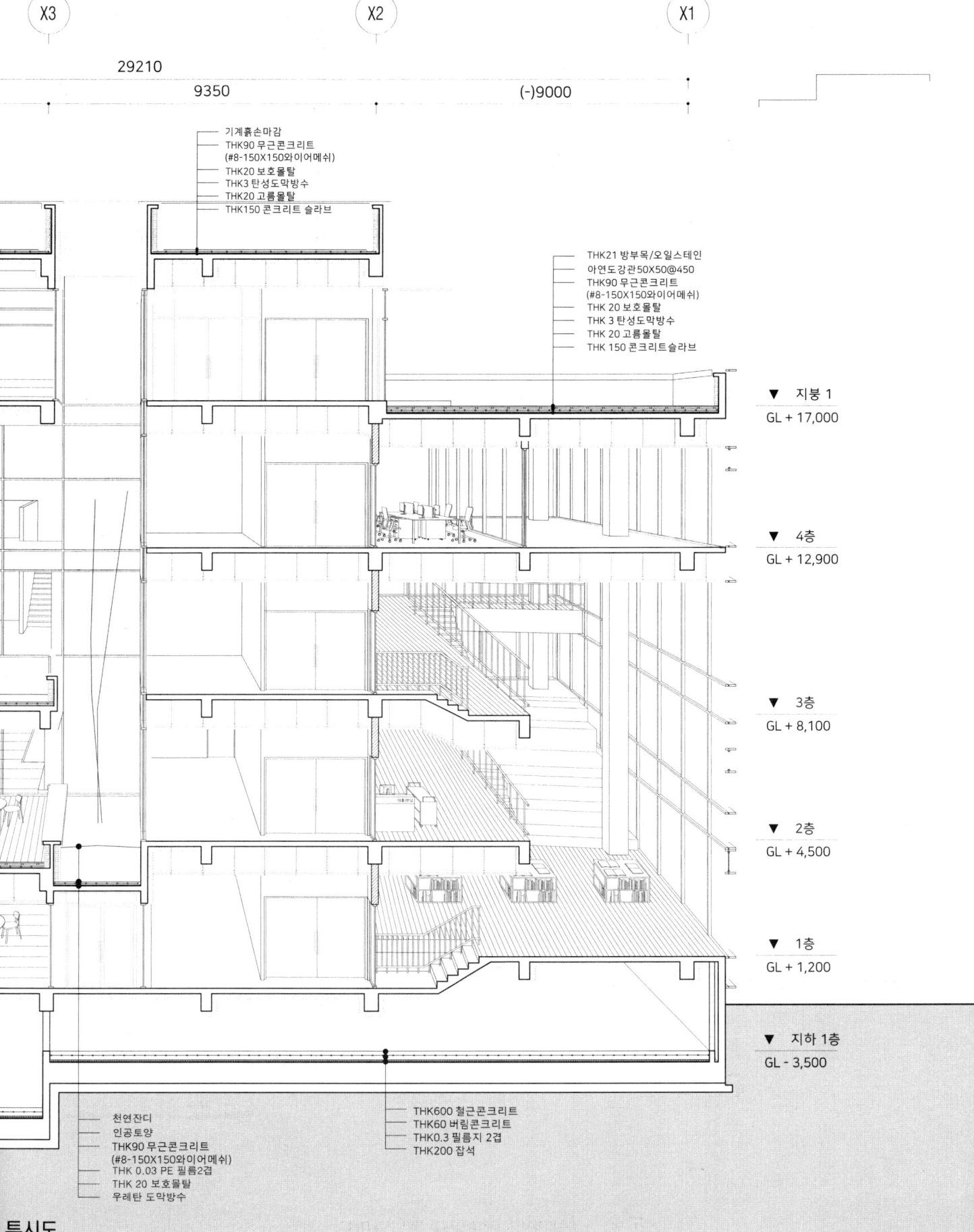

X3   X2   X1

29210

9350   (-)9000

기계흙손마감
THK90 무근콘크리트
(#8-150X150와이어메쉬)
THK20 보호몰탈
THK3 탄성도막방수
THK20 고름몰탈
THK150 콘크리트 슬라브

THK21 방부목/오일스테인
아연도강관50X50@450
THK90 무근콘크리트
(#8-150X150와이어메쉬)
THK 20 보호몰탈
THK 3 탄성도막방수
THK 20 고름몰탈
THK 150 콘크리트 슬라브

▼ 지붕 1
GL + 17,000

▼ 4층
GL + 12,900

▼ 3층
GL + 8,100

▼ 2층
GL + 4,500

▼ 1층
GL + 1,200

▼ 지하 1층
GL - 3,500

천연잔디
인공토양
THK90 무근콘크리트
(#8-150X150와이어메쉬)
THK 0.03 PE 필름2겹
THK 20 보호몰탈
우레탄 도막방수

THK600 철근콘크리트
THK60 버림콘크리트
THK0.3 필름지 2겹
THK200 잡석

투시도
SCALE : NONE

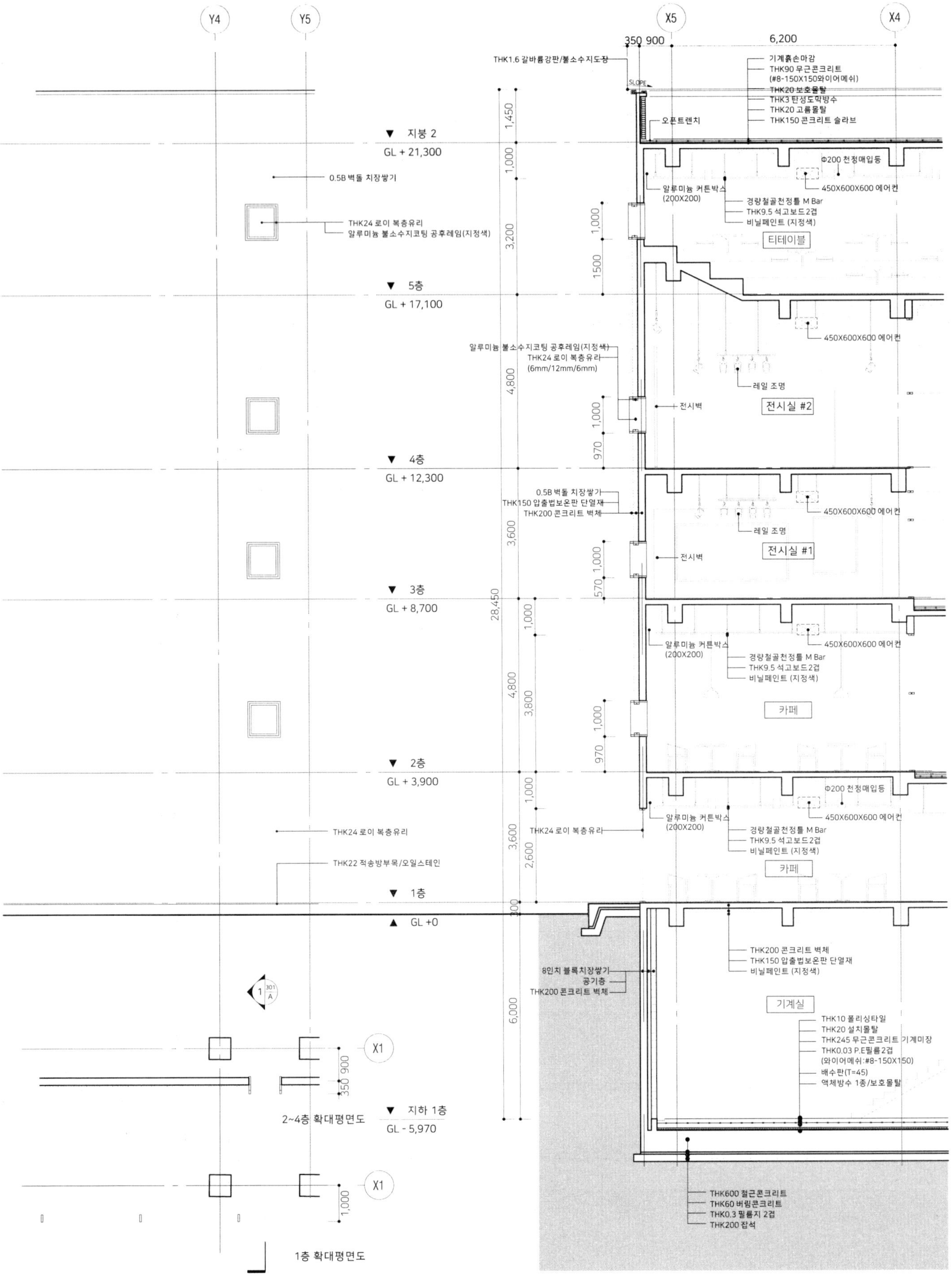

Y4　Y5　　　　　　　　　　　　　　　　　　　　X5　　　　　　　X4

350　900　　　6,200

THK1.6 갈바륨강판/불소수지도장

SLOPE

오픈트렌치

▼ 지붕 2
　GL + 21,300

1,450
1,000

0.5B 벽돌 치장쌓기

THK24 로이 복층유리
알루미늄 불소수지코팅 공후레임(지정색)

3,200
1,000
1,500

기계흙손마감
THK90 무근콘크리트
(#8-150X150와이어메쉬)
THK20 보호몰탈
THK3 탄성도막방수
THK20 고름몰탈
THK150 콘크리트 슬라브

Φ200 천정매입등
450X600X600 에어컨

알루미늄 커튼박스
(200X200)
경량철골천정틀 M Bar
THK9.5 석고보드2겹
비닐페인트 (지정색)

티테이블

▼ 5층
　GL + 17,100

4,800

알루미늄 불소수지코팅 공후레임(지정색)
THK24 로이 복층유라
(6mm/12mm/6mm)

1,000
970

전시벽

450X600X600 에어컨

레일 조명

전시실 #2

▼ 4층
　GL + 12,300

3,600

0.5B 벽돌 치장쌓가
THK150 압출법보온판 단열재
THK200 콘크리트 벽체

1,000
570

전시벽

450X600X600 에어컨

레일 조명

전시실 #1

28,450

▼ 3층
　GL + 8,700

4,800
1,000
3,800

알루미늄 커튼박스
(200X200)

450X600X600 에어컨

경량철골천정틀 M Bar
THK9.5 석고보드2겹
비닐페인트 (지정색)

카페

▼ 2층
　GL + 3,900

3,600
1,000
2,600
970

THK24 로이 복층유리

알루미늄 커튼박스
(200X200)

Φ200 천정매입등
450X600X600 에어컨

경량철골천정틀 M Bar
THK9.5 석고보드2겹
비닐페인트 (지정색)

카페

THK24 로이 복층유리

THK22 적송방부목/오일스테인

▼ 1층

▲ GL +0

300

8인치 블록치장쌓기
공기층
THK200 콘크리트 벽체

THK200 콘크리트 벽체
THK150 압출법보온판 단열재
비닐페인트 (지정색)

기계실

THK10 폴리싱타일
THK20 설치몰탈
THK245 무근콘크리트 기계미장
THK0.03 P.E필름2겹
(와이어메쉬:#8-150X150)
배수판(T=45)
액체방수 1종/보호몰탈

6,000

1 301 A

X1

350 900

2~4층 확대평면도

▼ 지하 1층
　GL - 5,970

1,000

X1

THK600 철근콘크리트
THK60 버림콘크리트
THK0.3 필름지 2겹
THK200 잡석

1층 확대평면도

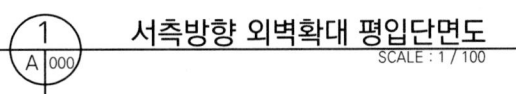

1 A 000

서측방향 외벽확대 평입단면도
SCALE : 1 / 100

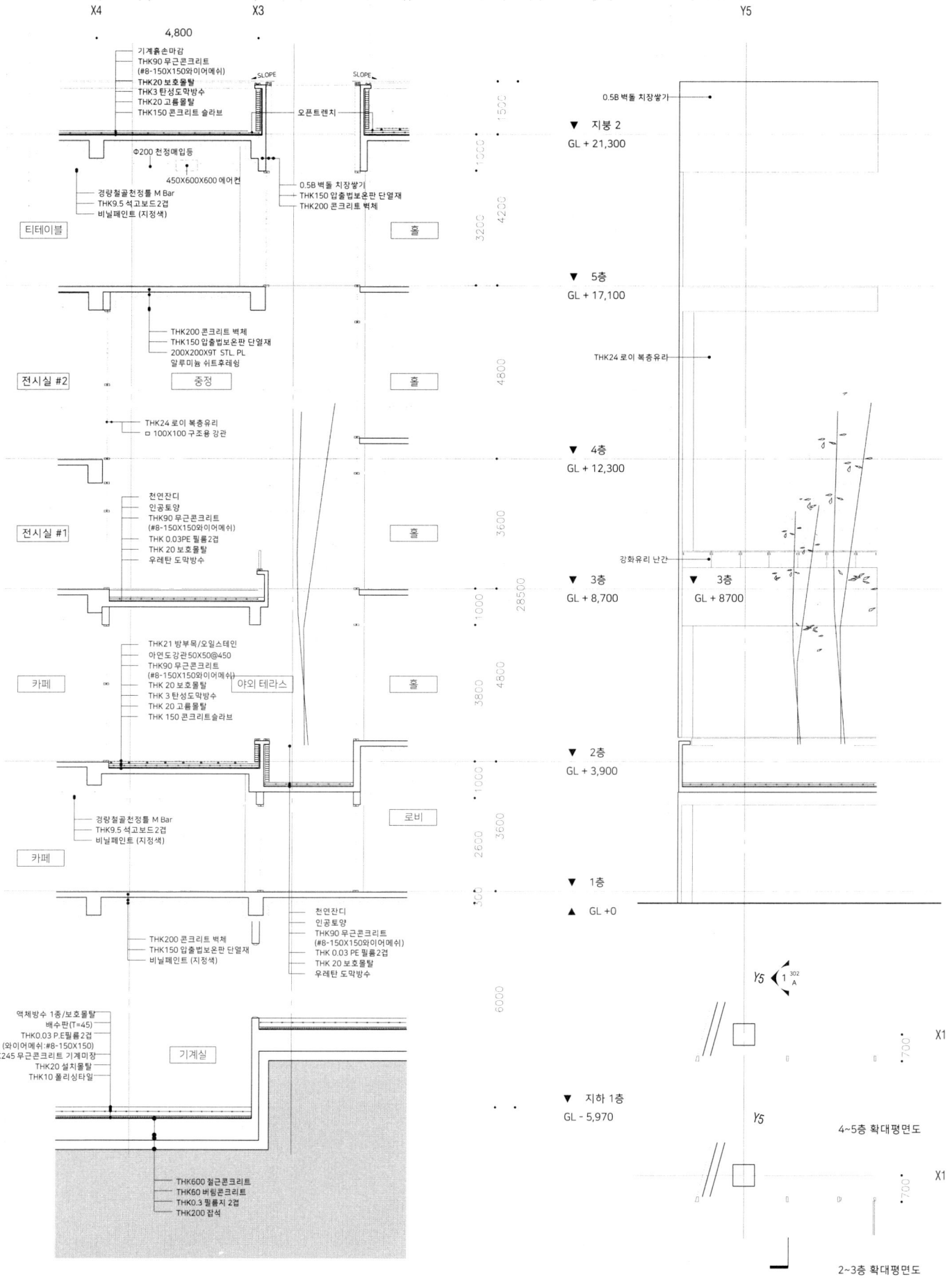

X4　　　　　　X3　　　　　　　　　　　　　　　　　　Y5

4,800

기계흙손마감
THK90 무근콘크리트
(#8-150X150와이어메쉬)
THK20 보호몰탈
THK3 탄성도막방수
THK20 고름몰탈
THK150 콘크리트 슬라브

SLOPE　　SLOPE

0.5B 벽돌 치장쌓기

오픈트렌치

Φ200 천정매입등

▼ 지붕 2
GL + 21,300

450X600X600 에어컨

경량철골천정틀 M Bar
THK9.5 석고보드2겹
비닐페인트 (지정색)

0.5B 벽돌 치장쌓기
THK150 압출법보온판 단열재
THK200 콘크리트 벽체

티테이블　　　　　　　　　홀

▼ 5층
GL + 17,100

THK200 콘크리트 벽체
THK150 압출법보온판 단열재
200X200X9T STL. PL
알루미늄 쉬트후레싱

THK24 로이 복층유리

전시실 #2　　　중정　　　홀

▼ 4층
GL + 12,300

THK24 로이 복층유리
□ 100X100 구조용 강관

천연잔디
인공토양
THK90 무근콘크리트
(#8-150X150와이어메쉬)
THK 0.03PE 필름2겹
THK 20 보호몰탈
우레탄 도막방수

강화유리 난간

전시실 #1　　　　　　　홀

▼ 3층　　　　　▼ 3층
GL + 8,700　　　GL + 8700

THK21 방부목/오일스테인
아연도강관50X50@450
THK90 무근콘크리트
(#8-150X150와이어메쉬)
THK 20 보호몰탈
THK 3 탄성도막방수
THK 20 고름몰탈
THK 150 콘크리트 슬라브

카페　　야외 테라스　　홀

▼ 2층
GL + 3,900

경량철골천정틀 M Bar
THK9.5 석고보드2겹
비닐페인트 (지정색)

로비

카페

천연잔디
인공토양
THK90 무근콘크리트
(#8-150X150와이어메쉬)
THK 0.03 PE 필름2겹
THK 20 보호몰탈
우레탄 도막방수

▼ 1층
▲ GL +0

THK200 콘크리트 벽체
THK150 압출법보온판 단열재
비닐페인트 (지정색)

액체방수 1종/보호몰탈
배수판(T=45)
THK0.03 P.E필름2겹
(와이어메쉬:#8-150X150)
THK245 무근콘크리트 기계미장
THK20 설치몰탈
THK10 폴리싱타일

기계실

Y5 　1 302
　　　　A

THK600 철근콘크리트
THK60 버림콘크리트
THK0.3 필름지 2겹
THK200 잡석

X1

▼ 지하 1층
GL - 5,970

Y5

4~5층 확대평면도

X1

2~3층 확대평면도

① 동측방향 외벽확대 평입단면도
A 000　　SCALE : 1 / 100

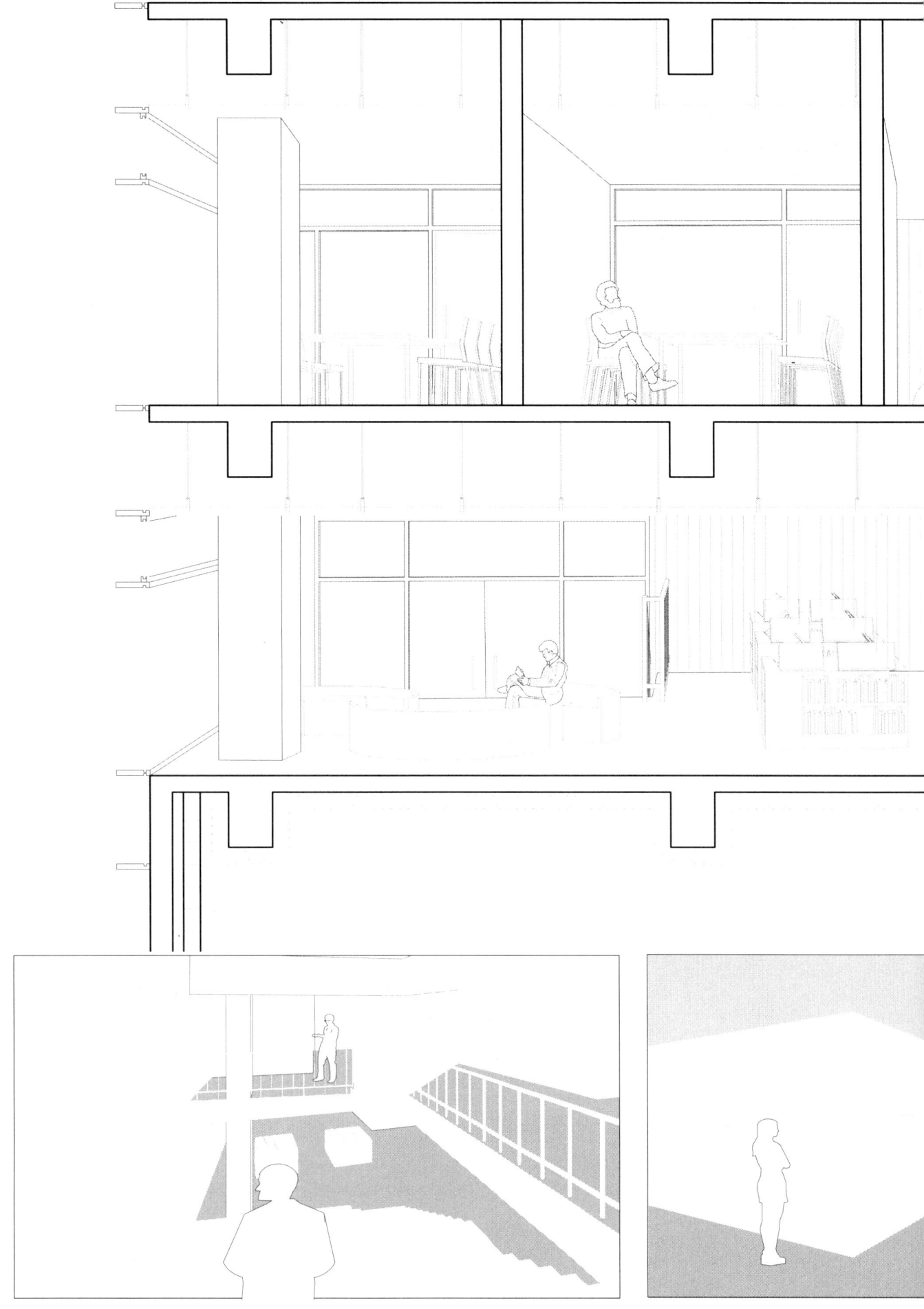

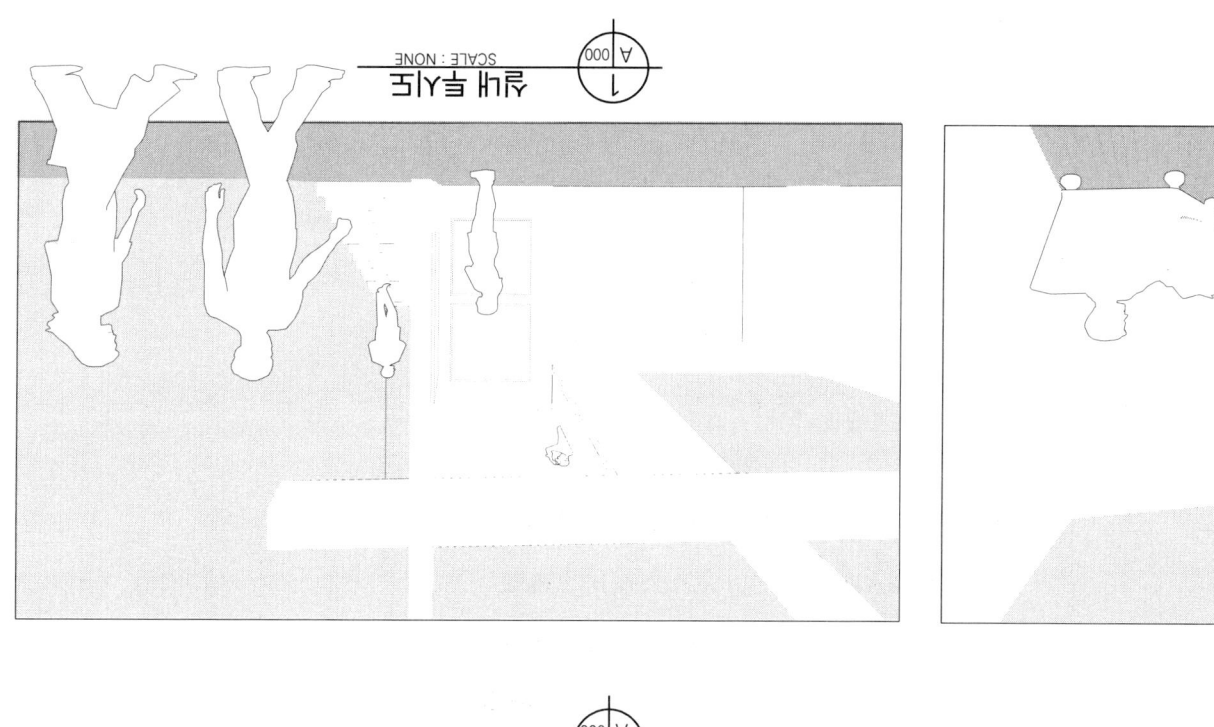

실내 투시도

SCALE : NONE

1 / A 000

공중홀에 면한 투시도

SCALE : NONE

1 / A 000

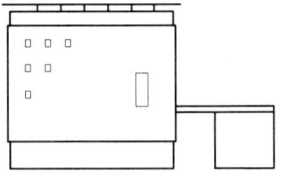

김소영 | KIM SOYOUNG

위치	서울특별시 종로구 인사동 130-1 외14필지
용도	교육연구시설(도서관), 근린생활시설
대지면적	1,075.1m²
건축면적	633.45m²
연면적	3,718.52m²
건폐율	633.45 / 1075.1x100 = 58.9%
용적률	2,635.83 / 1075.1x100 = 245.17%
구조	철근 콘크리트
규모	지하 2층, 지상 5층
최고 높이	GL + 22.5m

CUBE.LIVE.RARY

다언어, 다문화권의사람들을 위한 허브

인사동은 외국인이 많이 방문하는 거리 중 하나이다. 따라서 여러 문화권이 사람들이 자연스레 모일
수 있는 지역의 특성을 살려 다문화, 다언어를 가진 사람들이 이용할 수 있는 도서관을 설계하고자
한다

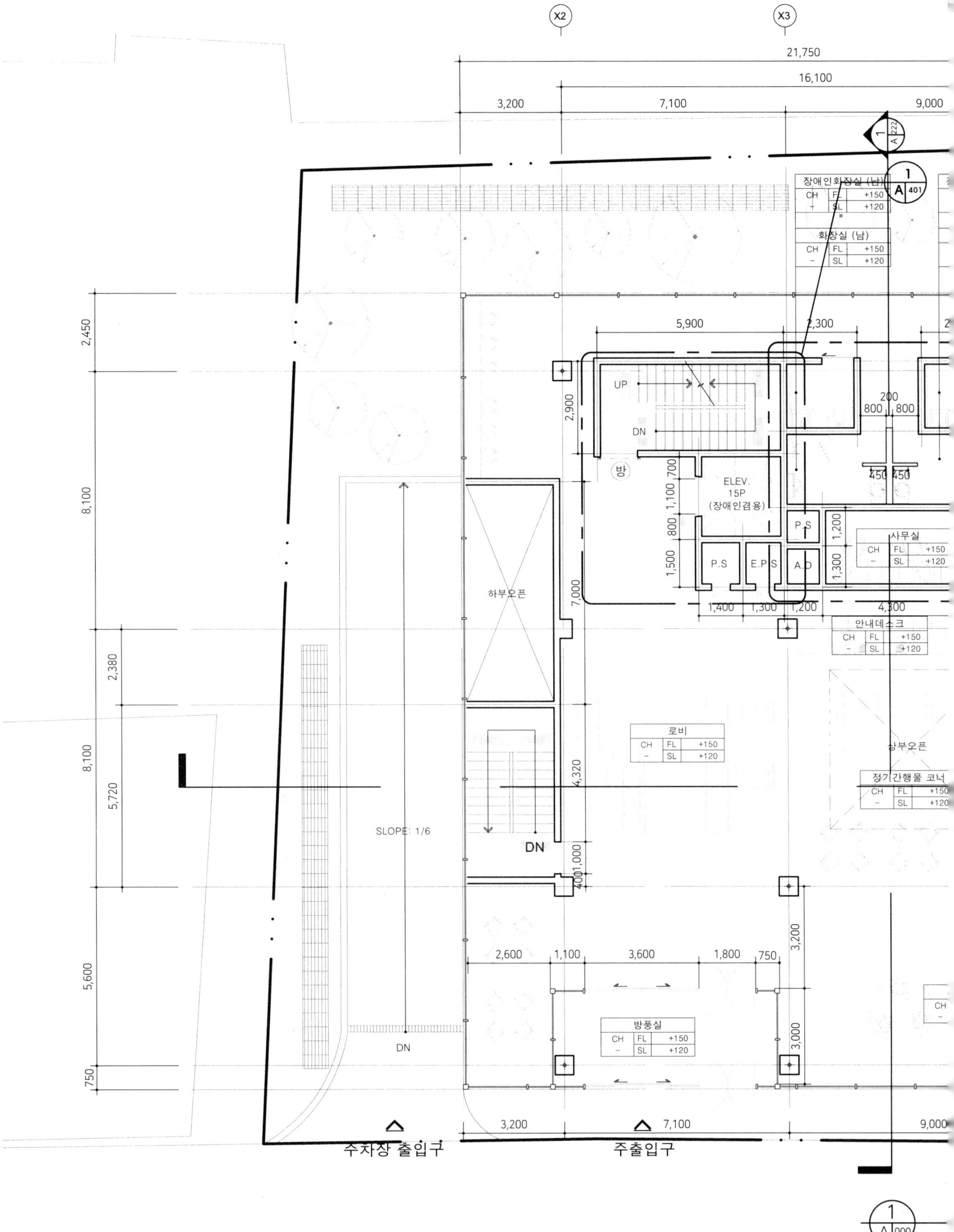

X2　　X3

21,750

16,100

3,200　　7,100　　9,000

2,450

8,100

2,380

8,100

5,720

5,600

750

1
A 222

장애인화장실 (남)

	CH	FL	+150
		SL	+120

1
A 401

화장실 (남)

CH	FL	+150
—	SL	+120

5,900　　2,300

2,900

UP

DN

방

2,900

ELEV.
15P
(장애인겸용)

800 | 1,100 | 700

1,500

P.S

P.S　E.P.S　A.D

1,400 | 1,300 | 1,200

200
800 | 800

450 | 450

1,200

P.S

1,300

사무실

CH	FL	+150
—	SL	+120

4,300

안내데스크

CH	FL	+150
—	SL	+120

하부오픈

7,000

로비

CH	FL	+150
—	SL	+120

상부오픈

정기간행물 코너

CH	FL	+150
—	SL	+120

4,320

SLOPE: 1/6

DN

400 | 1,000

DN

2,600 | 1,100 | 3,600 | 1,800 | 750

3,200

3,000

방풍실

CH	FL	+150
—	SL	+120

CH

3,200　수차장 출입구　7,100　주출입구　9,000

1
A 000

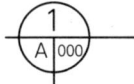

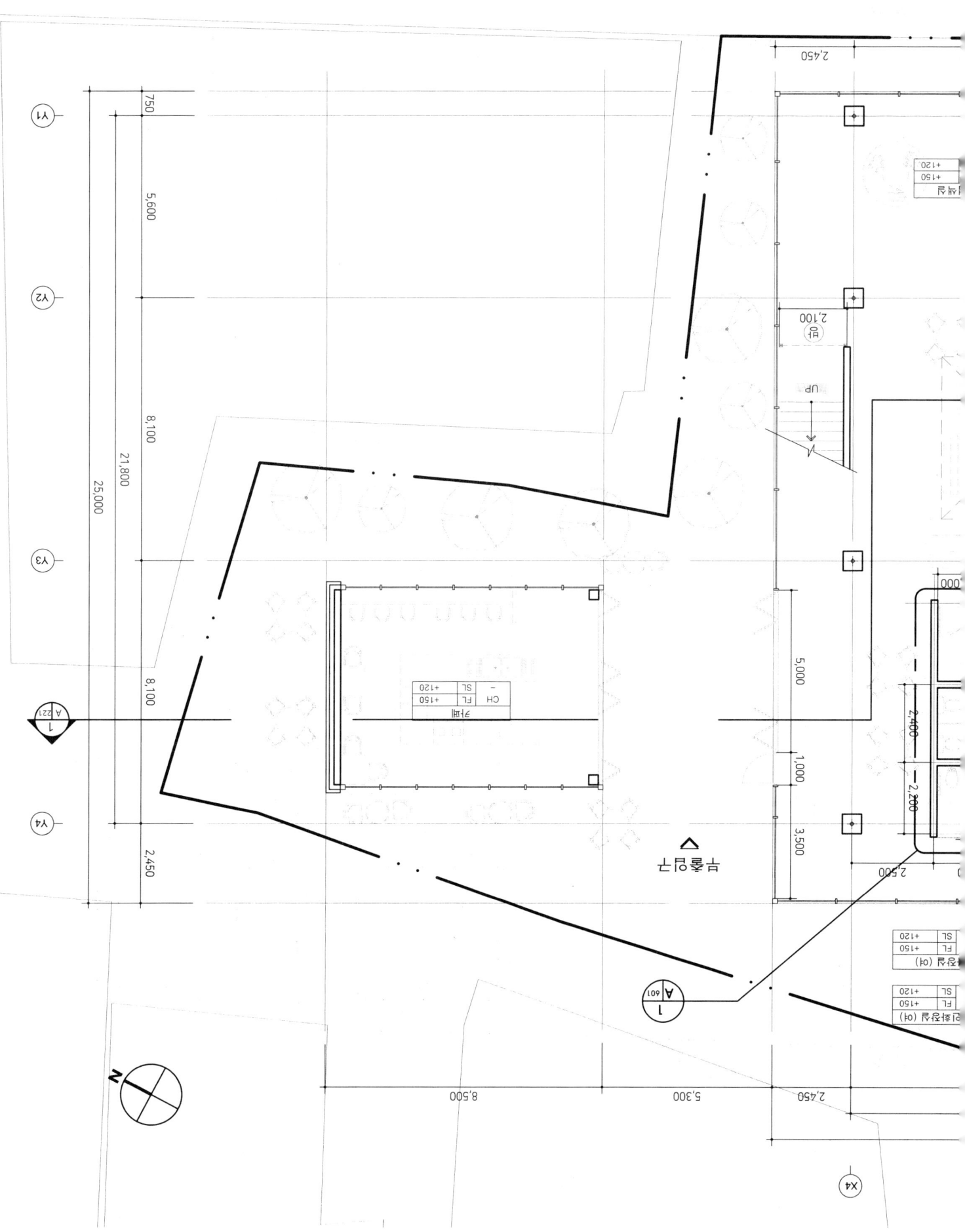

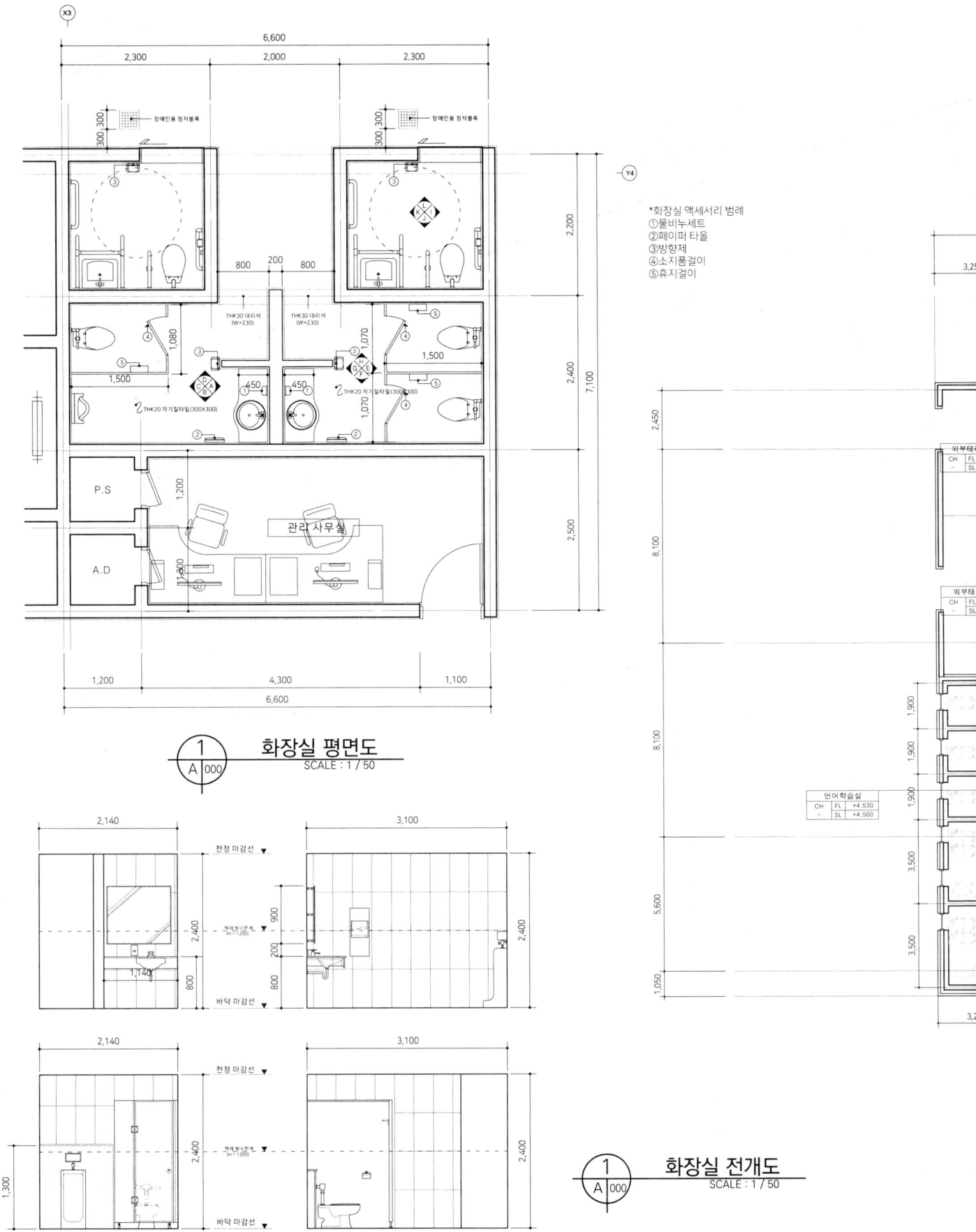

화장실 평면도
SCALE : 1 / 50

*화장실 액세서리 범례
①물비누세트
②페이퍼 타올
③방향제
④소지품걸이
⑤휴지걸이

화장실 전개도
SCALE : 1 / 50

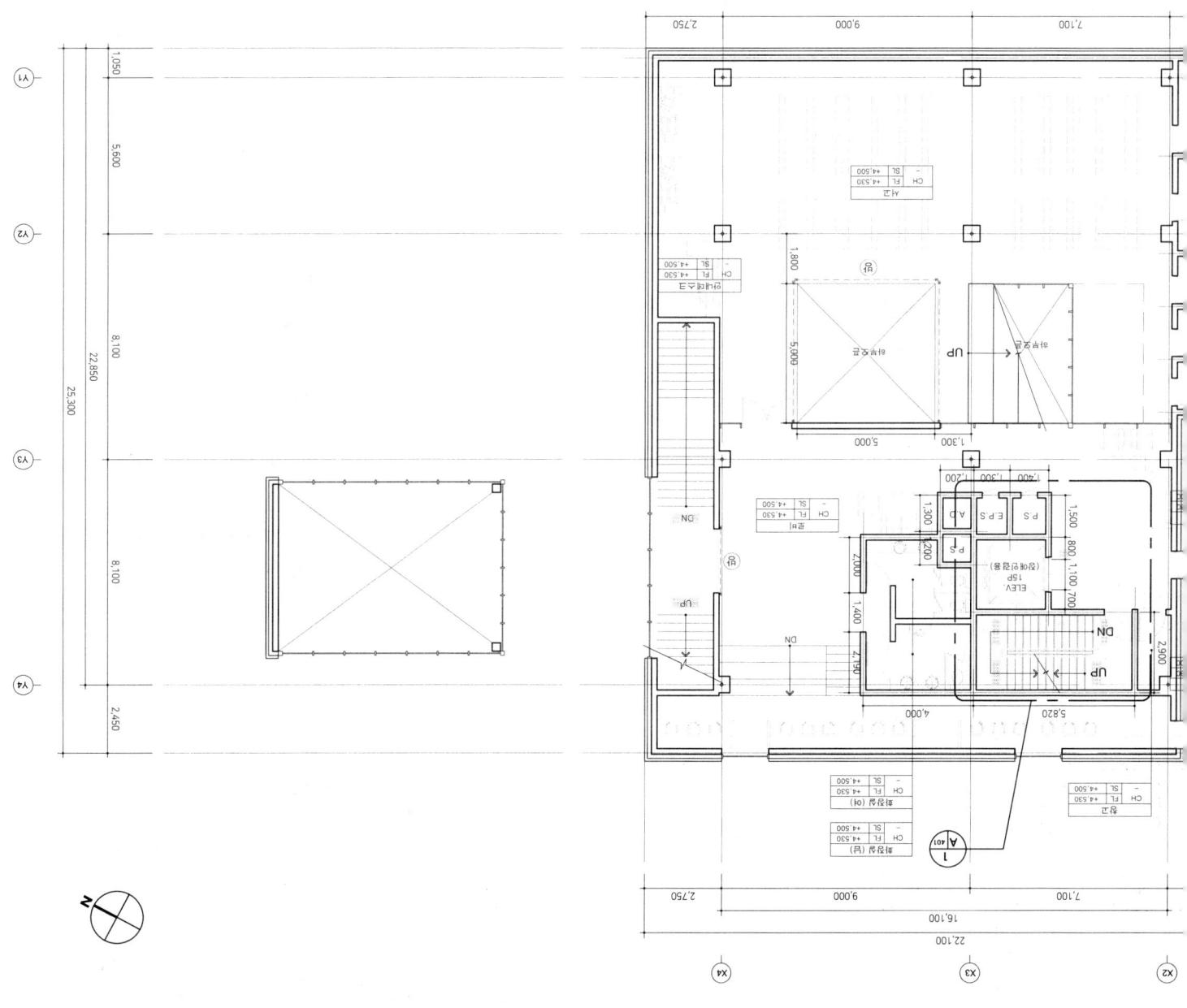

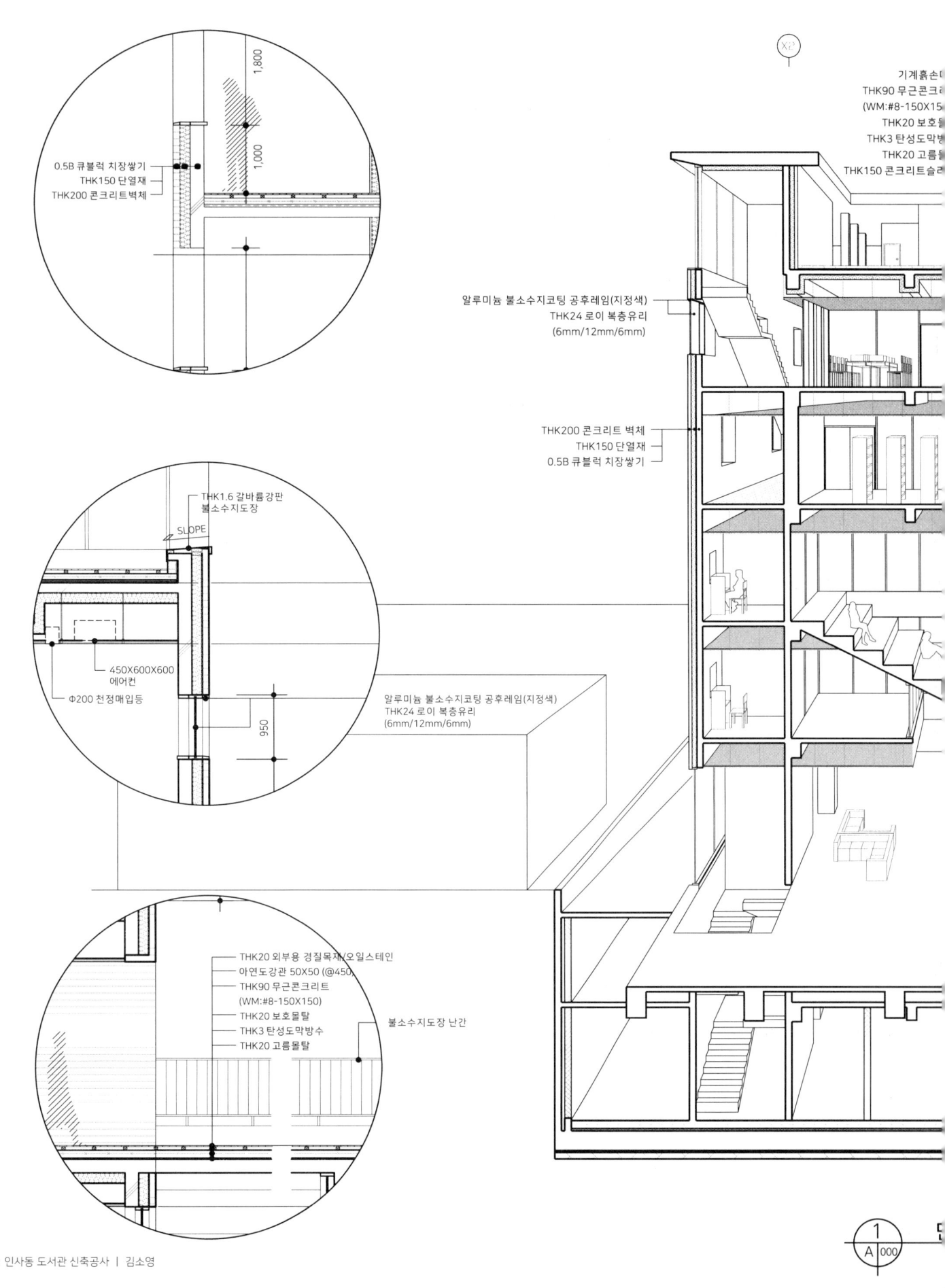

0.5B 큐블럭 치장쌓기
THK150 단열재
THK200 콘크리트벽체

1,800

1,000

THK1.6 갈바륨강판
불소수지도장

SLOPE

450X600X600
에어컨

Φ200 천정매입등

950

THK20 외부용 경질목재/오일스테인
아연도강관 50X50 (@450)
THK90 무근콘크리트
(WM:#8-150X150)
THK20 보호몰탈
THK3 탄성도막방수
THK20 고름몰탈

불소수지도장 난간

기계흡손디
THK90 무근콘크ㄹ
(WM:#8-150X15
THK20 보호들
THK3 탄성도막벙
THK20 고름들
THK150 콘크리트슬래

알루미늄 불소수지코팅 공후레임(지정색)
THK24 로이 복층유리
(6mm/12mm/6mm)

THK200 콘크리트 벽체
THK150 단열재
0.5B 큐블럭 치장쌓기

알루미늄 불소수지코팅 공후레임(지정색)
THK24 로이 복층유리
(6mm/12mm/6mm)

X2

1
A 000

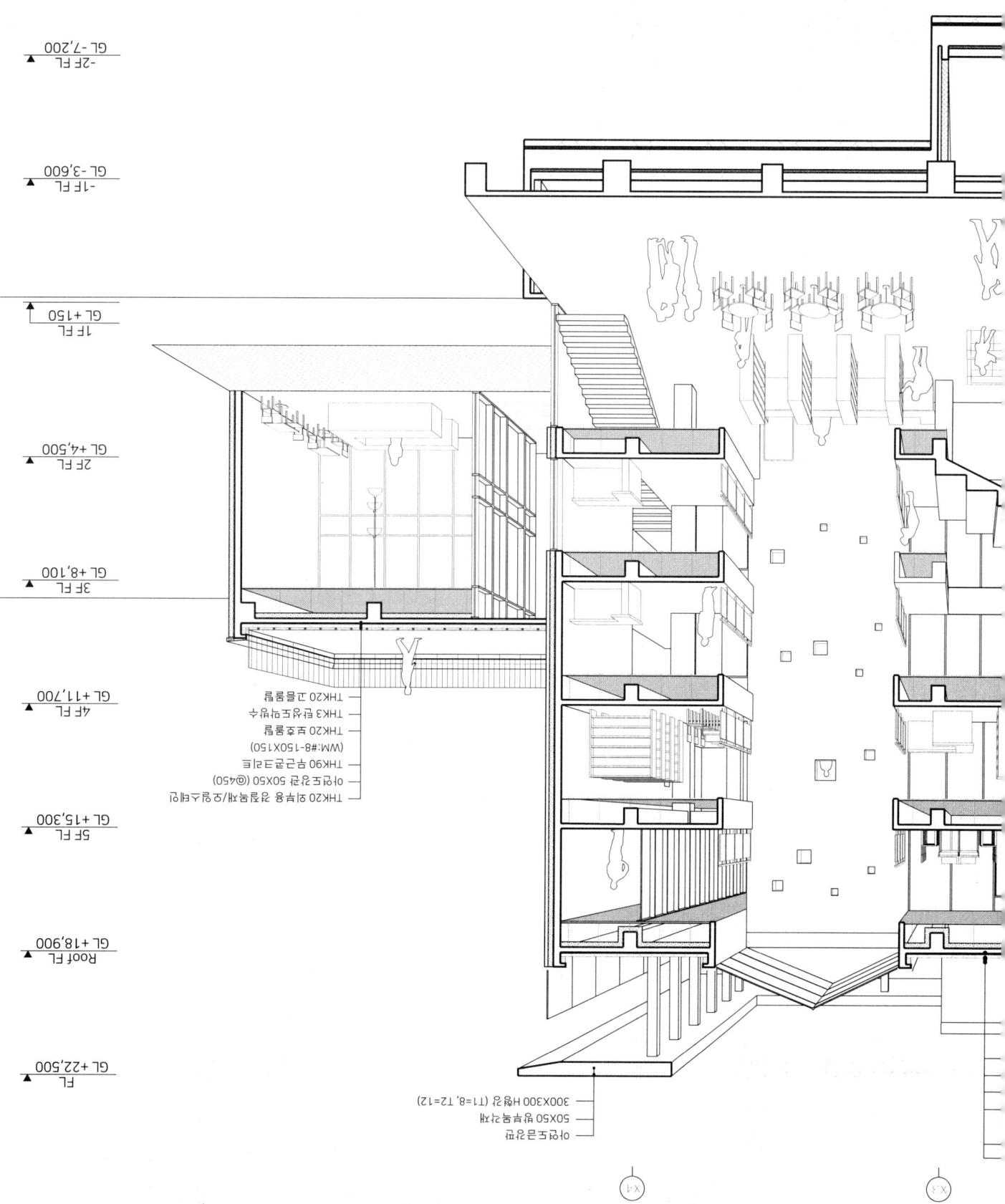

GL -7,200 ▽ -2F FL

GL -3,600 ▽ -1F FL

GL +150 ▽ 1F FL

GL +4,500 ▽ 2F FL

GL +8,100 ▽ 3F FL

GL +11,700 ▽ 4F FL

GL +15,300 ▽ 5F FL

GL +18,900 ▽ Roof FL

GL +22,500 ▽ FL

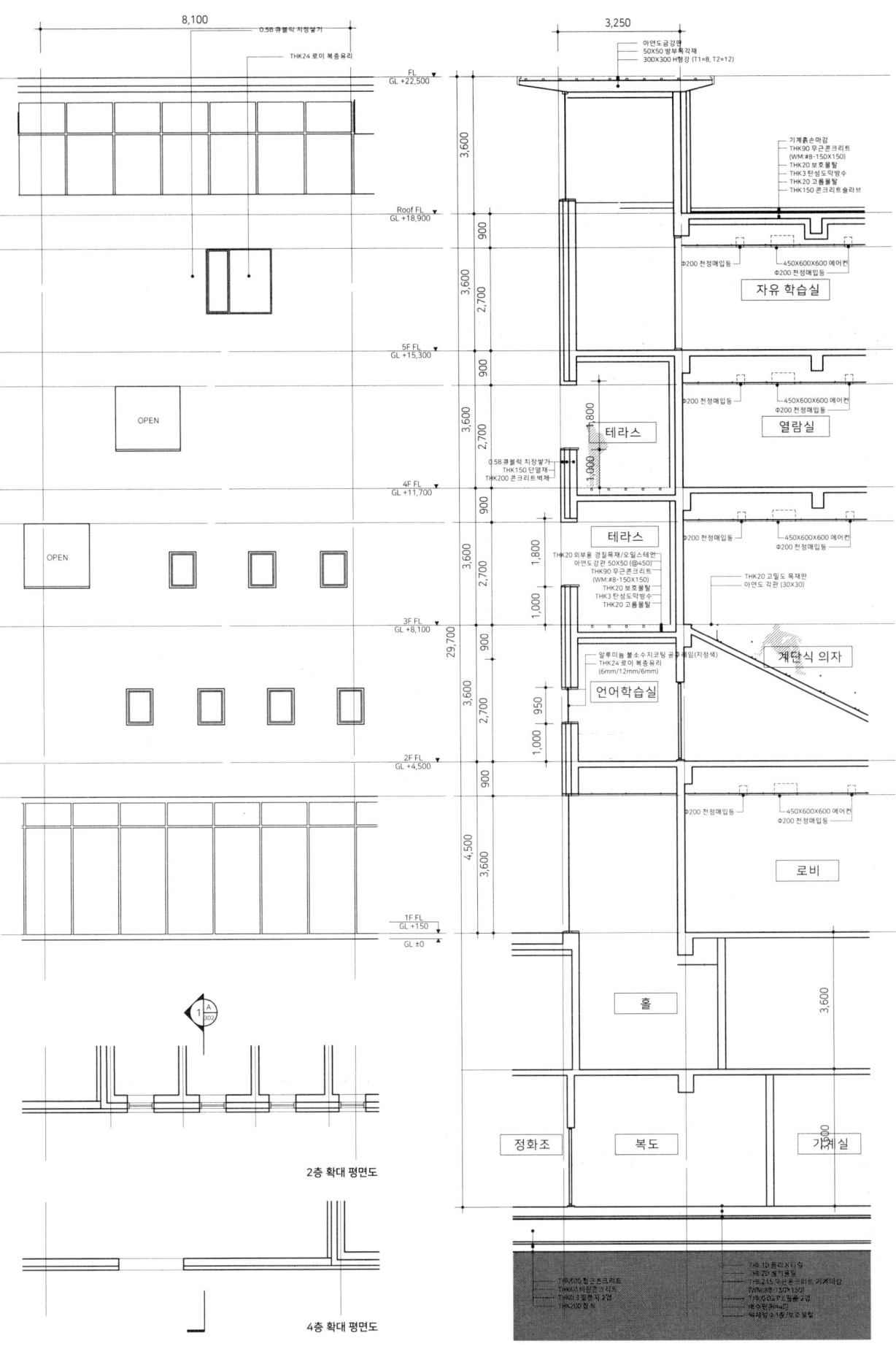

서측방향 외벽확대 평입단면도

SCALE : 1 / 100

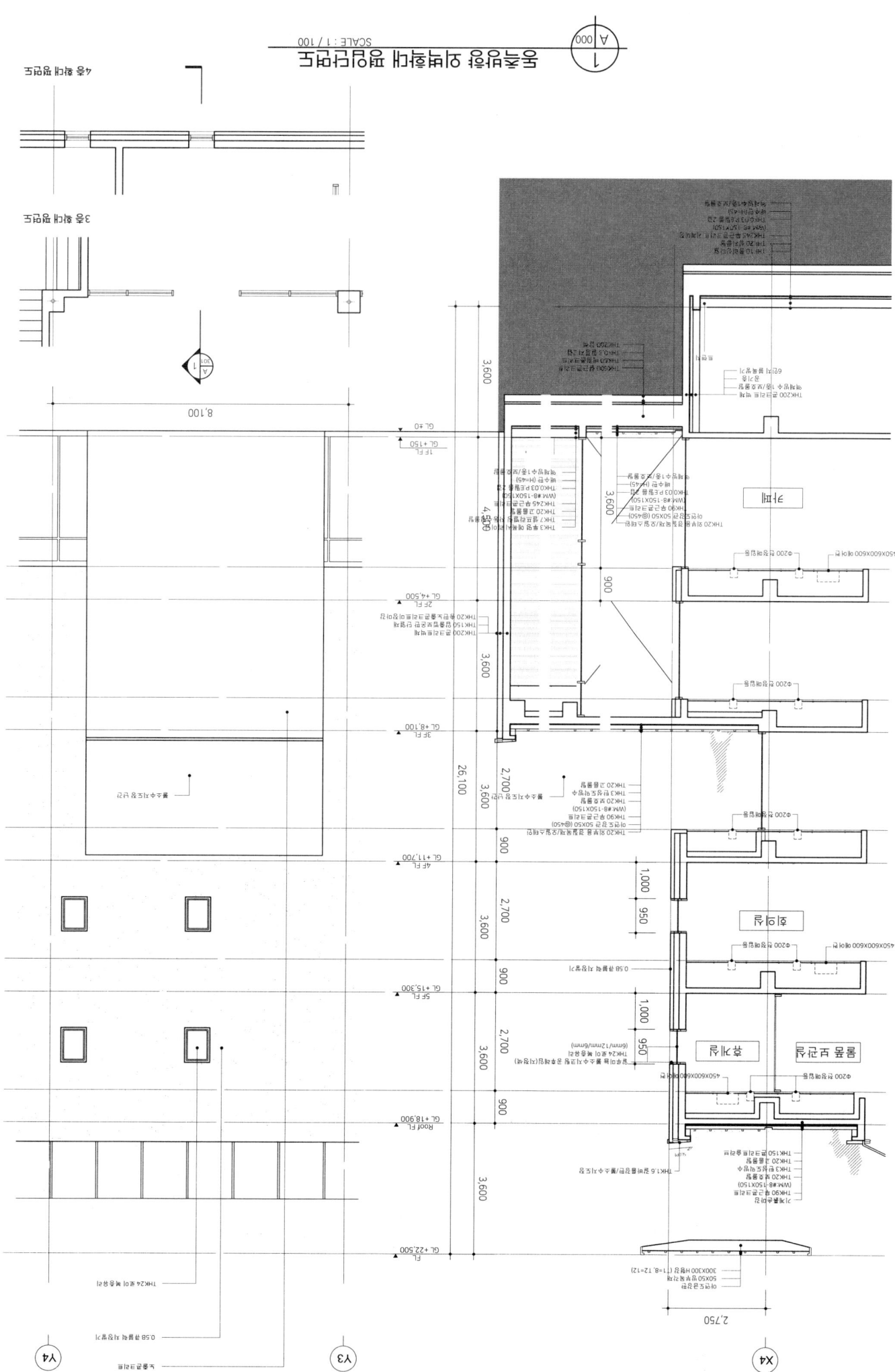

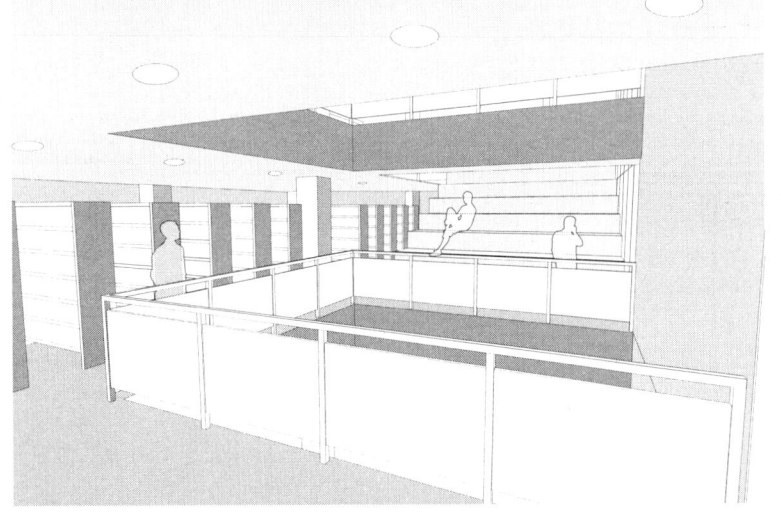

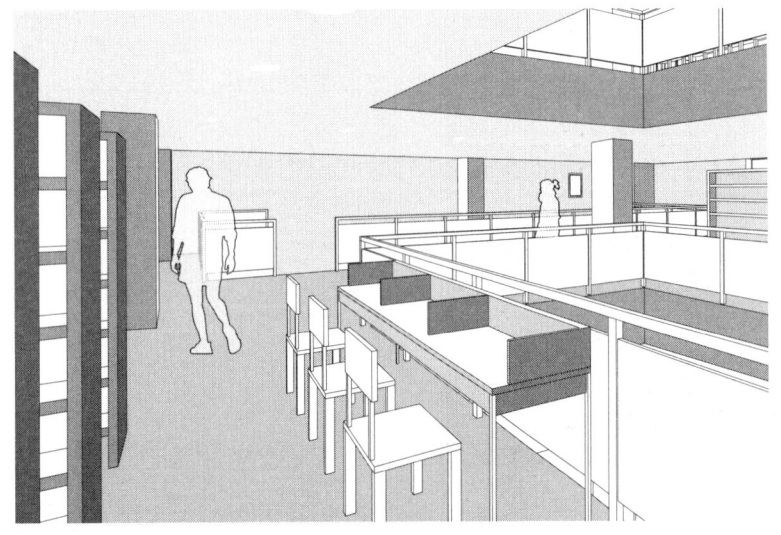

1 A 000 실내 투시도, 모형사진
SCALE : NONE

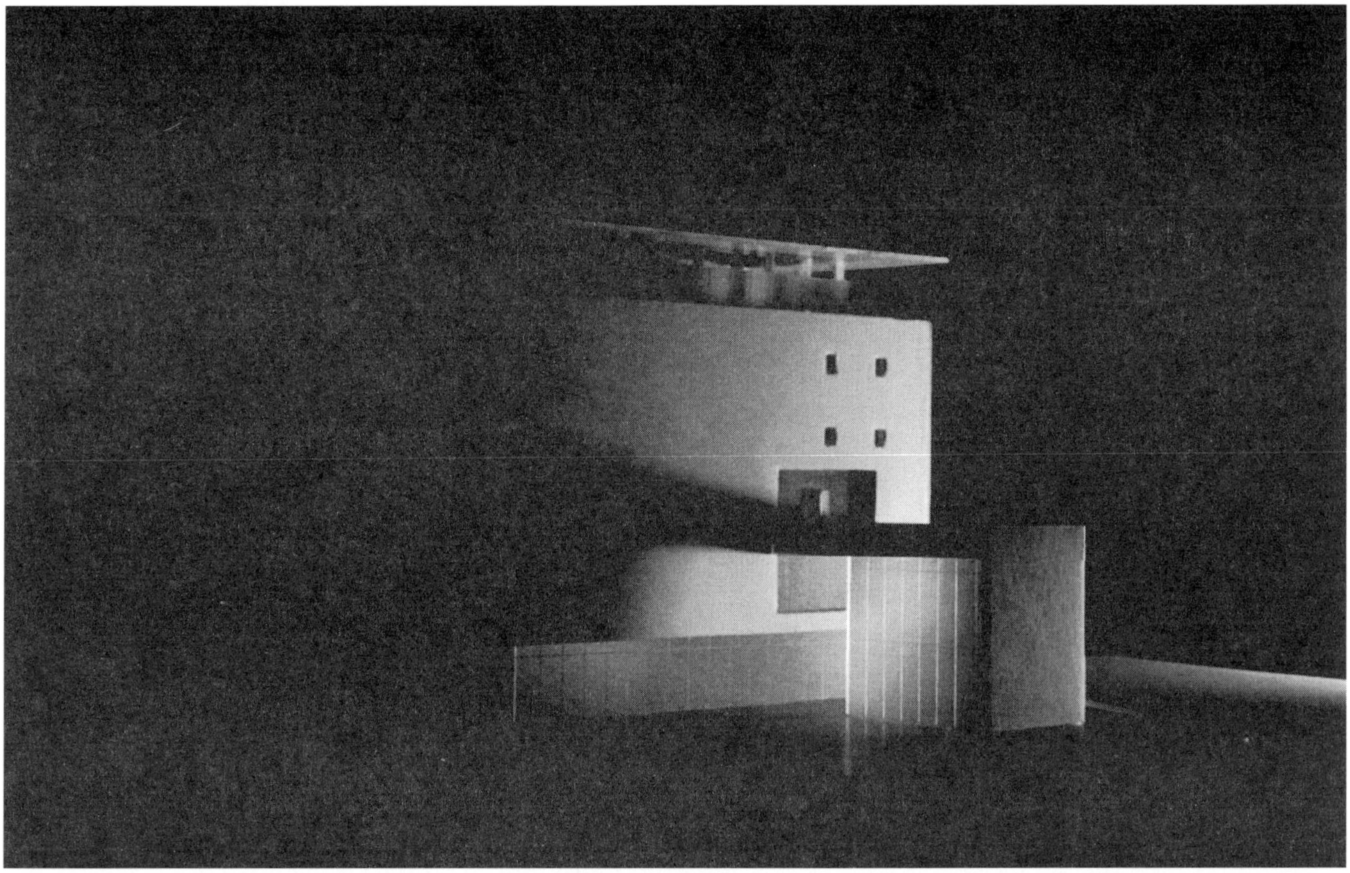

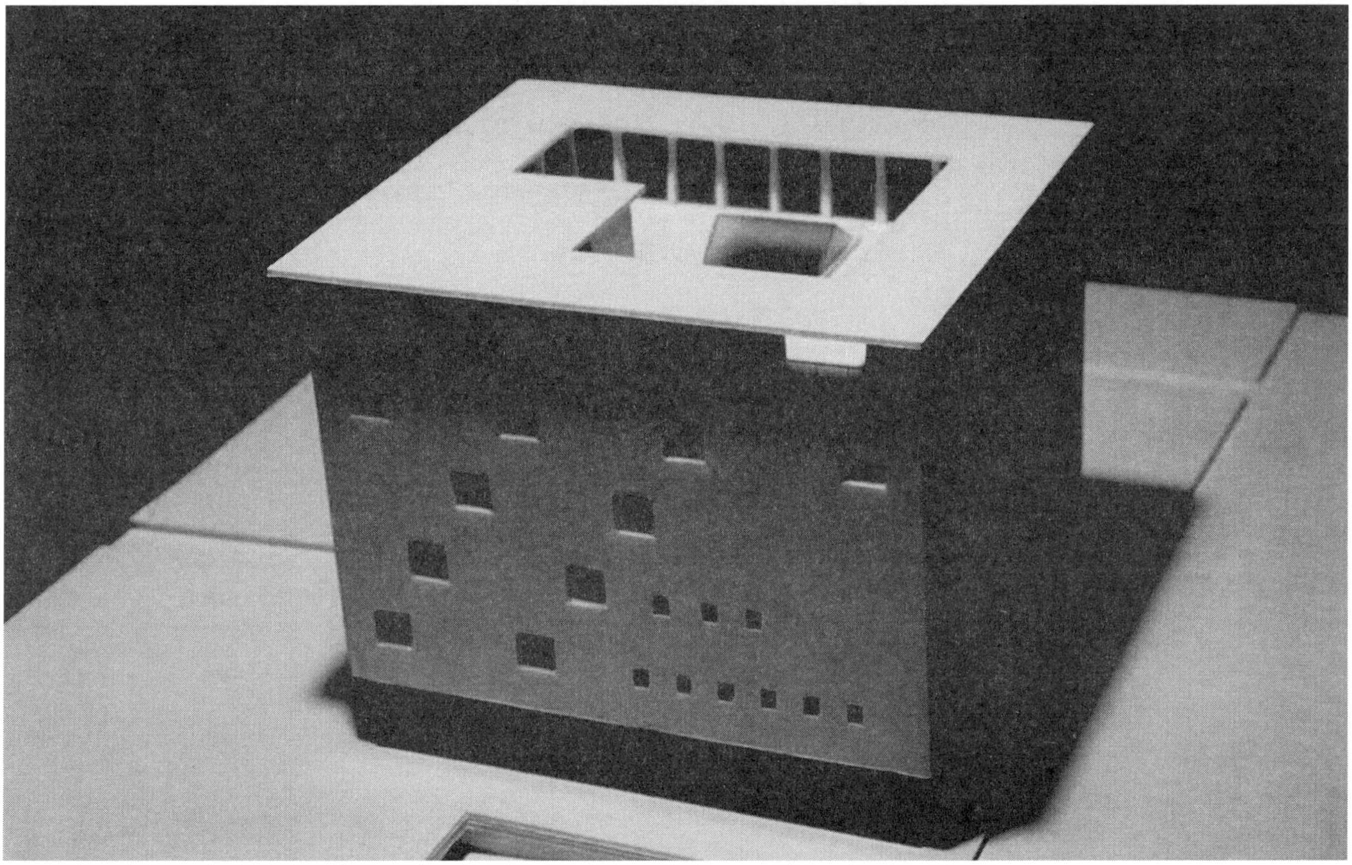

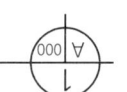

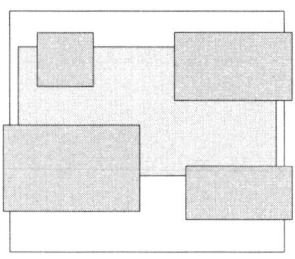

박서현 | PARK SEOHYUN

위치	|	서울특별시 종로구 인사동 130-1 외7필지
용도	|	교육연구시설(도서관), 문화 및 집회시설
대지면적	|	1,054.85m²
건축면적	|	630.8m²
연면적	|	2,641.8m²
건폐율	|	630.8 / 1,054.85X100=59.8%
용적률	|	2,641.8 / 1,054.85X100=250.4%
구조	|	철근 콘크리트
규모	|	지하 2층, 지상 5층
최고 높이	|	GL + 25m

인 사 - 나 눔

인사동 길을 나누고 문인의 경험을 나누다

소중하고 의미 깊은 장소가 갈수록 짙어지는 상업성과 외래풍에 밀려 제 모습을 잃어가고 있었다.
본 프로젝트는 인사동 곳곳에 자리 잡은 전통적 가치가 있는 필방들을 이 장소로 끌어들이고 사람들이 이를 체
험하고 관심을 갖게 하고, 인사동의 문화성을 다시금 상기시킬 수 있는 미디어 테크를 제시하고자 한다.

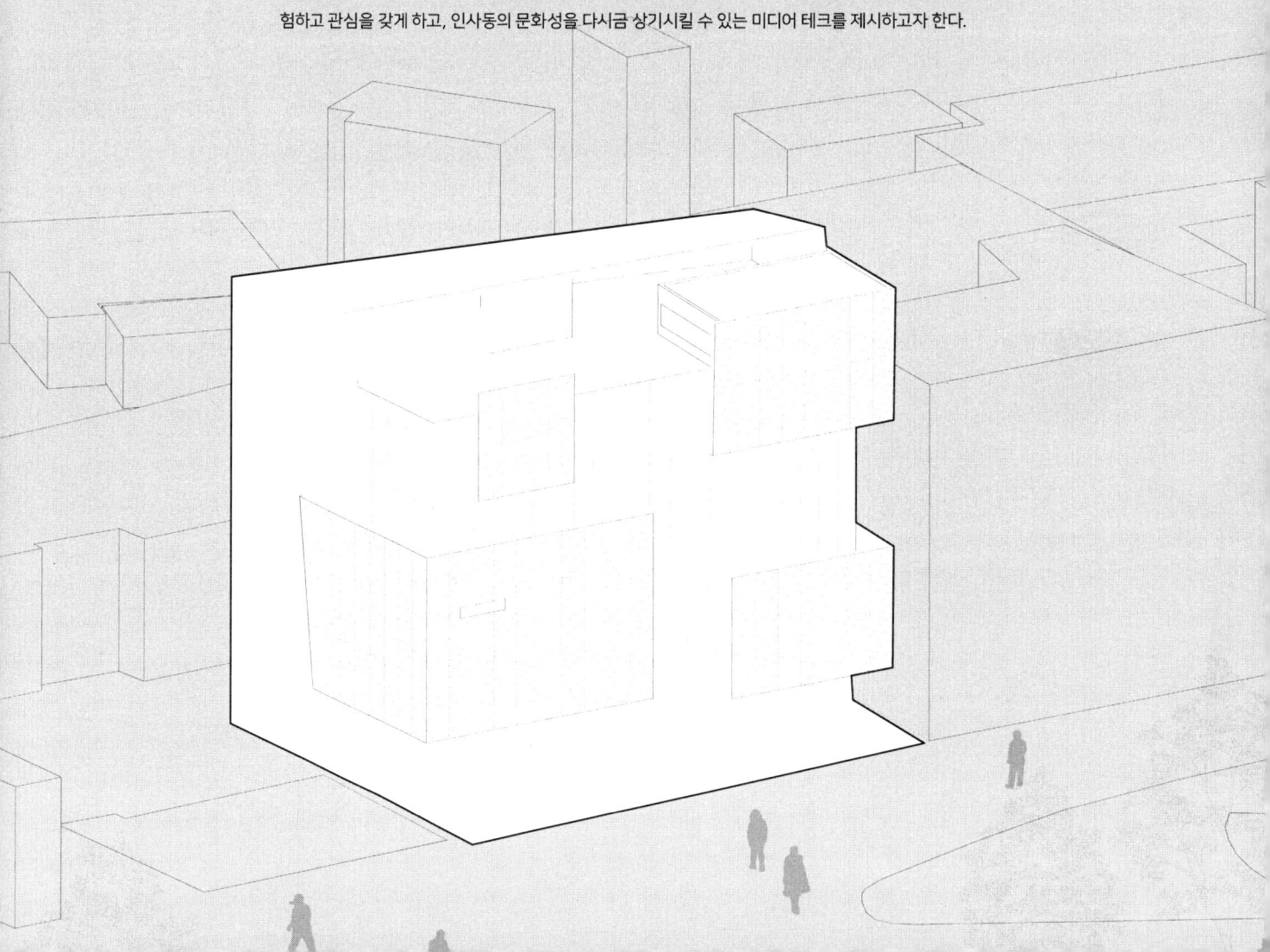

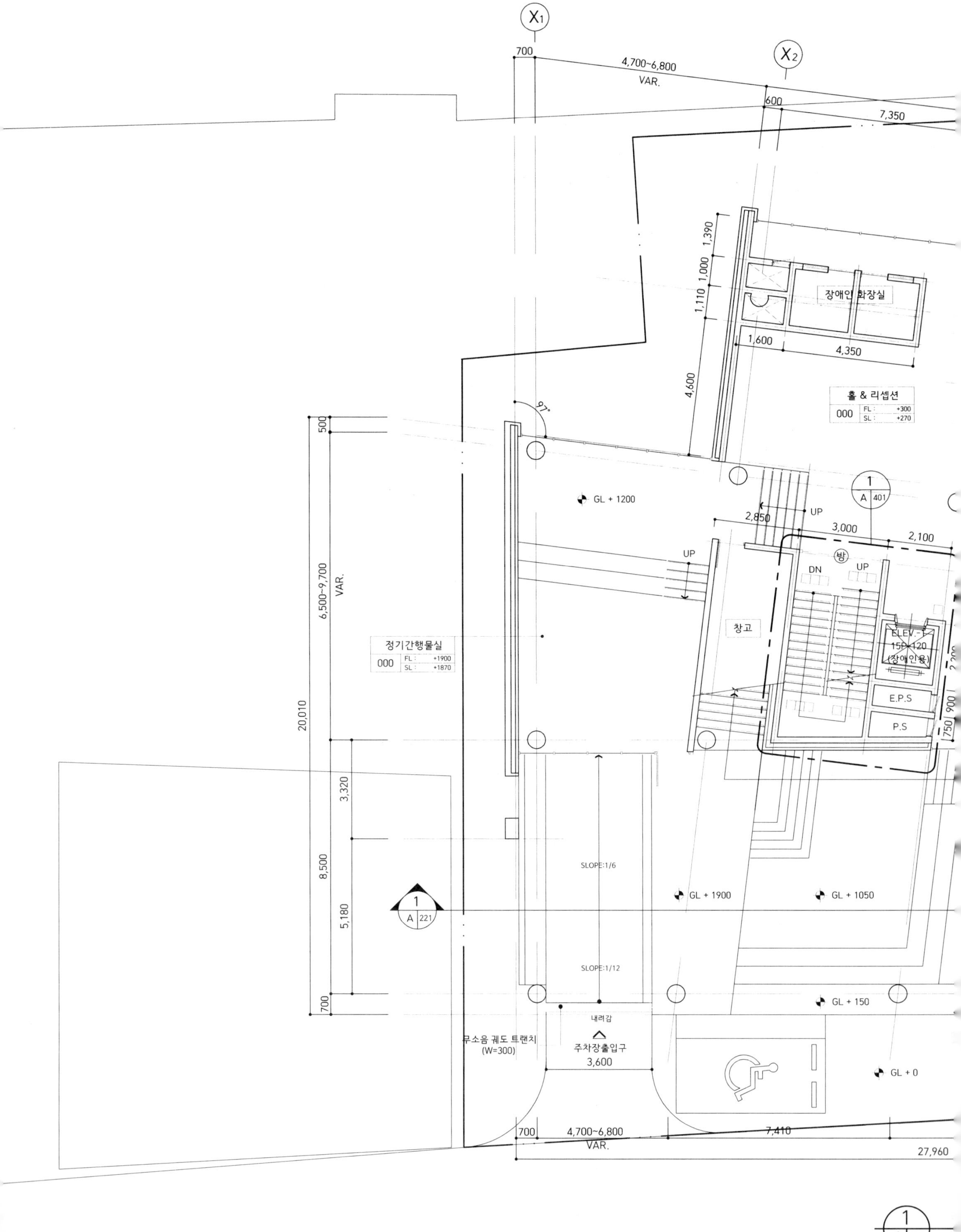

X₁

700   4,700~6,800
           VAR.

X₂

600

7,350

1,390
1,000
1,110

장애인 화장실

1,600   4,350

4,600

홀 & 리셉션

000	FL :	+300
	SL :	+270

97°

GL + 1200

1
A 401

2,850

UP

3,000

2,100

방

DN   UP

UP

500

창고

ELEV.
15P×120
(장애인용)

6,500~9,700
VAR.

정기간행물실

000	FL :	+1900
	SL :	+1870

E.P.S

750 900

P.S

20,010

3,320

SLOPE:1/6

GL + 1900

GL + 1050

1
A 221

8,500

5,180

SLOPE:1/12

GL + 150

700

무소음 궤도 트랜치
(W=300)

내려감

주차장출입구
3,600

GL + 0

700   4,700~6,800
           VAR.

7,410

27,960

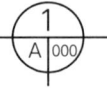

1
A 000

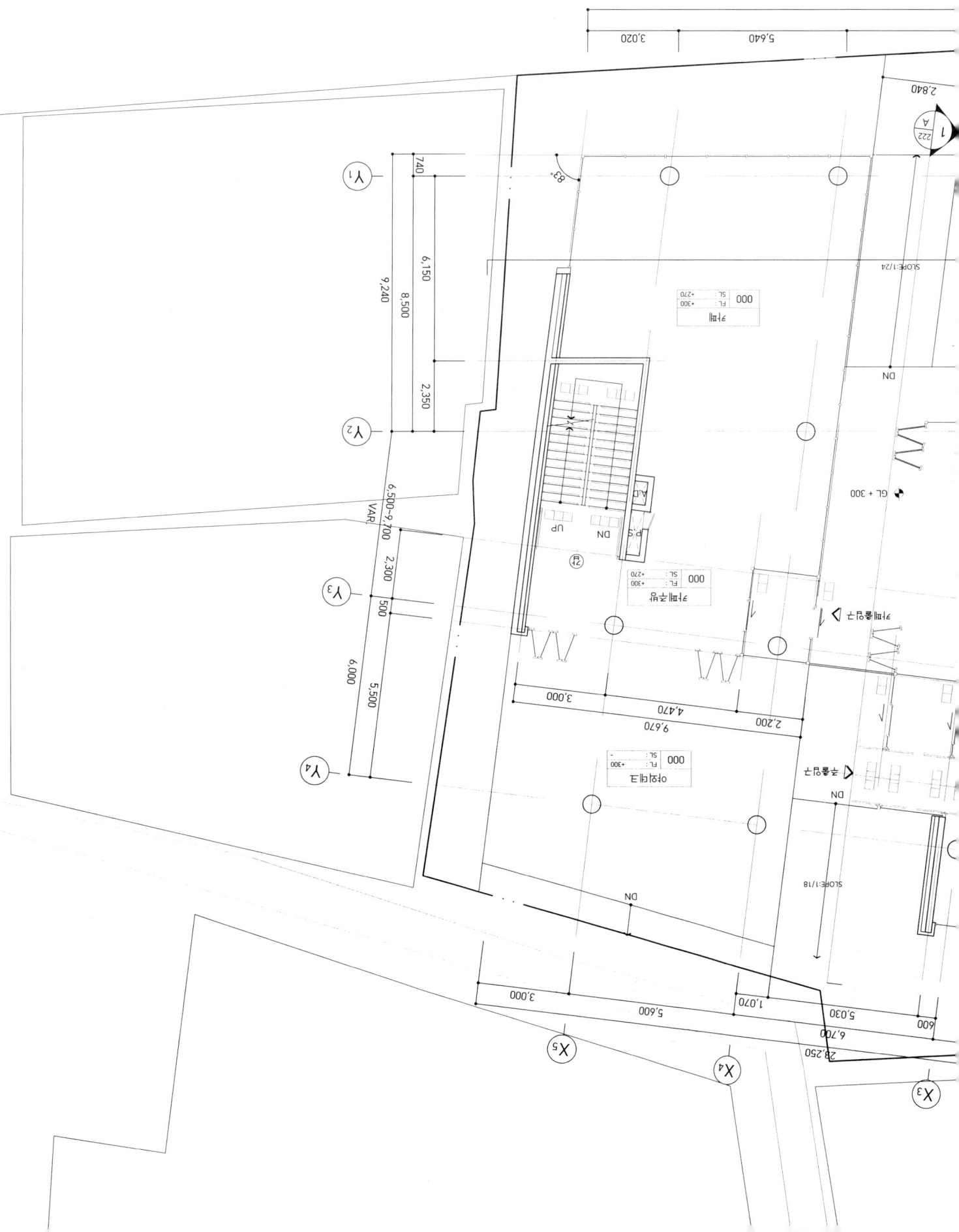

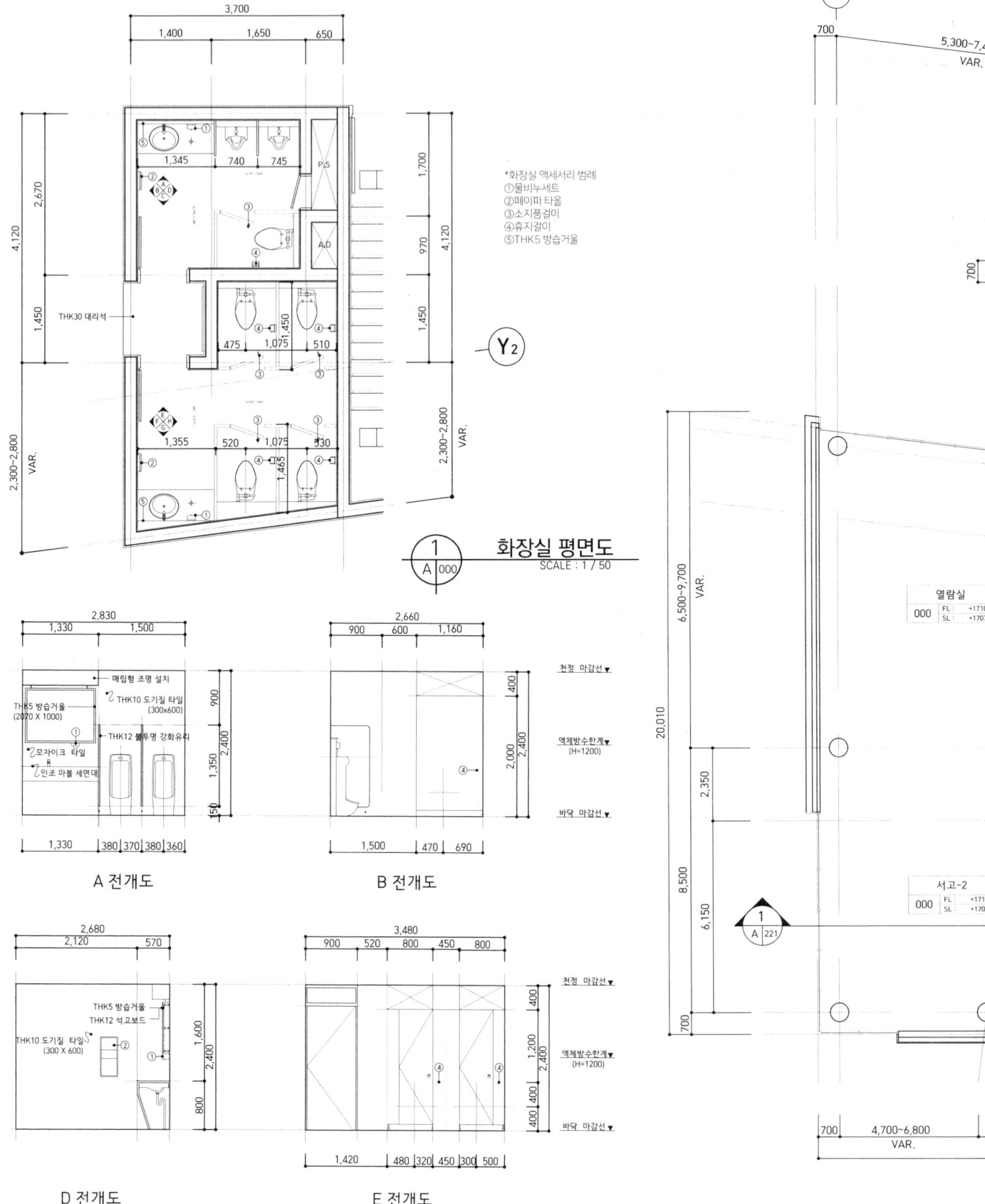

3,700
1,400   1,650   650

4,120
2,670

2,300~2,800 VAR.

1,345   740   745
P.S
A.D

1,450
THK30 대리석

475   1,075   510
1,465

1,355   520   1,075   530

*화장실 액세서리 범례
①물비누세트
②페이퍼 타올
③소지품걸이
④휴지걸이
⑤THK5 방습거울

Y₂

4,120
1,700
970
1,450

2,300~2,800 VAR.

① / A 000   화장실 평면도
SCALE : 1 / 50

2,830
1,330   1,500

매립형 조명 설치
THK5 방습거울 (2070 X 1000)
THK10 도기질 타일 (300x600)
THK12 불투명 강화유리
모자이크 타일
인조 마블 세면대

900   1,350   150
2,400

천청 마감선 ▼
액체방수한계 (H=1200)
바닥 마감선 ▼

1,330   380 370 380 360

A 전개도

2,660
900   600   1,160

400   2,000   2,400

④

천청 마감선 ▼
액체방수한계 (H=1200)
바닥 마감선 ▼

1,500   470   690

B 전개도

2,680
2,120   570

THK5 방습거울
THK12 석고보드
THK10 도기질 타일 (300 X 600)

②   ①

1,600   2,400   800

D 전개도

3,480
900   520   800   450   800

④   ④

400   1,200   2,400   400

천청 마감선 ▼
액체방수한계 (H=1200)
바닥 마감선 ▼

1,420   480 320 450 300 500

E 전개도

---

① / A 000   화장실 전개도
SCALE : 1 / 50

X₁
700   5,300~7,4 VAR.

700

6,500~9,700 VAR.

20,010

2,350

8,500
6,150

700   4,700~6,800 VAR.

열람실
000   FL : +1710
SL : +1707

서고-2
000   FL : +1710
SL : +1702

① / A 221

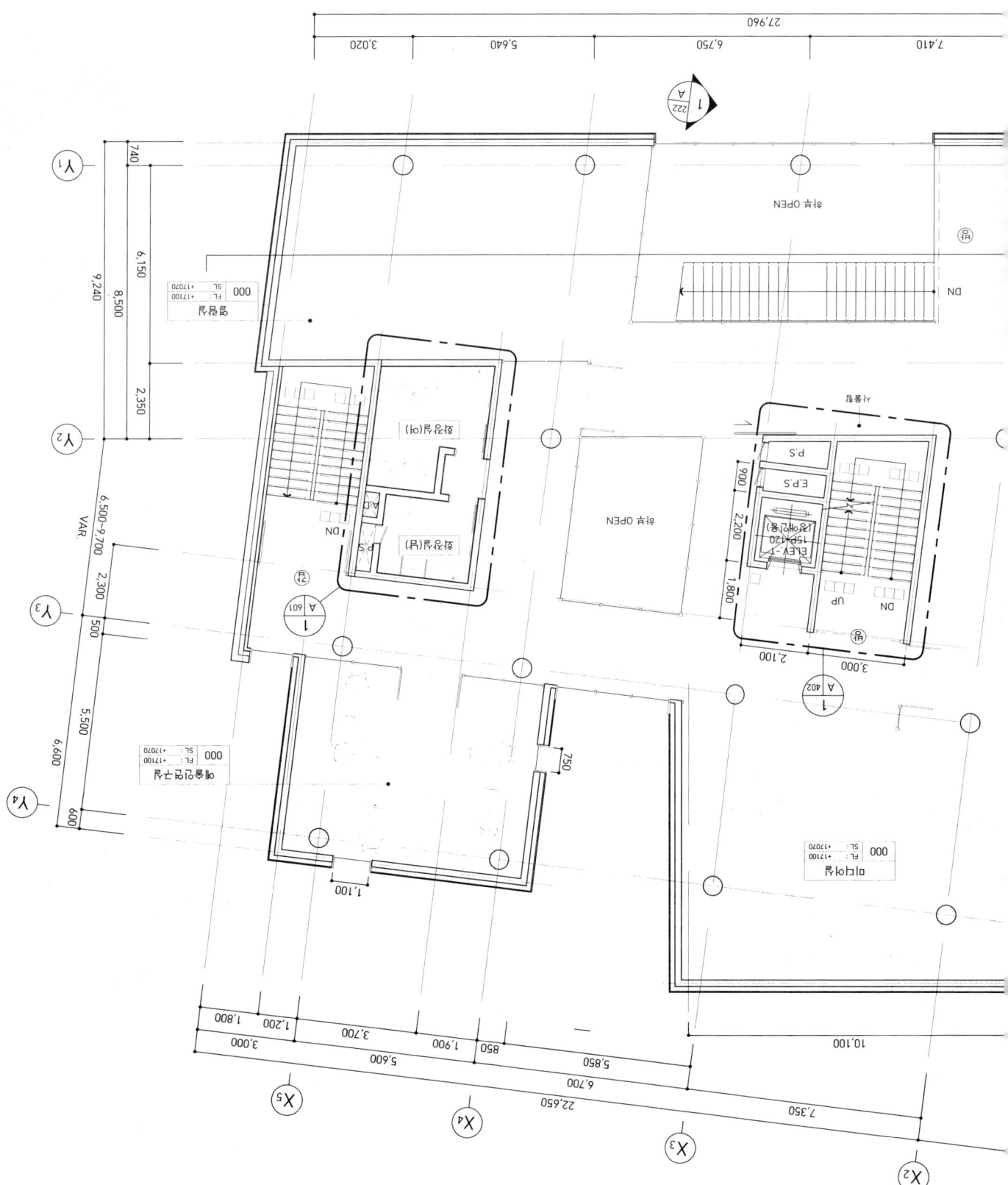

5층 평면도

SCALE : 1/150

1 / A 000

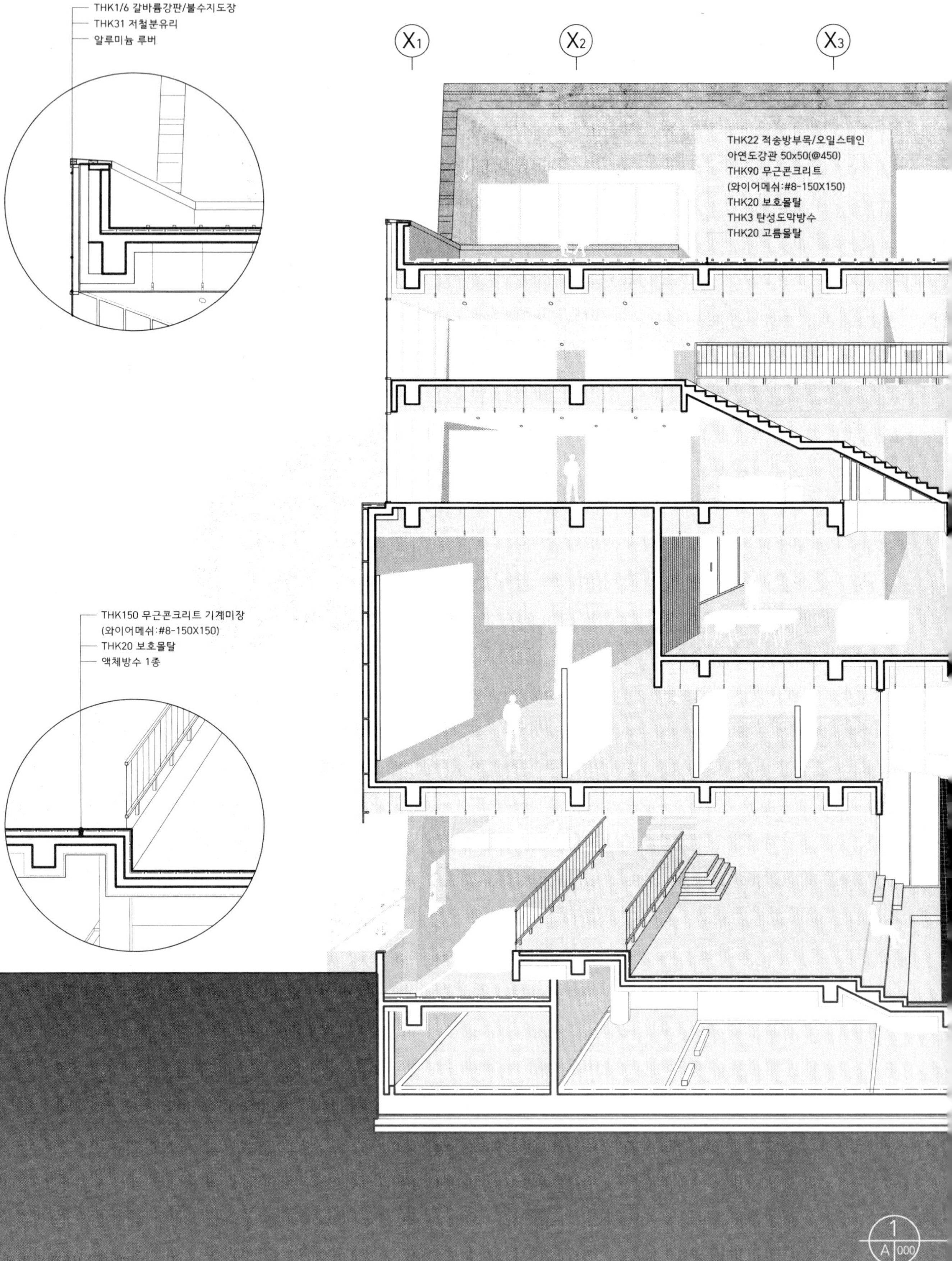

THK1/6 갈바륨강판/불수지도장
THK31 저철분유리
알루미늄 루버

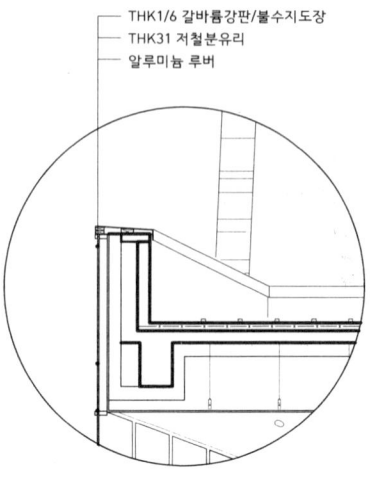

THK22 적송방부목/오일스테인
아연도강관 50x50(@450)
THK90 무근콘크리트
(와이어메쉬:#8-150X150)
THK20 보호몰탈
THK3 탄성도막방수
THK20 고름몰탈

X_1 X_2 X_3

THK150 무근콘크리트 기계미장
(와이어메쉬:#8-150X150)
THK20 보호몰탈
액체방수 1종

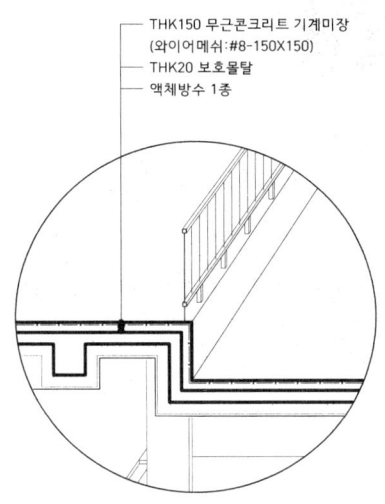

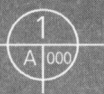

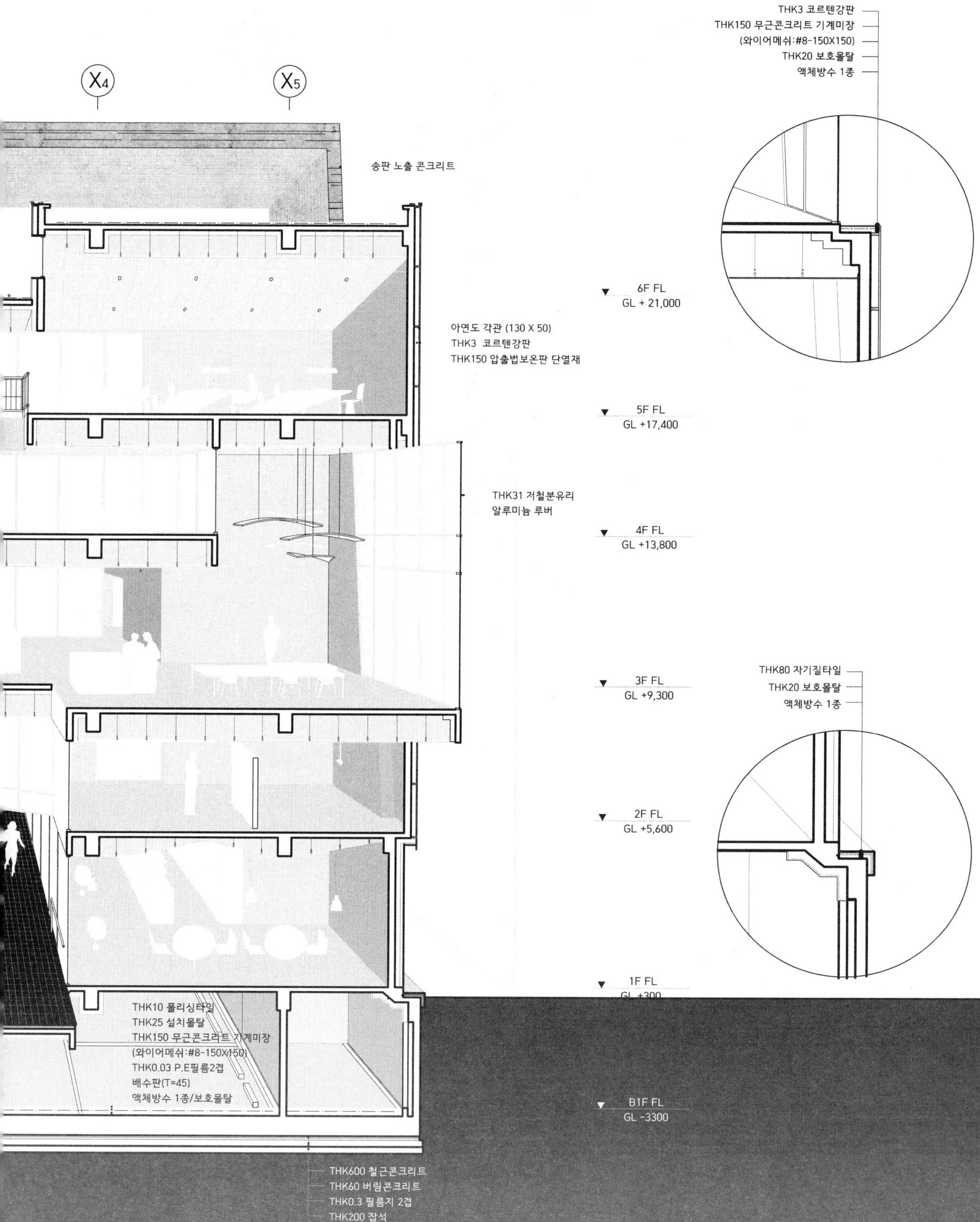
THK3 코르텐강판
THK150 무근콘크리트 기계미장
(와이어메쉬:#8-150X150)
THK20 보호몰탈
액체방수 1종
X4
X5
송판 노출 콘크리트
6F FL
GL + 21,000
아연도 각관 (130 X 50)
THK3 코르텐강판
THK150 압출법보온판 단열재
5F FL
GL +17,400
THK31 저철분유리
알루미늄 루버
4F FL
GL +13,800
THK80 자기질타일
THK20 보호몰탈
액체방수 1종
3F FL
GL +9,300
2F FL
GL +5,600
1F FL
GL +300
THK10 폴리싱타일
THK25 설치몰탈
THK150 무근콘크리트 기계미장
(와이어메쉬:#8-150X150)
THK0.03 P.E필름2겹
배수판(T=45)
액체방수 1종/보호몰탈
B1F FL
GL -3300
THK600 철근콘크리트
THK60 버림콘크리트
THK0.3 필름지 2겹
THK200 잡석

면 투시도
SCALE : NONE

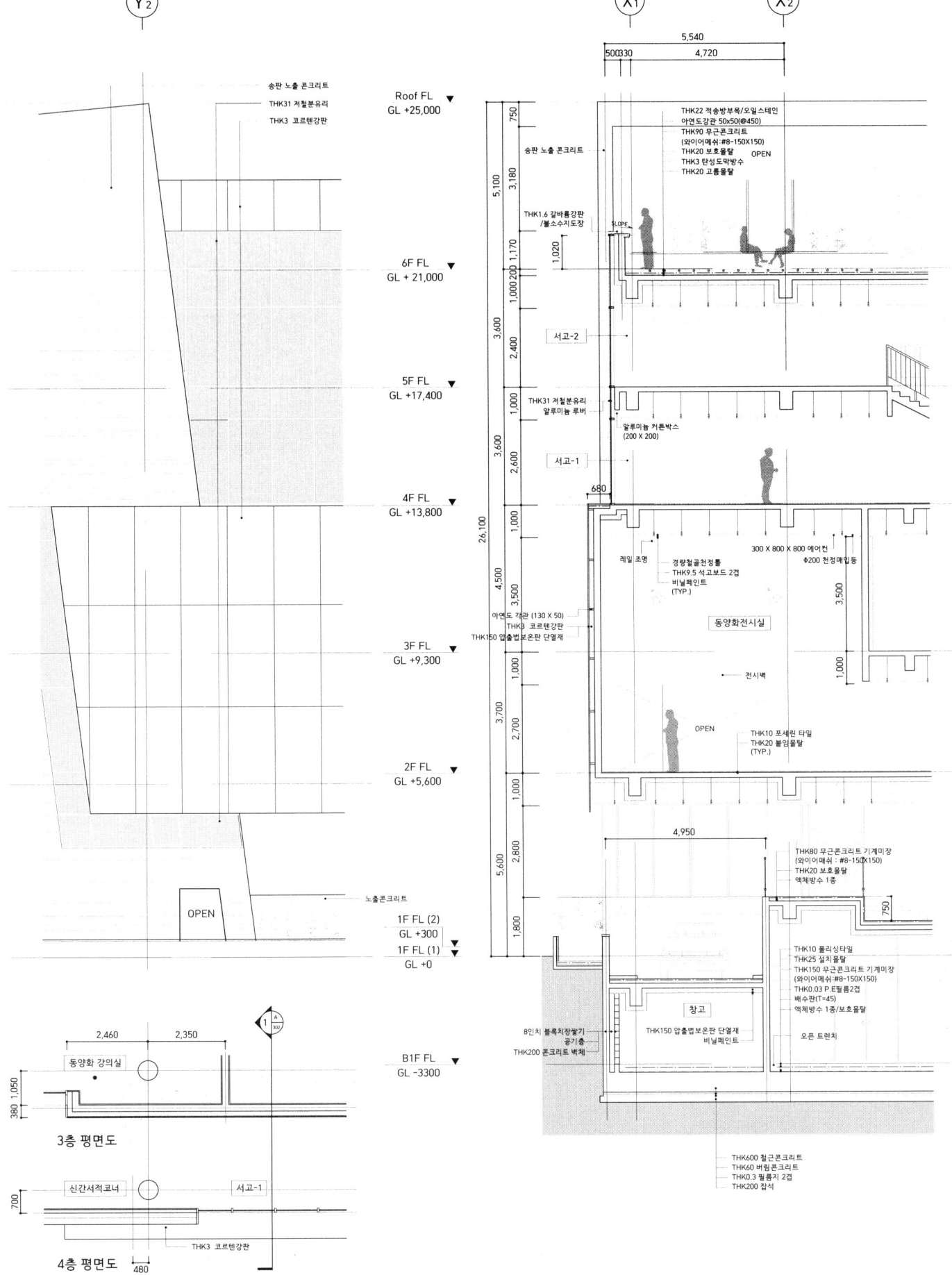

서측방향 외벽확대 평입단면도

SCALE : 1 / 100

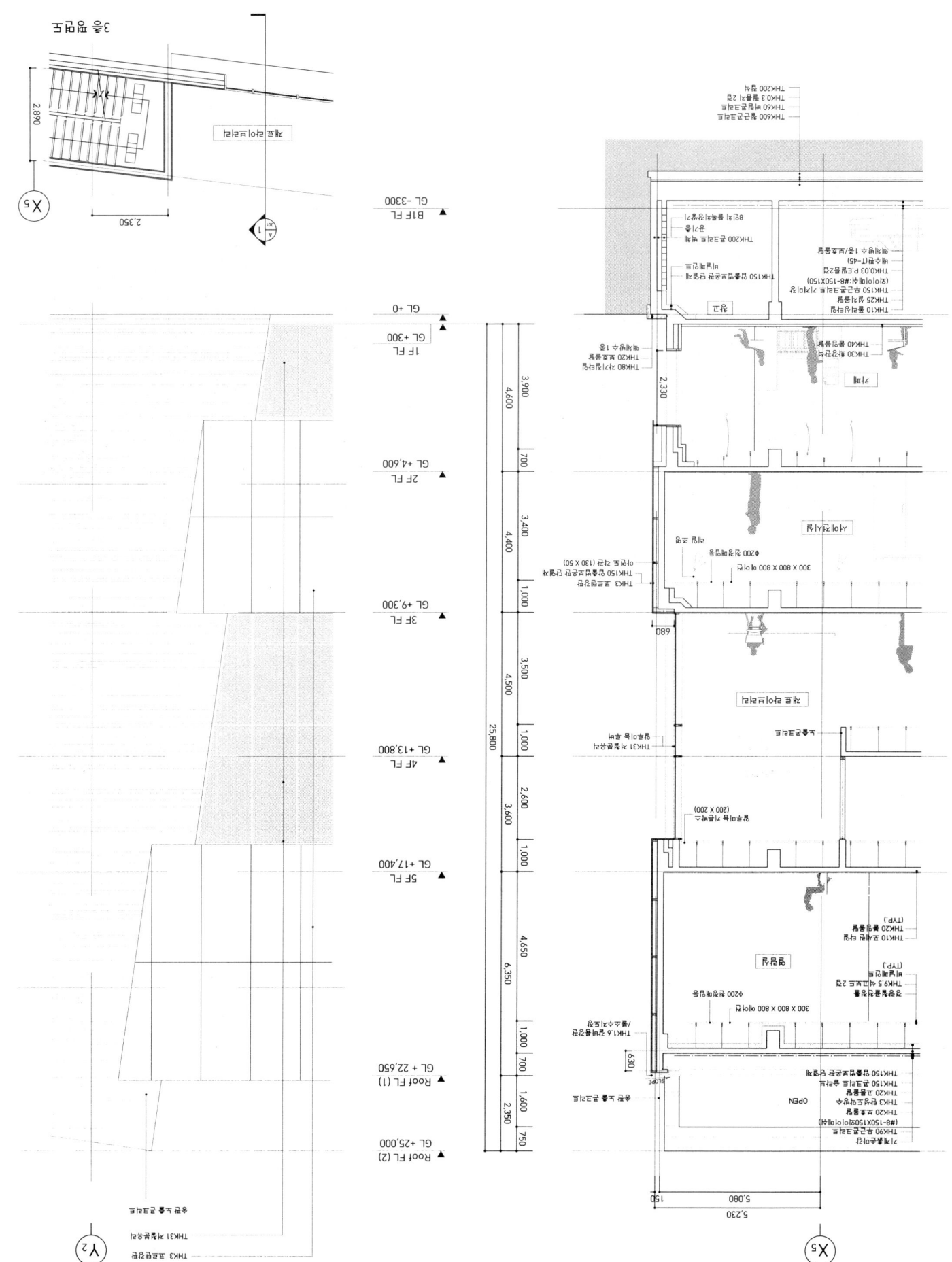

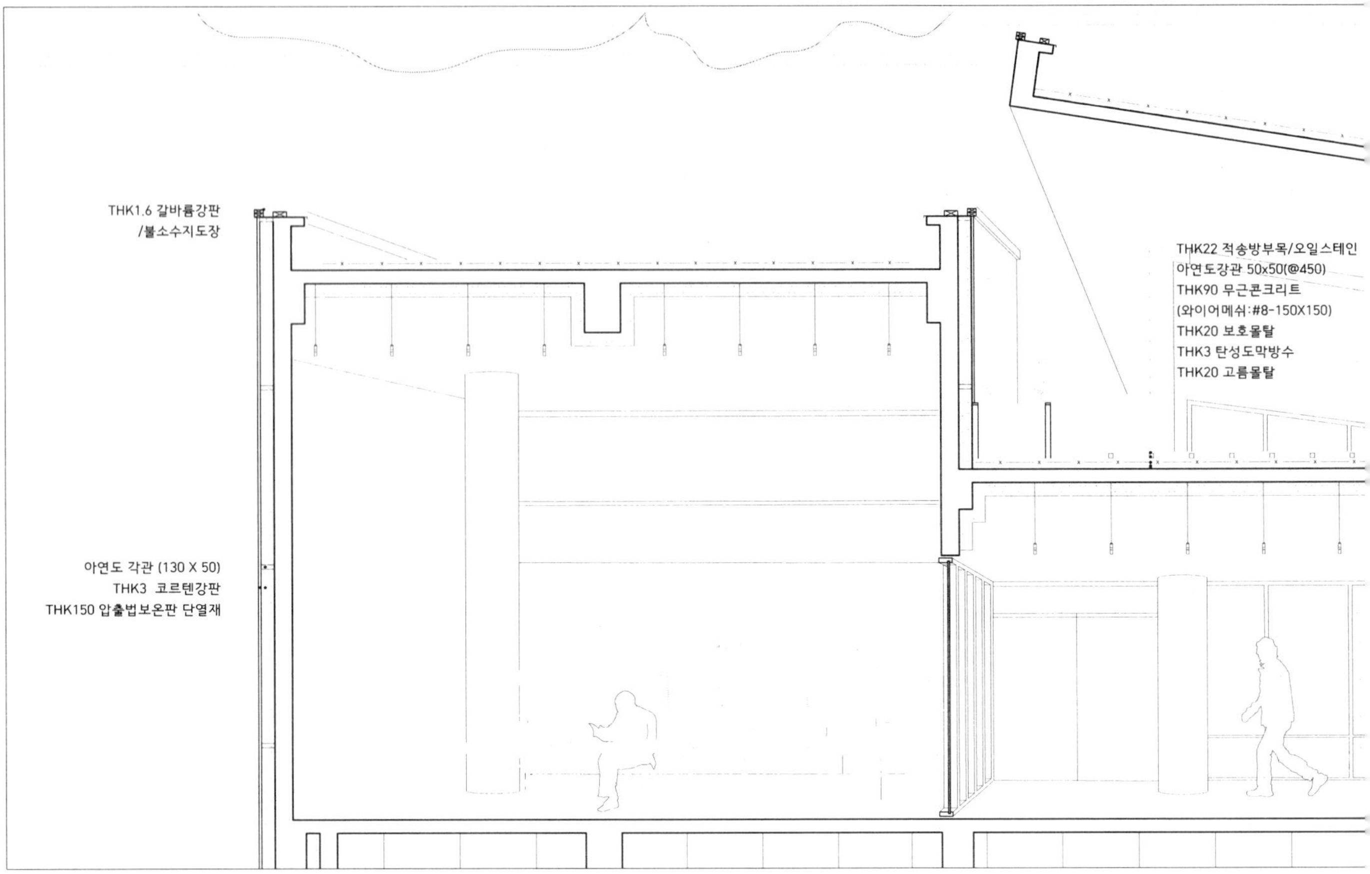

THK1.6 갈바륨강판
/불소수지도장

아연도 각관 (130 X 50)
THK3 코르텐강판
THK150 압출법보온판 단열재

THK22 적송방부목/오일스테인
아연도강관 50x50(@450)
THK90 무근콘크리트
(와이어메쉬:#8-150X150)
THK20 보호몰탈
THK3 탄성도막방수
THK20 고름몰탈

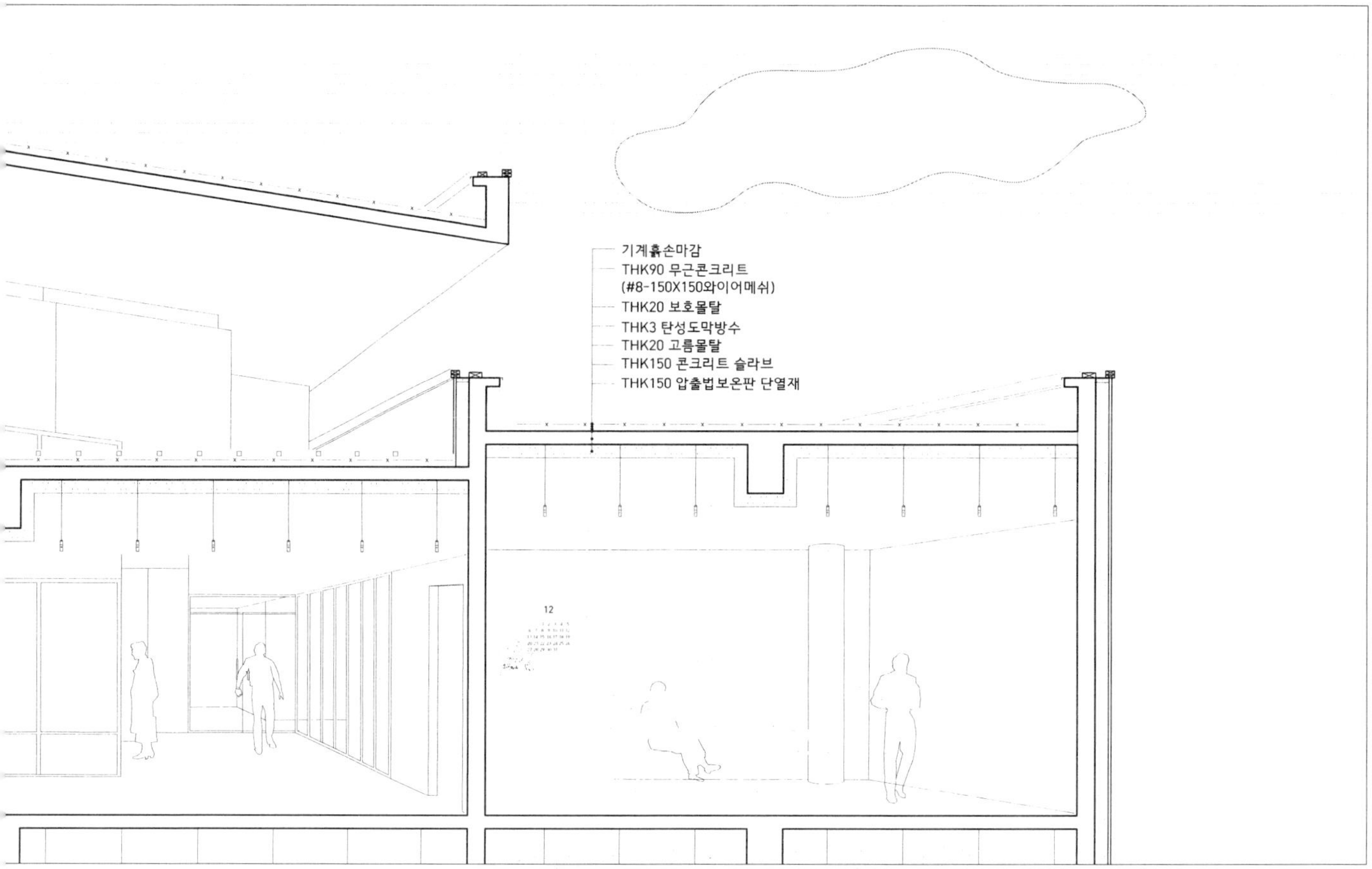
기계흙손마감
THK90 무근콘크리트
(#8-150X150와이어메쉬)
THK20 보호몰탈
THK3 탄성도막방수
THK20 고름몰탈
THK150 콘크리트 슬라브
THK150 압출법보온판 단열재
12

1 A 000 부분확대 단면 투시도, 모형사진
SCALE : NONE

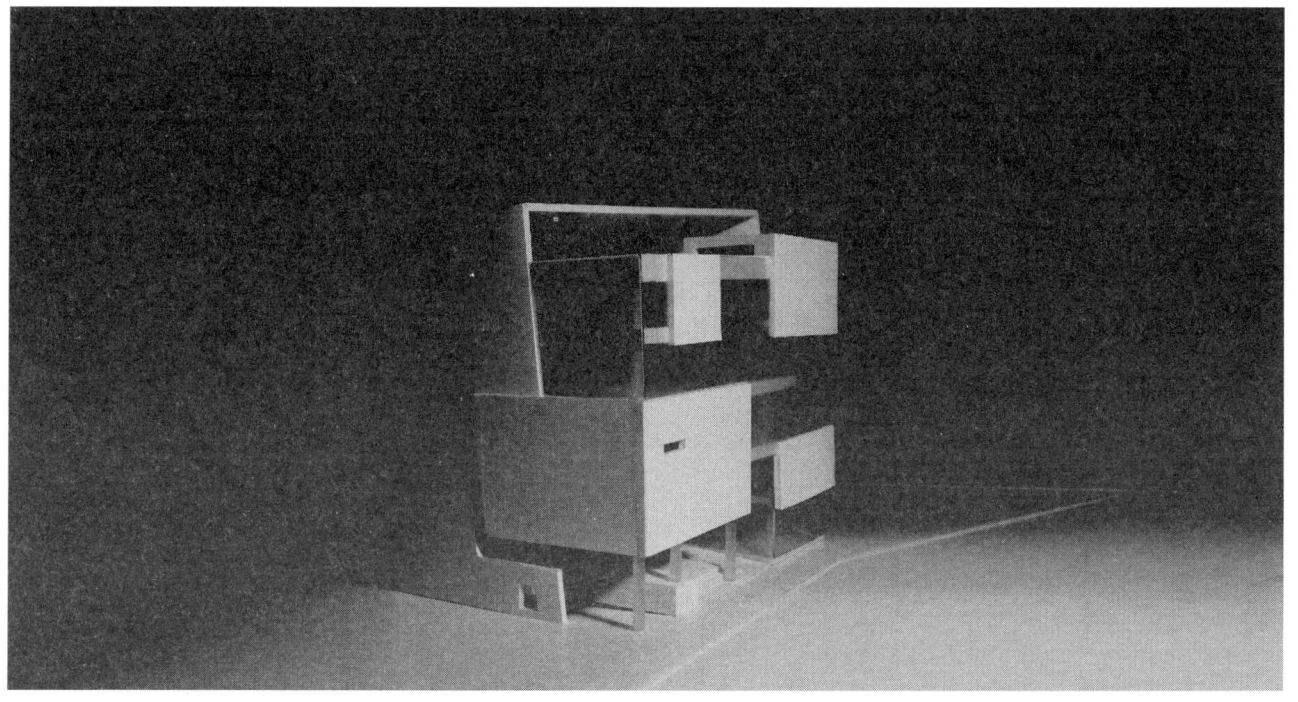

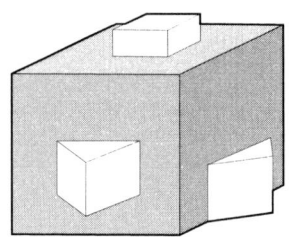

최맑은별 | CHOI MALGEUNBYUL

위치	|	서울특별시 종로구 인사동 130-1 외7필지
용도	|	교육연구시설(도서관), 문화 및 집회시설
대지면적	|	960.69m²
건축면적	|	544.13m²
연면적	|	2,238.66m²
건폐율	|	544.13 / 960.69X100=56.64%
용적률	|	2,238.66 / 960.69X100=257.9%
구조	|	철근 콘크리트
규모	|	지하 1층, 지상 5층
최고 높이	|	GL + 22.5m

INS@IDE CUBE
인사동의 기억을 아카이브하다

다양한 미디어 형태의 인사동 기록을 보관 및 전시하는 역할을 하며
인사동의자료를 수집 및 연구하는 플랫폼의 미디어테크를 제안합니다.
흩어진 인사동의 기억으로 통합하여 아카이브함으로써 인사동을 기억하고 기록하며
인사동을 방문하는 사람들은 관련 자료를 열람 및 경험하면서 인사동을 알아갑니다

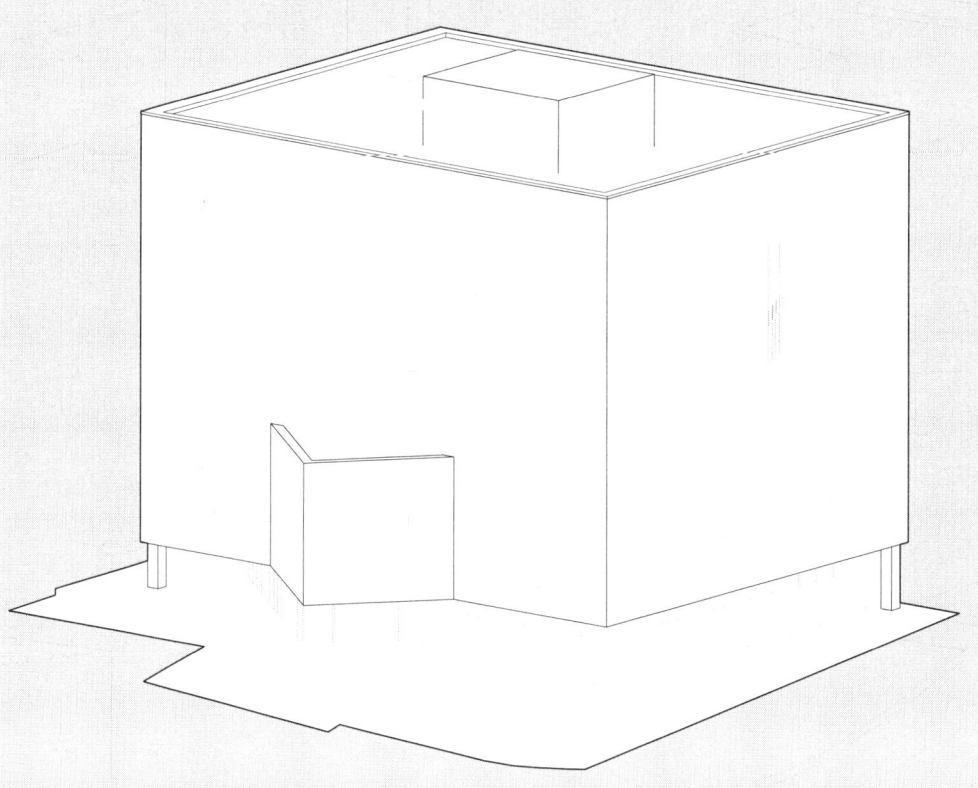

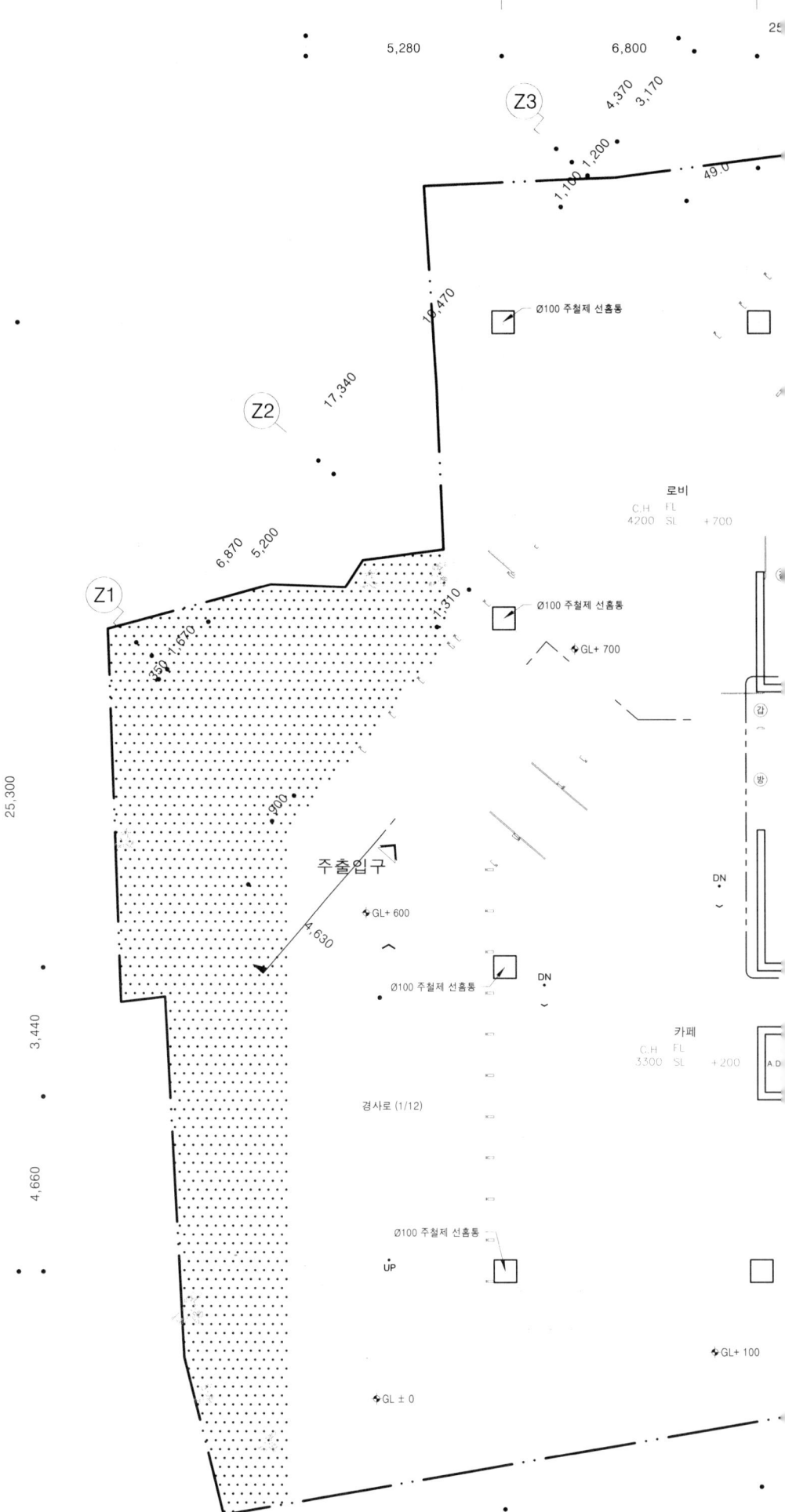

N

X1   X2

5,280   6,800   25

Z3
4,370
3,170

1,100 1,200
49.0

19,470

Ø100 주철제 선홈통

Z2
17,340

로비
C.H   FL
4200   SL   +700

Ø100 주철제 선홈통

GL+ 700

6,870 5,200

Z1

1,310

750 1,670

900

주출입구
GL+ 600

DN

4,630

Ø100 주철제 선홈통   DN

카페
C.H   FL
3300   SL   +200   A.D

25,300

3,440

경사로 (1/12)

4,660

Ø100 주철제 선홈통

UP

GL+ 100

GL ± 0

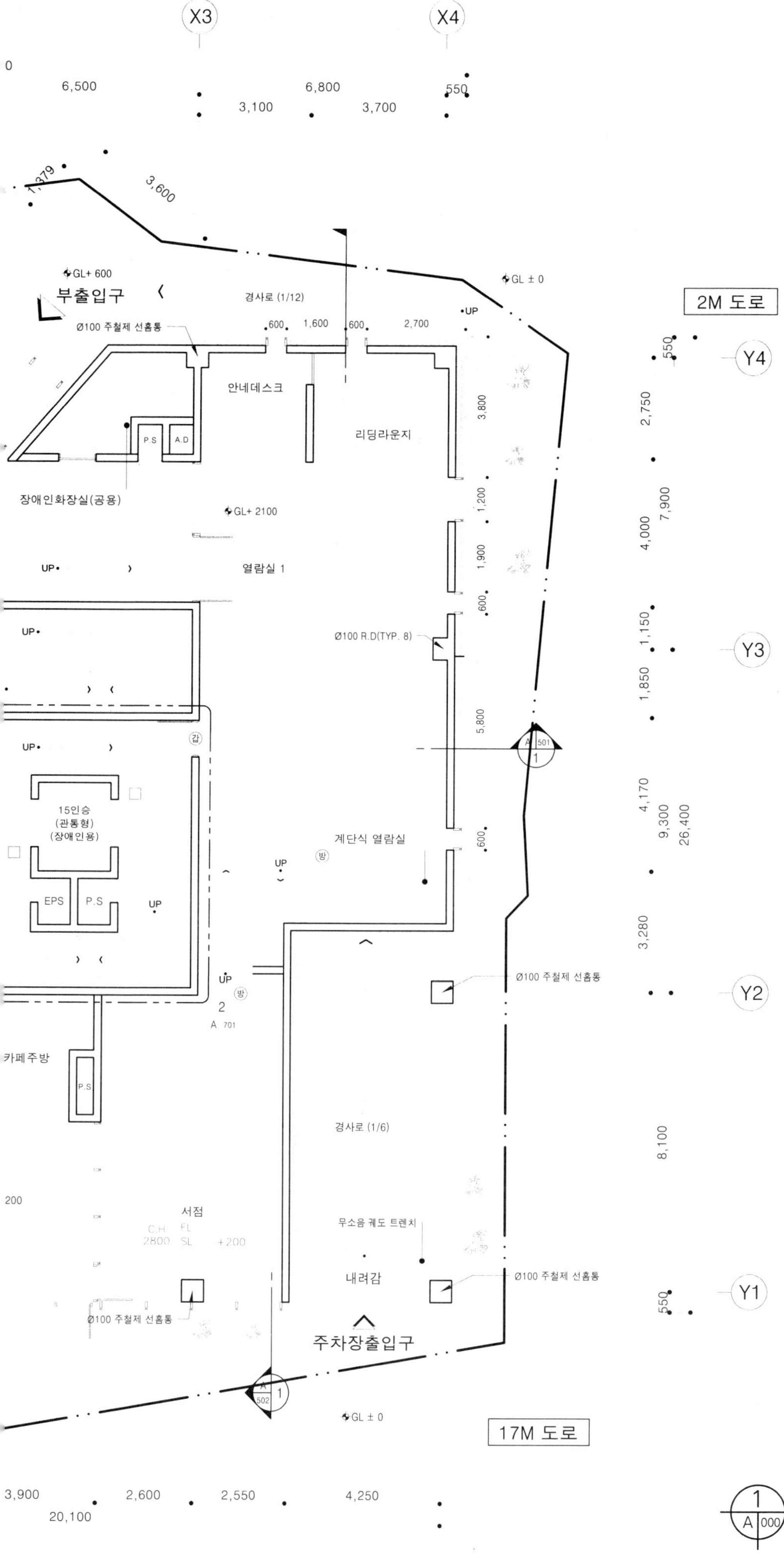

6,500　6,800　550

3,100　3,700

1,379　3,600

GL+ 600

부출입구

Ø100 주철제 선홈통

경사로 (1/12)

600　1,600　600　2,700

UP

GL ± 0

2M 도로

안네데스크

리딩라운지

3,800

Y4

550

2,750

P.S　A.D

1,200

7,900

4,000

장애인화장실(공용)

GL+ 2100

열람실 1

1,900

UP

Ø100 R.D(TYP. 8)

1,150

Y3

1,850

600

UP

A 501
1

5,800

4,170

9,300

26,400

UP

15인승
(관통형)
(장애인용)

계단식 열람실

EPS　P.S

UP

UP

3,280

Ø100 주철제 선홈통

Y2

UP
방
2

A 701

카페주방

P.S

경사로 (1/6)

8,100

서점

무소음 궤도 트렌치

C.H　FL
2800　SL　+200

내려감

Ø100 주철제 선홈통

Y1

550

Ø100 주철제 선홈통

주차장출입구

A
502　1

GL ± 0

17M 도로

3,900　2,600　2,550　4,250

20,100

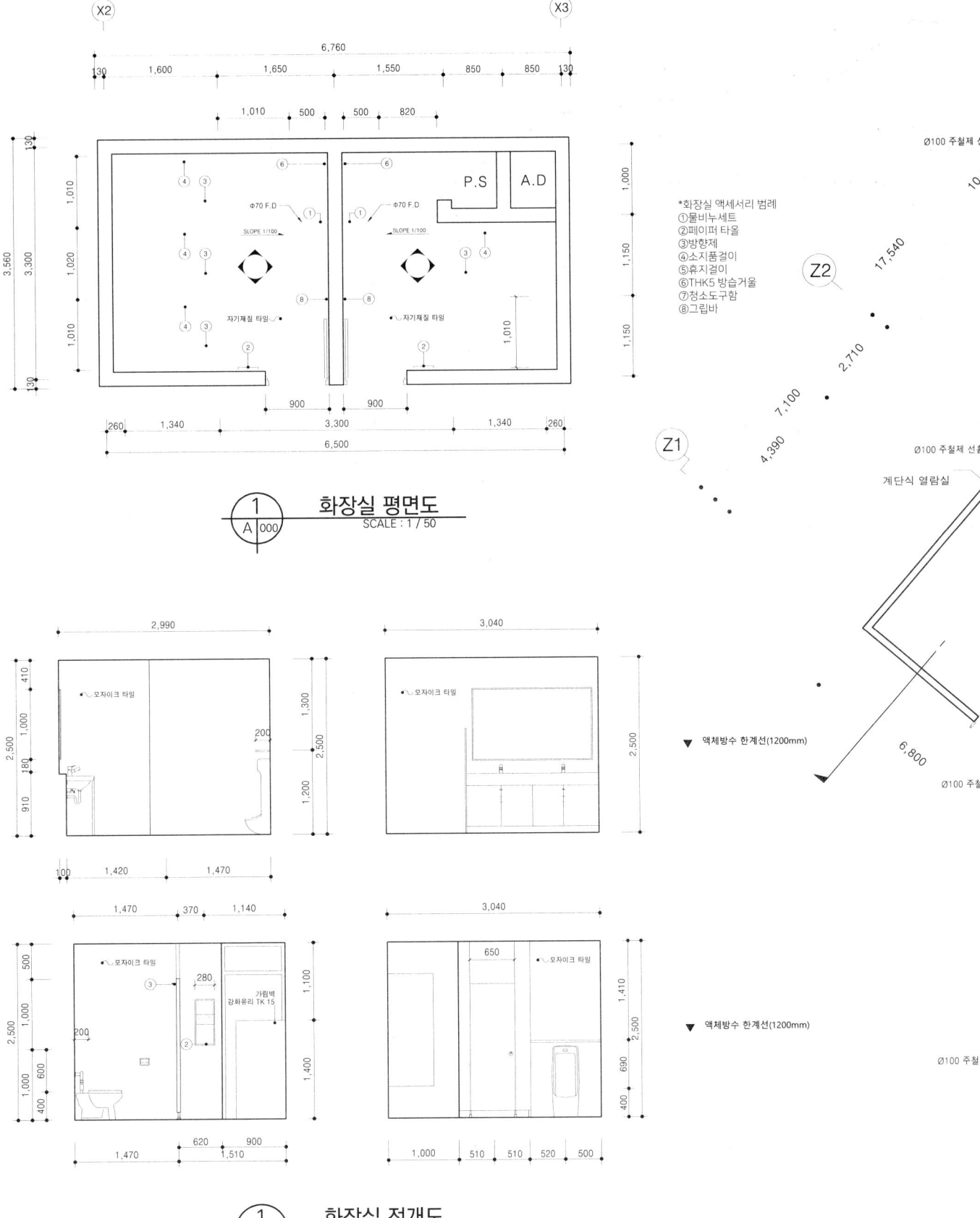

X2　　　　　　　　　　　　　　　　　　　　X3

6,760

130　1,600　1,650　1,550　850　850　130

1,010　500　500　820

P.S　A.D

130
3,560　3,300
1,010
1,020
1,010
130

1,000
1,150
1,150

6　6
4　3
Φ70 F.D　①　①　Φ70 F.D
SLOPE 1/100　SLOPE 1/100
4　3　3　4
8　8
자기재질 타일　⬥ 자기재질 타일
②　②

1,010

900　900

260　1,340　3,300　1,340　260
6,500

*화장실 액세서리 범례
①물비누세트
②페이퍼 타올
③방향제
④소지품걸이
⑤휴지걸이
⑥THK5 방습거울
⑦청소도구함
⑧그립바

① 화장실 평면도
Ⓐ 000
SCALE : 1 / 50

Ø100 주철제 선
10.

17,540
Z2
2,710
7,100
Z1
4,390
6,800

Ø100 주철제 선홈

계단식 열람실

Ø100 주철제

2,990

410
2,500　1,000　180
910

1,300
2,500
1,200
200

⬥ 모자이크 타일

100　1,420　1,470

3,040

⬥ 모자이크 타일

2,500

▼ 액체방수 한계선(1200mm)

Ø100 주철제

1,470　370　1,140

500
2,500　1,000
1,000　600
400

⬥ 모자이크 타일
③　280
②
가림벽
강화유리 TK 15
200

1,100
1,400

1,470　620　900
1,510

3,040

650
⬥ 모자이크 타일

1,410
2,500
690
400

▼ 액체방수 한계선(1200mm)

Ø100 주철제

1,000　510　510　520　500

① 화장실 전개도
Ⓐ 000
SCALE : 1 / 50

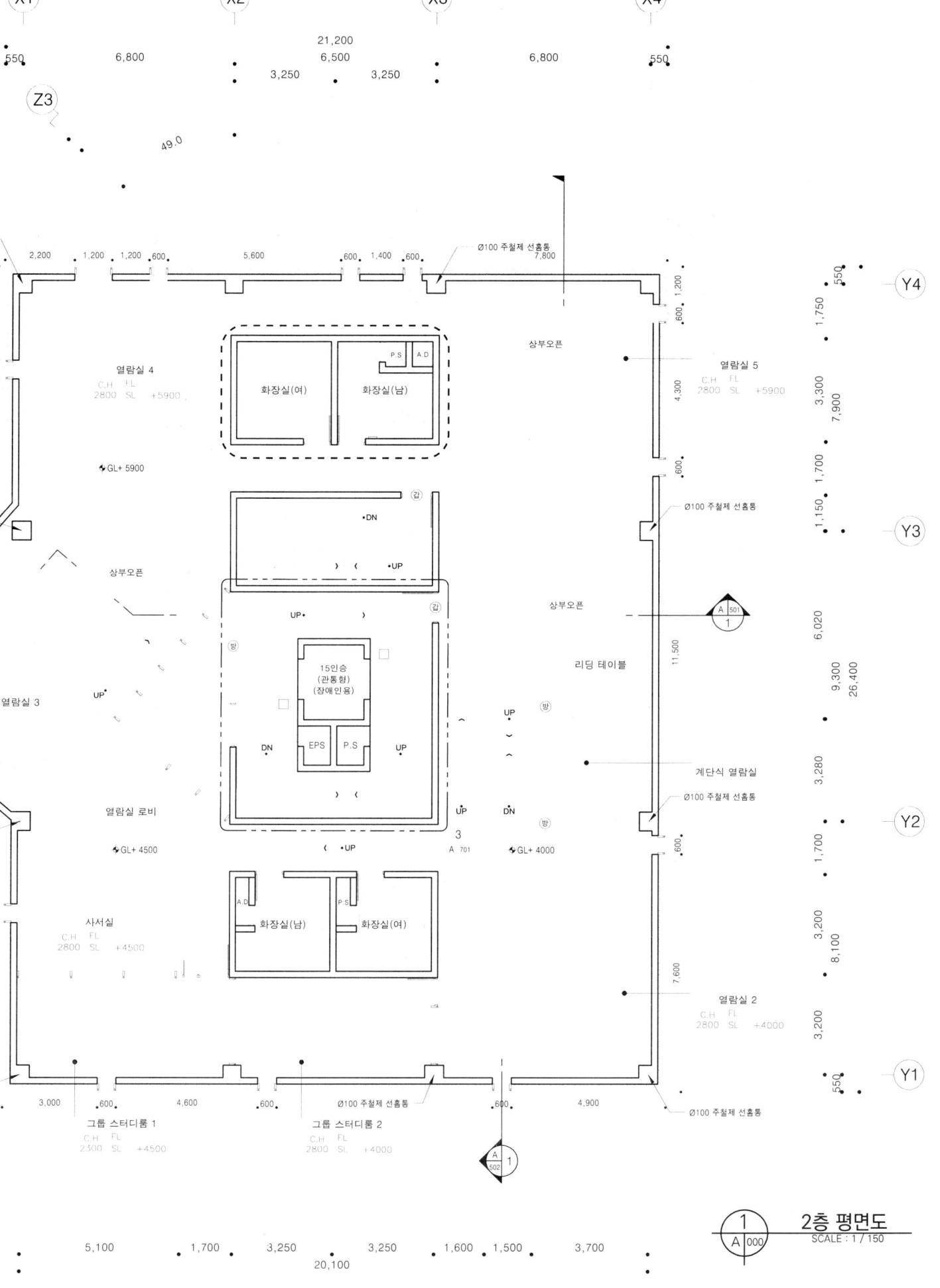

X1　　　　X2　　　　X3　　　　X4

21,200

550　　6,800　　6,500　　3,250　　3,250　　6,800　　550

Z3

49.0

Ø100 주철제 선홈통

2,200　1,200　1,200　600　5,600　600　1,400　600　7,800

600 1,200

Y4

1,750

550

열람실 4
C.H　FL
2800　SL　+5900

P.S　A.D

화장실(여)　화장실(남)

상부오픈

열람실 5
C.H　FL
2800　SL　+5900

4,300

3,300

7,900

GL+ 5900

DN

UP

Ø100 주철제 선홈통

1,150　1,700

600

Y3

상부오픈

상부오픈

UP

A 501
1

리딩 테이블

6,020

11,500

9,300

26,400

열람실 3

UP

15인승
(관통형)
(장애인용)

UP

계단식 열람실

3,280

열람실 로비

DN

EPS　P.S

UP

UP　DN

Ø100 주철제 선홈통

600

Y2

1,700

GL+ 4500

UP

3
A 701

GL+ 4000

사서실
C.H　FL
2800　SL　+4500

A.D

화장실(남)

P.S

화장실(여)

3,200

8,100

열람실 2
C.H　FL
2800　SL　+4000

7,600

3,200

3,000　600　4,600　600　600　4,900

Ø100 주철제 선홈통

Ø100 주철제 선홈통

550

Y1

그룹 스터디룸 1
C.H　FL
2300　SL　+4500

그룹 스터디룸 2
C.H　FL
2800　SL　+4000

A
502
1

1
A 000

2층 평면도
SCALE : 1 / 150

5,100　　1,700　　3,250　　3,250　　1,600　1,500　　3,700

20,100

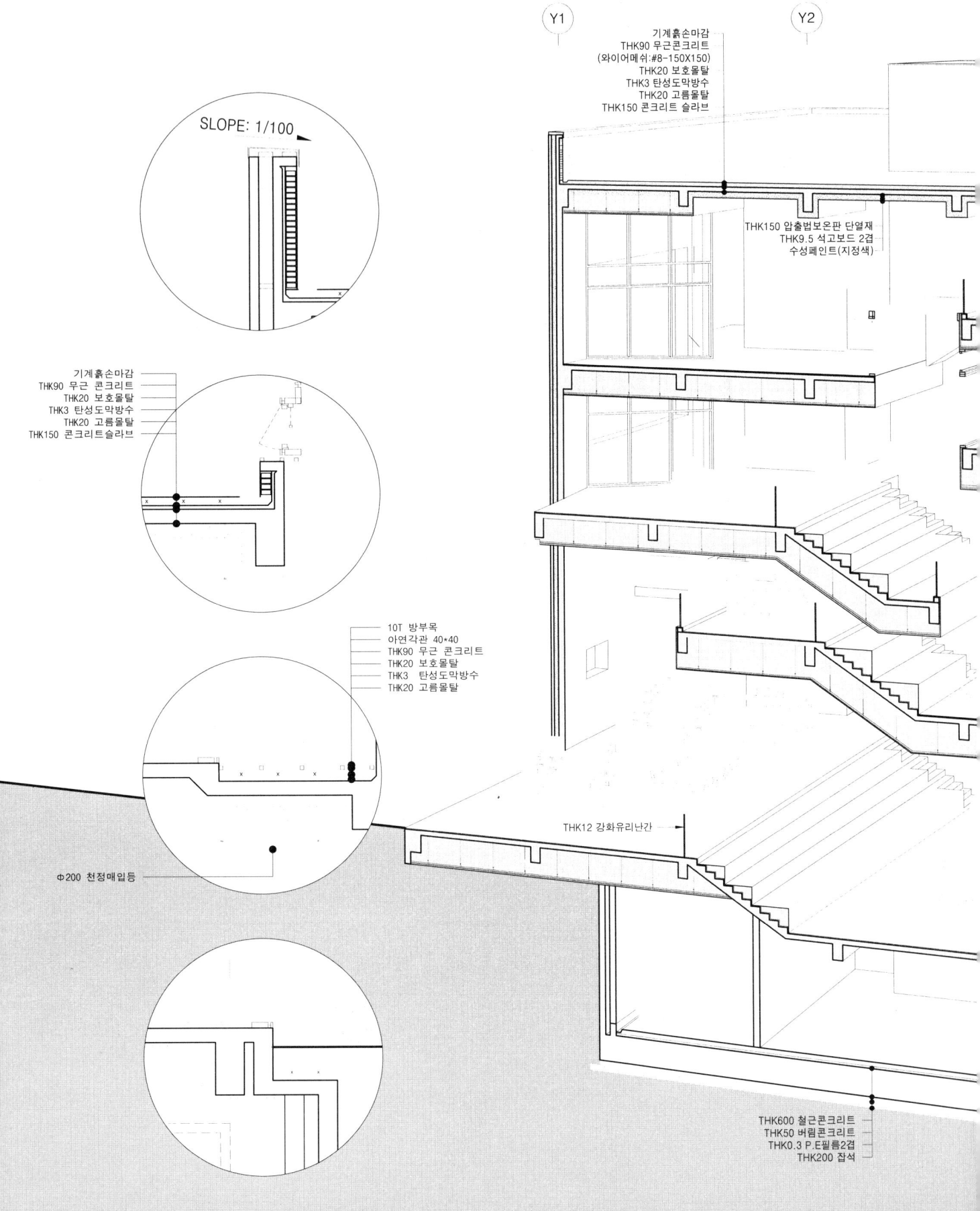

SLOPE: 1/100 ▶

기계흙손마감
THK90 무근콘크리트
(와이어메쉬:#8-150X150)
THK20 보호몰탈
THK3 탄성도막방수
THK20 고름몰탈
THK150 콘크리트 슬라브

Y1   Y2

THK150 압출법보온판 단열재
THK9.5 석고보드 2겹
수성페인트(지정색)

기계흙손마감
THK90 무근 콘크리트
THK20 보호몰탈
THK3 탄성도막방수
THK20 고름몰탈
THK150 콘크리트슬라브

10T 방부목
아연각관 40×40
THK90 무근 콘크리트
THK20 보호몰탈
THK3 탄성도막방수
THK20 고름몰탈

Φ200 천정매입등

THK12 강화유리난간

THK600 철근콘크리트
THK50 버림콘크리트
THK0.3 P.E필름2겹
THK200 잡석

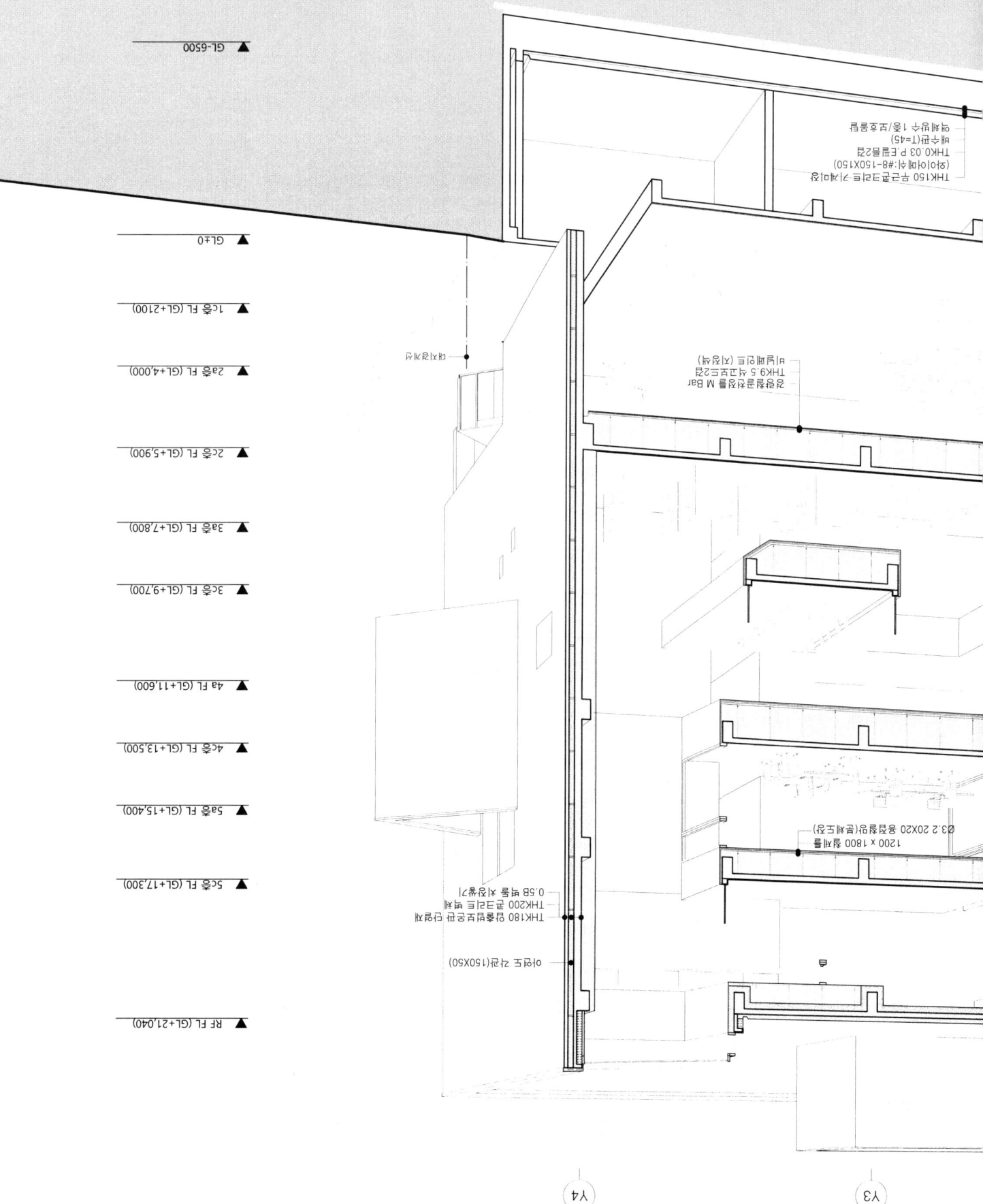

단면 상세도
SCALE : NONE

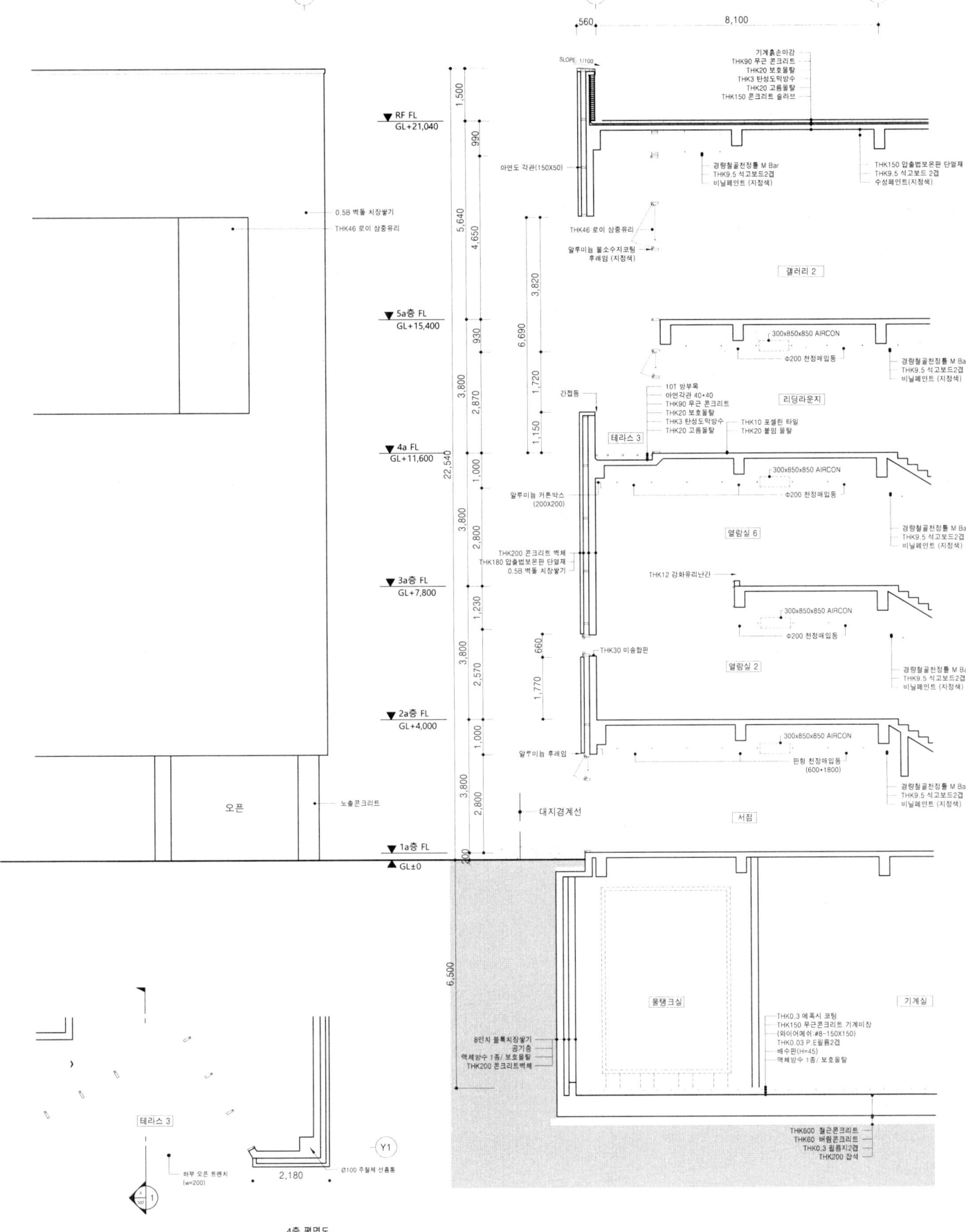

기계홀손마감
THK90 무근 콘크리트
THK20 보호몰탈
THK3 탄성도막방수
THK20 고름몰탈
THK150 콘크리트 슬라브

560 / 8,100

SLOPE: 1/100

경량철골천정틀 M Bar
THK9.5 석고보드2겹
비닐페인트 (지정색)

THK150 압출법보온판 단열재
THK9.5 석고보드 2겹
수성페인트(지정색)

아연도 각관(150X50)

THK46 로이 삼중유리

알루미늄 불소수지코팅
후레임 (지정색)

갤러리 2

RF FL
GL+21,040

0.5B 벽돌 치장쌓기
THK46 로이 삼중유리

1,500 / 990 / 5,640 / 4,650

300x850x850 AIRCON
Φ200 천정매입등

경량철골천정틀 M Bar
THK9.5 석고보드2겹
비닐페인트(지정색)

리딩라운지

10T 방부목
아연각관 40·40
THK90 무근 콘크리트
THK20 보호몰탈
THK3 탄성도막방수
THK20 고름몰탈

THK10 포셀린 타일
THK20 붙임 몰탈

테라스 3

3,820 / 6,690 / 1,720 / 1,150

300x850x850 AIRCON
Φ200 천정매입등

경량철골천정틀 M Bar
THK9.5 석고보드2겹
비닐페인트(지정색)

5a층 FL
GL+15,400

930

간접등

알루미늄 커튼박스
(200X200)

열람실 6

THK200 콘크리트 벽체
THK180 압출법보온판 단열재
0.5B 벽돌 치장쌓기

THK12 강화유리난간

4a FL
GL+11,600

3,800 / 2,870 / 22,540 / 1,000 / 3,800 / 2,800

300x850x850 AIRCON
Φ200 천정매입등

경량철골천정틀 M Bar
THK9.5 석고보드2겹
비닐페인트(지정색)

열람실 2

THK30 미송합판

3a층 FL
GL+7,800

3,800 / 1,230 / 2,570 / 660 / 1,770

알루미늄 후레임

판형 천정매입등
(600·1800)

경량철골천정틀 M Bar
THK9.5 석고보드2겹
비닐페인트(지정색)

서점

2a층 FL
GL+4,000

1,000 / 3,800 / 2,800

1a층 FL
GL±0

오픈

노출콘크리트

대지경계선

6,500

8인치 물푹치장쌓기
공기층
액체방수 1종/ 보호몰탈
THK200 콘크리트벽체

물탱크실

THK0.3 에폭시 코팅
THK150 무근콘크리트 기계미장
(와이어메쉬:#8-150X150)
THK0.03 P.E필름2겹
배수판(H=45)
액체방수 1종/ 보호몰탈

기계실

THK600 철근콘크리트
THK60 버림콘크리트
THK0.3 필름지2겹
THK200 잡석

테라스 3

하부 오픈 트렌치
(w=200)

Y1

Ø100 주철제 신홈통

2,180

4층 평면도

①
A-000
1

서측방향 외벽확대 평입단면도
SCALE : 1 / 100

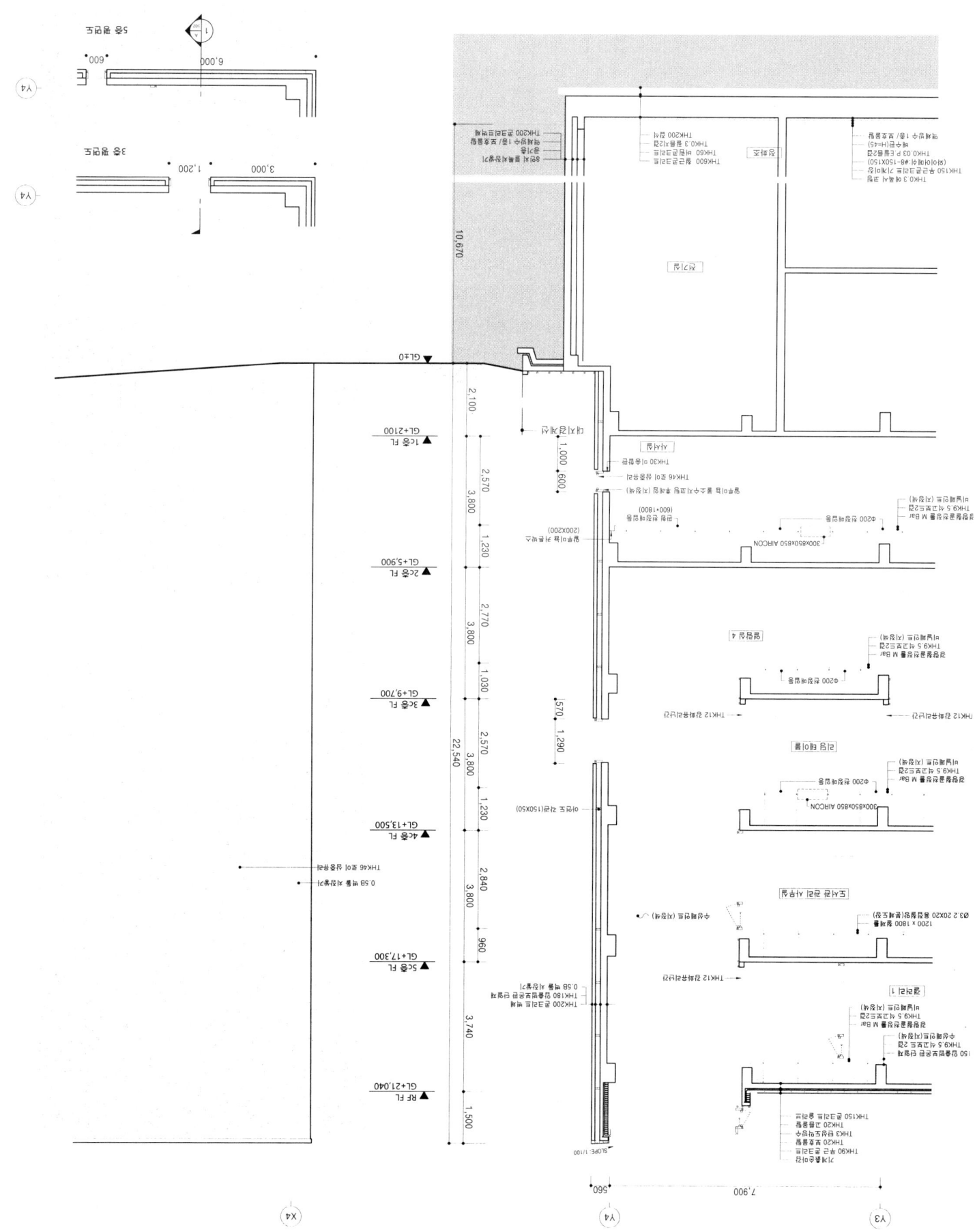

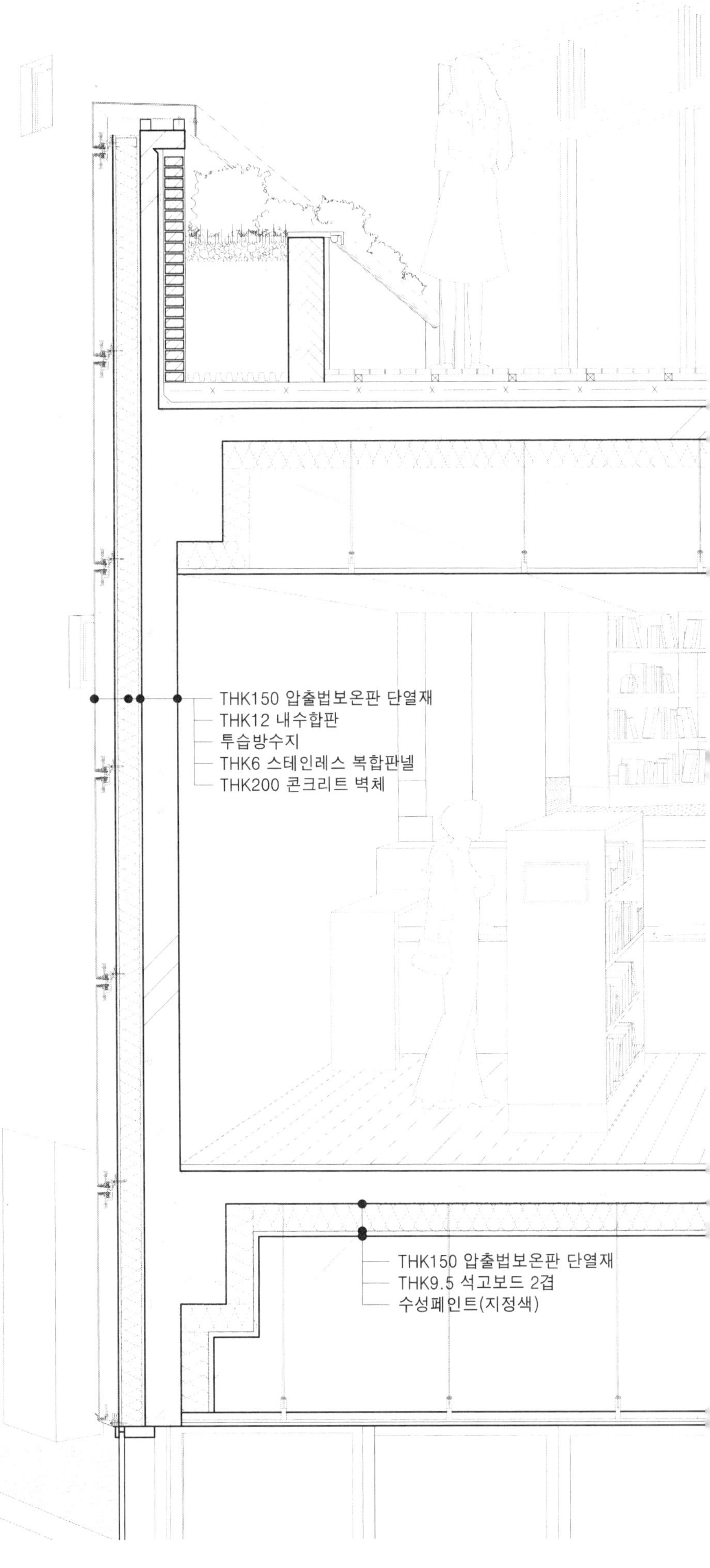

THK150 압출법보온판 단열재
THK12 내수합판
투습방수지
THK6 스테인레스 복합판넬
THK200 콘크리트 벽체

THK150 압출법보온판 단열재
THK9.5 석고보드 2겹
수성페인트(지정색)

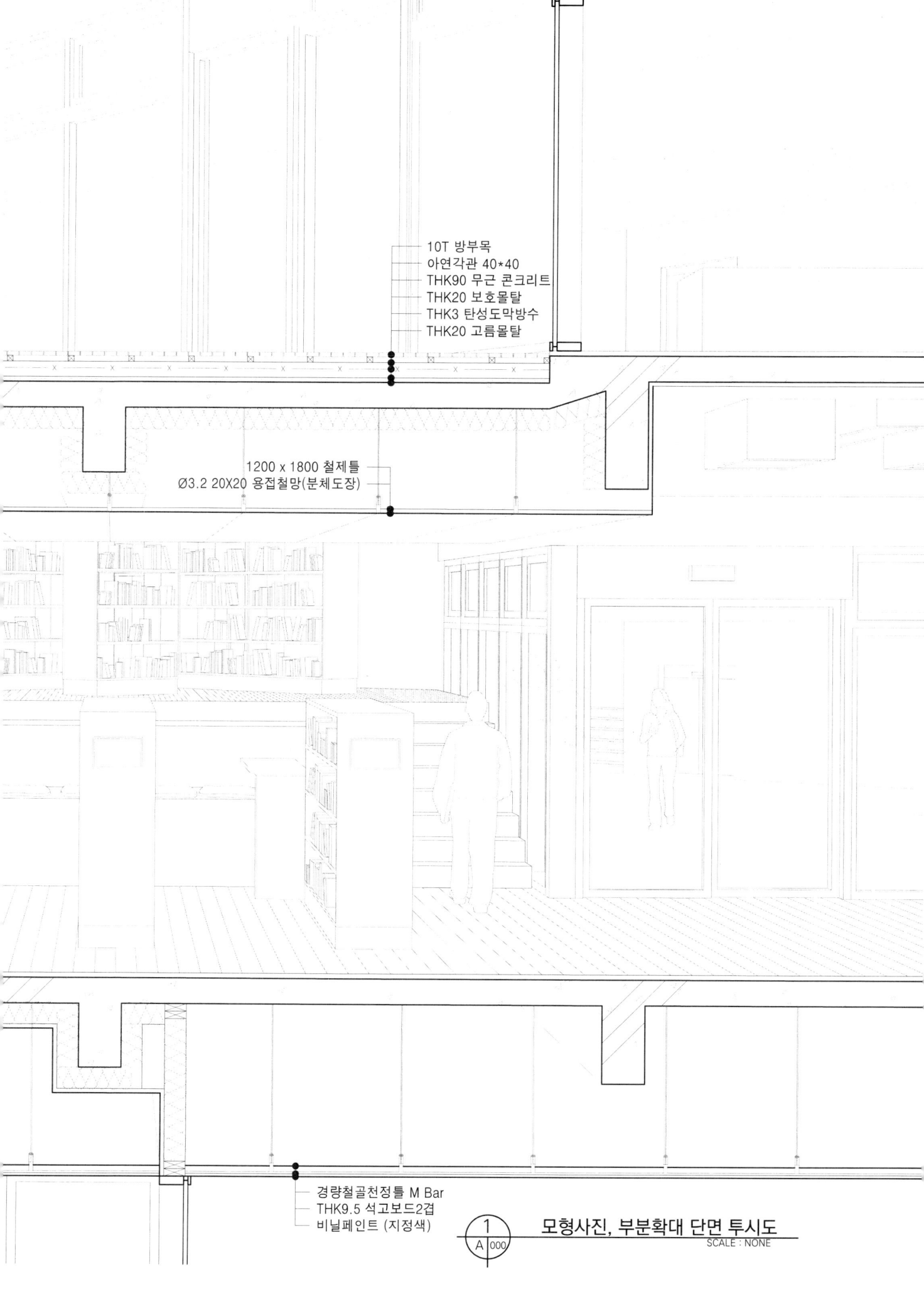

10T 방부목
아연각관 40*40
THK90 무근 콘크리트
THK20 보호몰탈
THK3 탄성도막방수
THK20 고름몰탈

1200 x 1800 철제틀
Ø3.2 20X20 용접철망(분체도장)

경량철골천정틀 M Bar
THK9.5 석고보드2겹
비닐페인트 (지정색)

1
A|000

모형사진, 부분확대 단면 투시도
SCALE : NONE

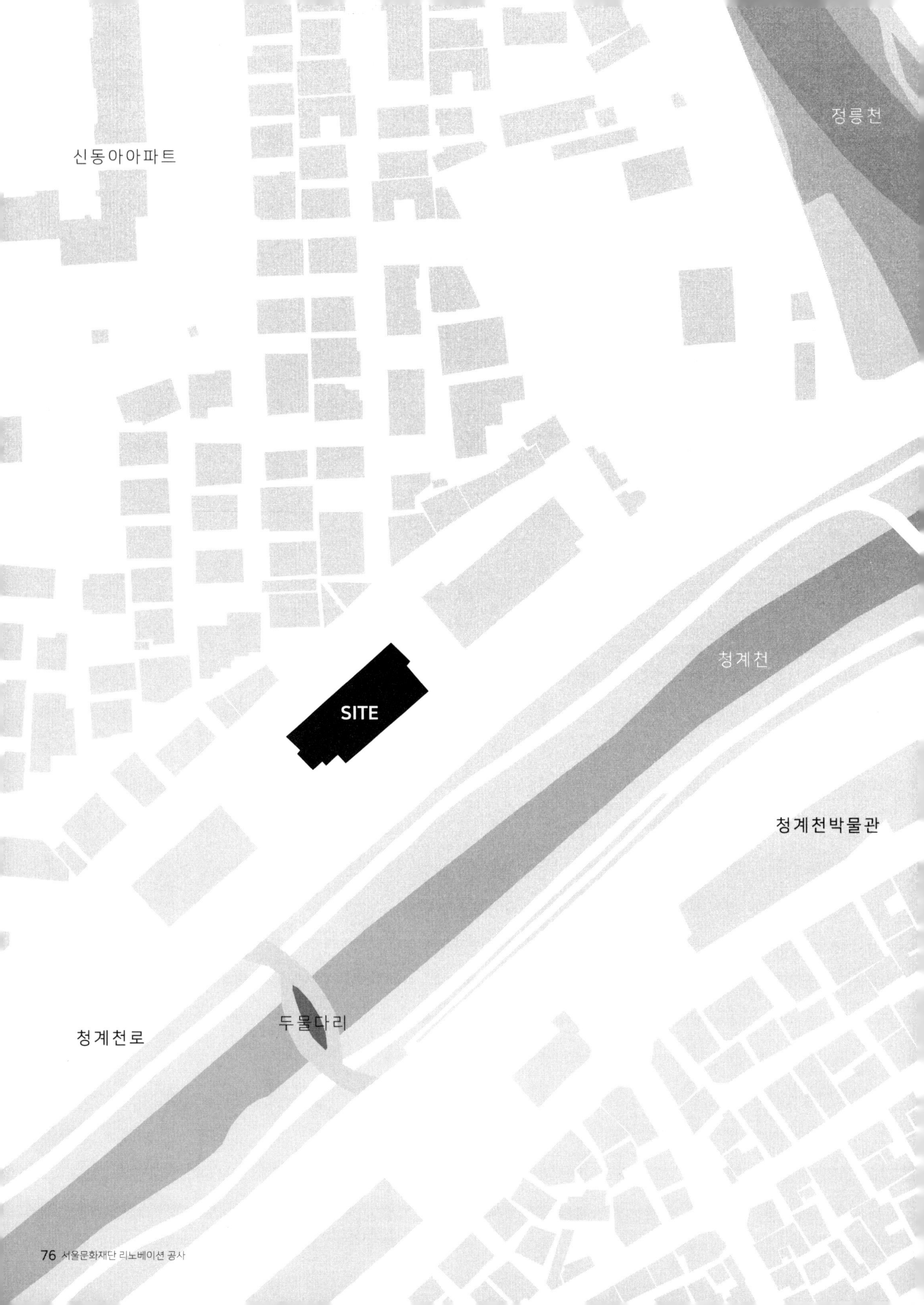

정릉천

신동아아파트

청계천

청계천박물관

SITE

청계천로

두물다리

02

SFAC RENOVATION
SEOUL FOUNDATION FOR ARTS AND CULTURE

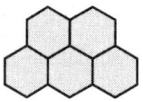

OHTAE

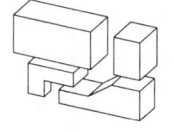

DONGSEOP

YUJIN

HYUNWOO

SEOKWON

JUNHO

YEJI

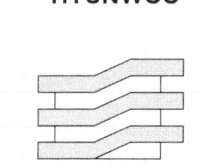

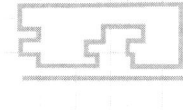

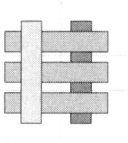

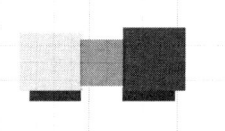

도 면 목 록 표

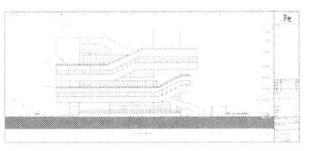
표지

건축허가조사 및 검사조서

재료 스터디 (3장)

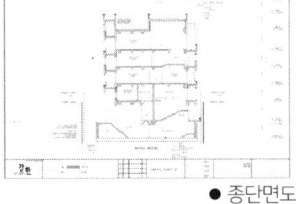
도면 목록표 (2장)

건축 일반사항 (2장)

건축 개요

배치도

대지 종, 횡 단면도

오, 우수 계획도

맨홀 및 집수정 상세도

건축/ 바닥면적 구적도 및 구적표 (3장)

실내외 마감 재료표 (2장)

표준 마감 상세도 (2장)

지하 2층 평면도

지하 1층 평면도

● 1층 평면도

2층 평면도

3층 평면도

4층 평면도

5층 평면도

6층 평면도

지붕, 옥탑 지붕 평면도

남측 입면도

서측 입면도

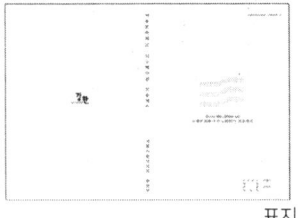
북측 입면도

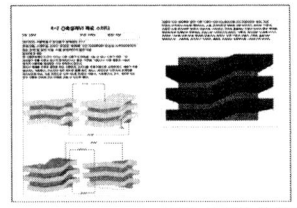
동측 입면도

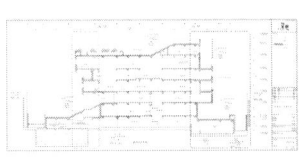
횡단면도

● 종단면도

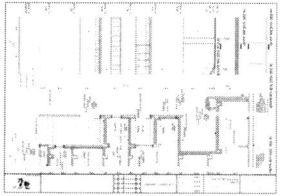
동측 외벽 확대 평,입,단면도

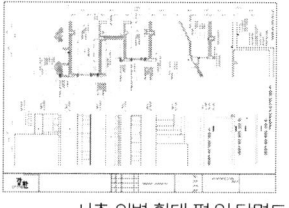
서측 외벽 확대 평,입,단면도

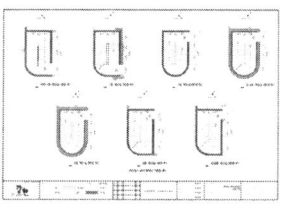
● 계단실1 확대 평면도

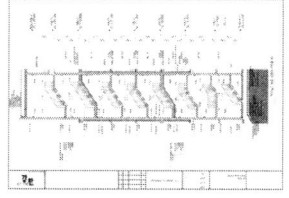
● 계단실1 확대 단면도

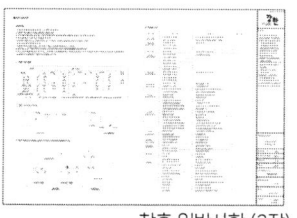
창호 일반사항 (2장)

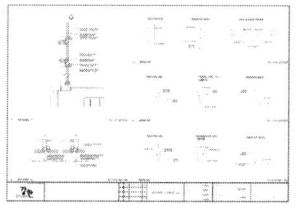
창호 상세도

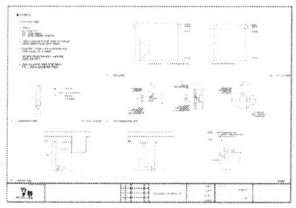
셔터 일반사항

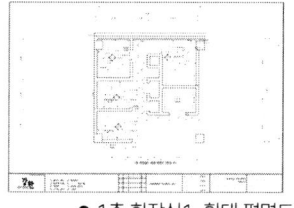
● 1층 화장실1 확대 평면도

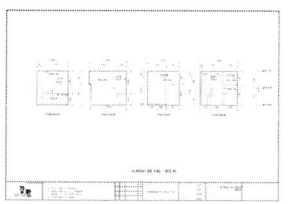
● 1층 화장실1 입면 전개도 (4장)

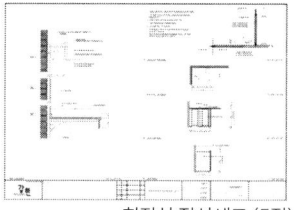
화장실 잡상세도 (5장)

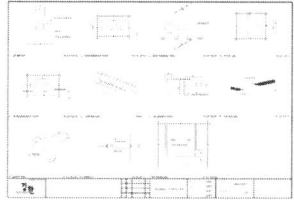
계단, 난간 상세도

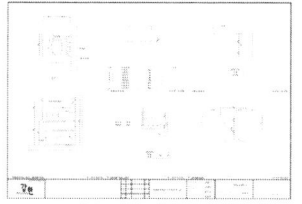
석고보드 상세도

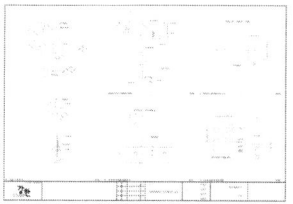
보강블럭 상세도

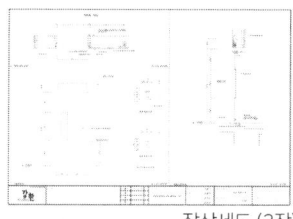
잡상세도 (3장)

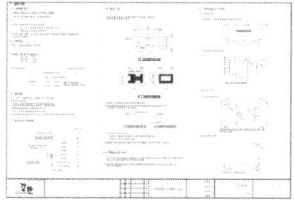
구조 일반사항 (7장)

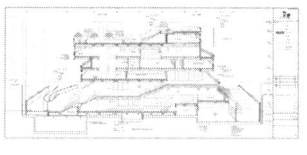
● 횡단면투시도

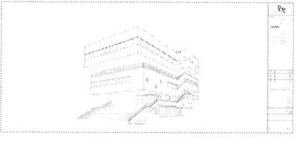
● 외부 투시도

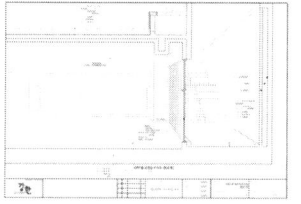
● 실내투시도-1

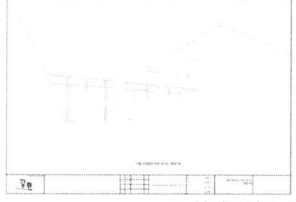
● 실내투시도-2

발전과정 모형사진

● 모형사진-1

● 모형사진-2

최종 패널

● : 수록된 도면

평균 168 Page 도면집 작성

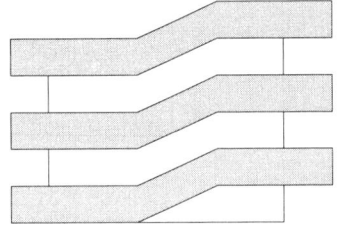

강현우 | KANG HYUNWOO

위치	서울특별시 동대문구 용두동 255-67 외1필지
용도	문화 및 집회시설, 업무시설
대지면적	1617.67m²
건축면적	909.59m²
연면적	4094.38m²
건폐율	909.59 / 1617.67 x 100 = 56.23%
용적률	3267.58 / 1617.67 x 100 = 201.99%
구조	철근콘크리트
규모	지하2층, 지상6층
최고 높이	GL + 26.3m

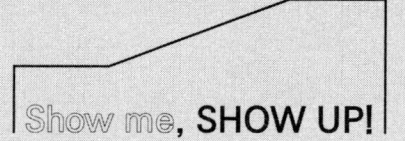

Show me, SHOW UP!

청계천과 이어지는 다양한 쇼의 향연

청계천이라는 지리적 이점을 가지고 있으나
적은 이벤트로 인하여 청계천을 활용하지 못하는 건물 내부로 청계천의 산책로를 끌어들이고
그 들 속에서 건물 내부로 청계천의 산책로를 끌어들이고 그 산책로 속 다양한 이벤트를 통하여 사람들의 유입을 이끌어
서울문화재단의 소통의 부재를 해소하는 방안을 제시하고자 한다.

X1
X2
X3
X4
X5
증축 기존
14000
42600
3800
2000
6700
8500
7300
7200
3600
1500
2000
800
G.L:-600
G.L:±0
G.L:+450
UP
DN
내려감
SLOPE: 1/7.2
SLOPE: 1/12
아외 공연장
Φ100 주철제 선홈통
ELEV.-1
15P-120
(장애인용)
P.S
A.C
E.P.S
북카페
홀
카페 주방
주출입구
C.H
FL +0
SL -30
W.P=1700
1900
1000
900
1500
350
3700
1950
1400
700
1600
5550
9900
6300
5300
3350
2650
4360
6000
8000
2700
6050
7750
A 501
A 701
A 000

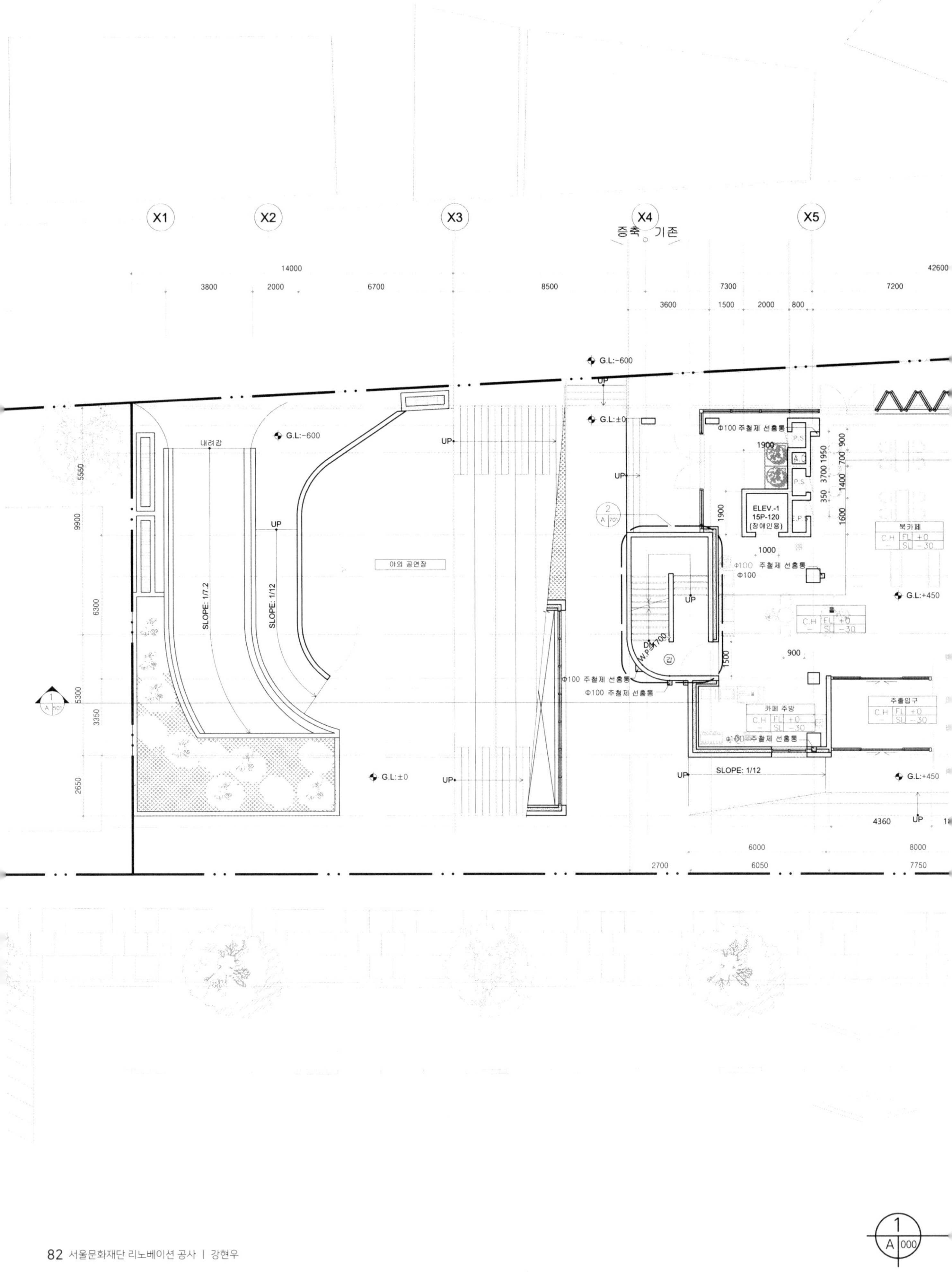

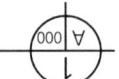

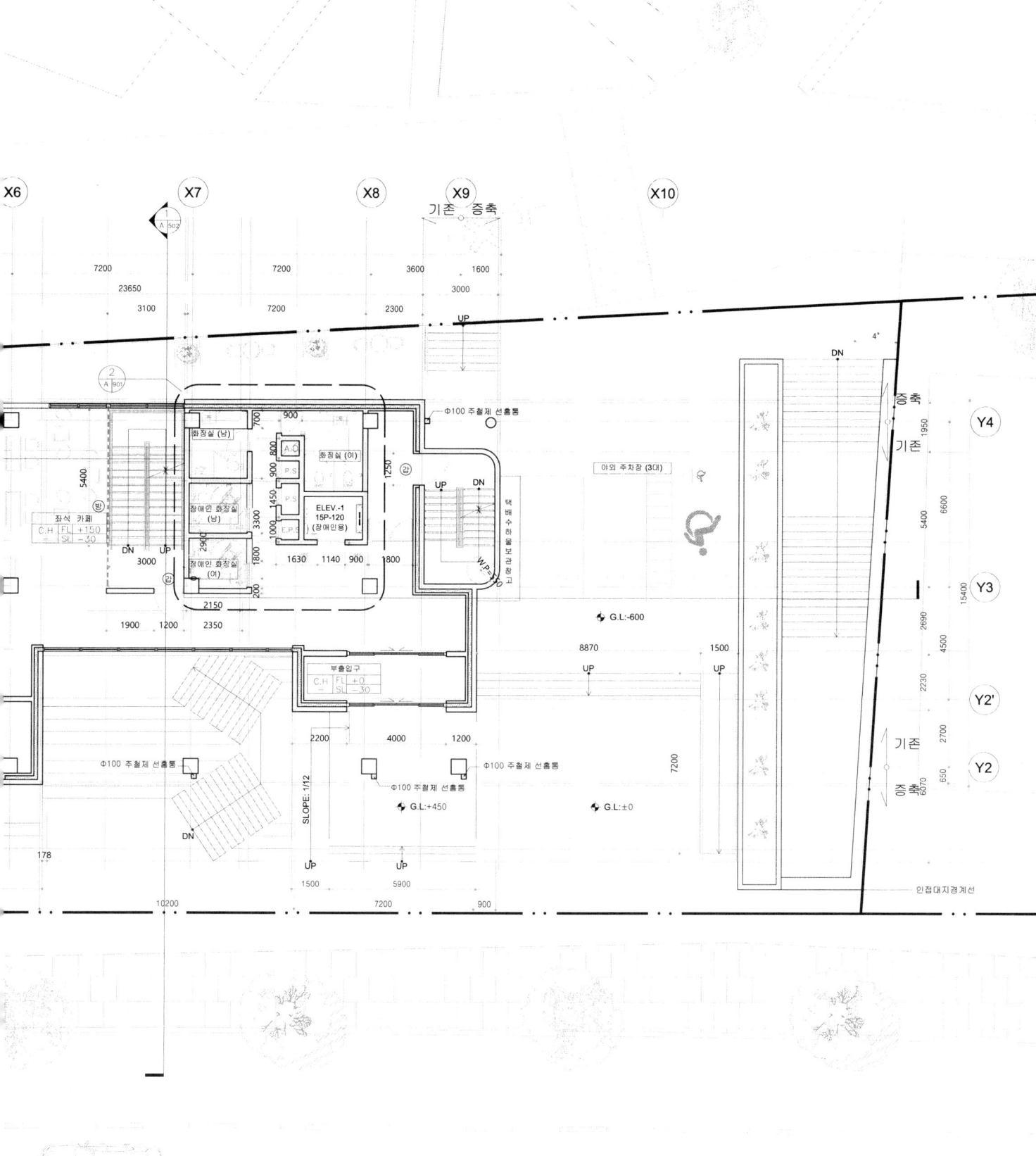

X6　　　X7　　　　X8　　X9　　　　　　X10

기존 증축

7200　　　　　7200　　　3600　　1600

23650　　　　　　　　　　　　　　3000

3100　　　　7200　　　2300

UP

2
A 901

Φ100 주철제 선홈통

700　900

화장실 (남)　　A.C　　화장실 (여)

900 800

P.S

5400

좌식 카페　　P.S

C.H FL +150　장애인 화장실　ELEV.-1　UP　DN

SL -30　　(남)　　15P-120

DN UP　　　　(장애인용)

3000　　　2900　1630 1140 900 1800

장애인 화장실

(여)

2150

1900 1200 2350

부출입구

C.H FL +0

SL -30

2200　4000　1200

SLOPE: 1/12

Φ100 주철제 선홈통

DN　　　Φ100 주철제 선홈통

G.L:+450

178

UP

1500 5900

10200　　　　7200　　900

Y4

옥외 주차장 (3대)

1950

6600

5400

G.L:-600　　Y3

15400

8870　　1500

UP　　UP

Y2'

2230 2700

7200

기존

증축

Y2

650 6070

G.L:±0

인접대지경계선

평면도
ALE : 1 / 150

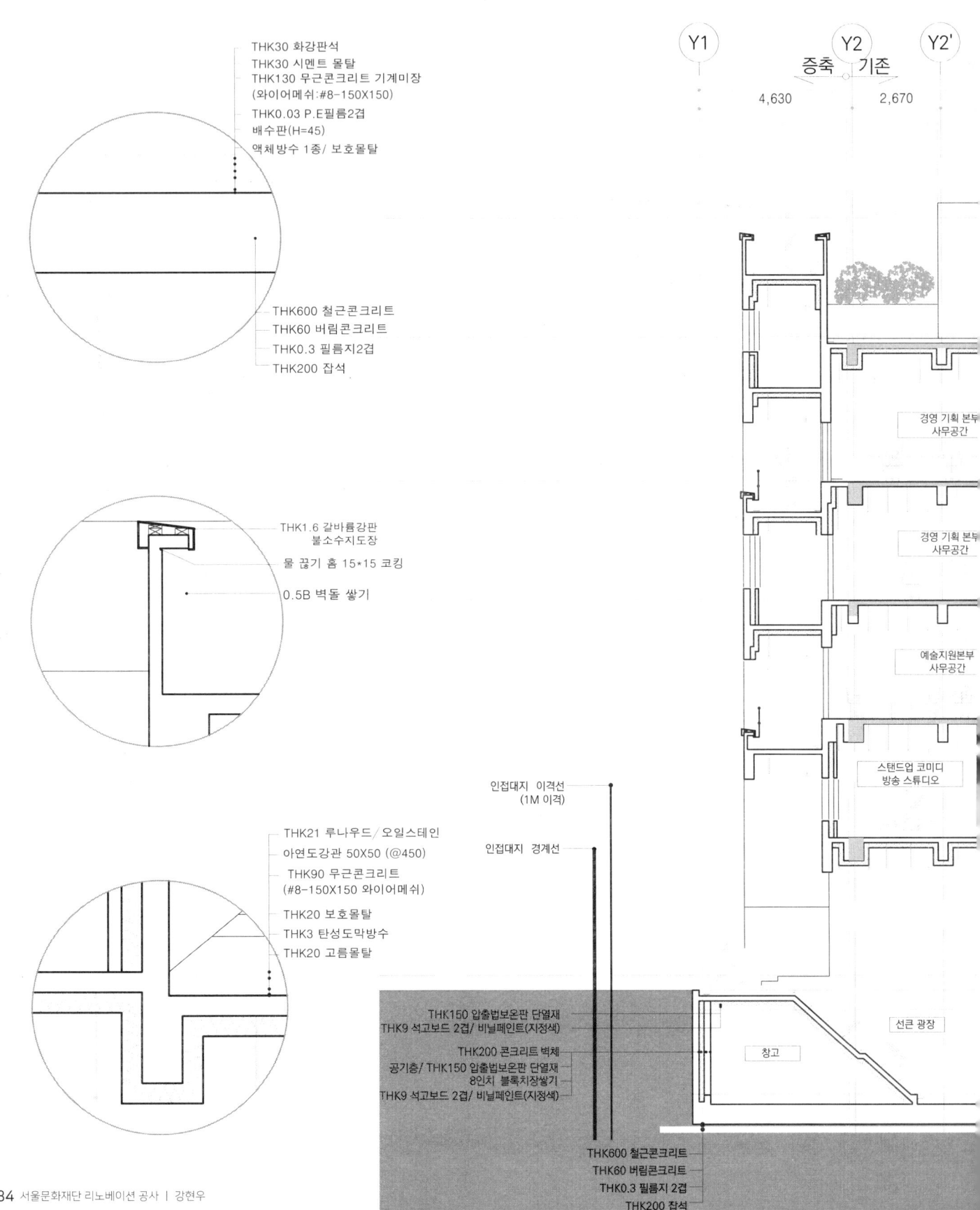

THK30 화강판석
THK30 시멘트 몰탈
THK130 무근콘크리트 기계미장
(와이어메쉬:#8-150X150)
THK0.03 P.E필름2겹
배수판(H=45)
액체방수 1종/ 보호몰탈

THK600 철근콘크리트
THK60 버림콘크리트
THK0.3 필름지2겹
THK200 잡석

THK1.6 갈바륨강판
불소수지도장

물 끊기 홈 15*15 코킹

0.5B 벽돌 쌓기

인접대지 이격선
(1M 이격)

인접대지 경계선

THK21 루나우드/ 오일스테인
아연도강관 50X50 (@450)
THK90 무근콘크리트
(#8-150X150 와이어메쉬)
THK20 보호몰탈
THK3 탄성도막방수
THK20 고름몰탈

THK150 압출법보온판 단열재
THK9 석고보드 2겹/ 비닐페인트(지정색)

THK200 콘크리트 벽체
공기층/ THK150 압출법보온판 단열재
8인치 블록치장쌓기
THK9 석고보드 2겹/ 비닐페인트(지정색)

THK600 철근콘크리트
THK60 버림콘크리트
THK0.3 필름지 2겹
THK200 잡석

Y1   Y2   Y2'
증축 기존
4,630   2,670

경영 기획 본부
사무공간

경영 기획 본부
사무공간

예술지원본부
사무공간

스탠드업 코미디
방송 스튜디오

선큰 광장

창고

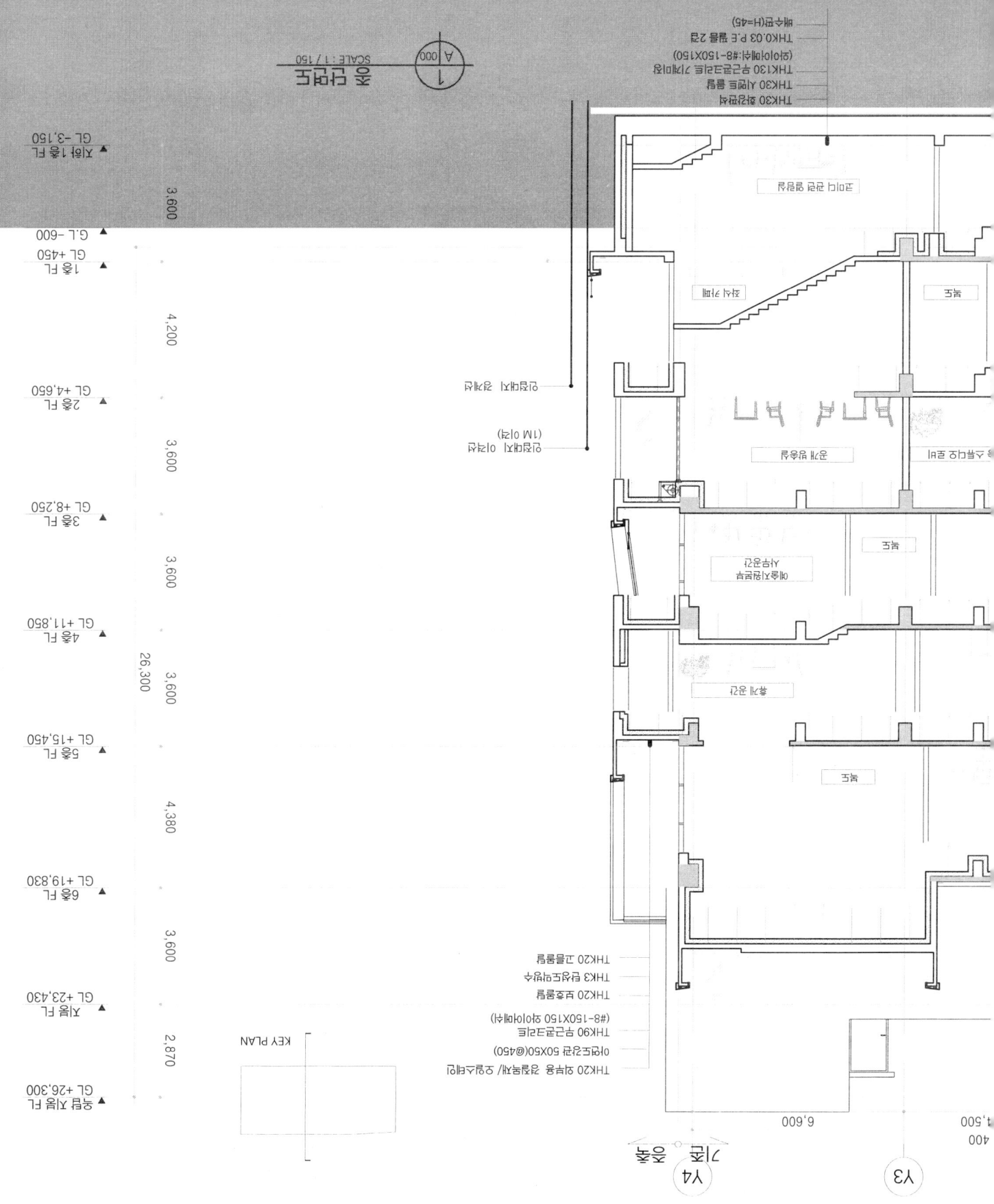

종단면도
SCALE : 1 / 150

A-000

KEY PLAN

Y3 · Y4 · 기준 이층

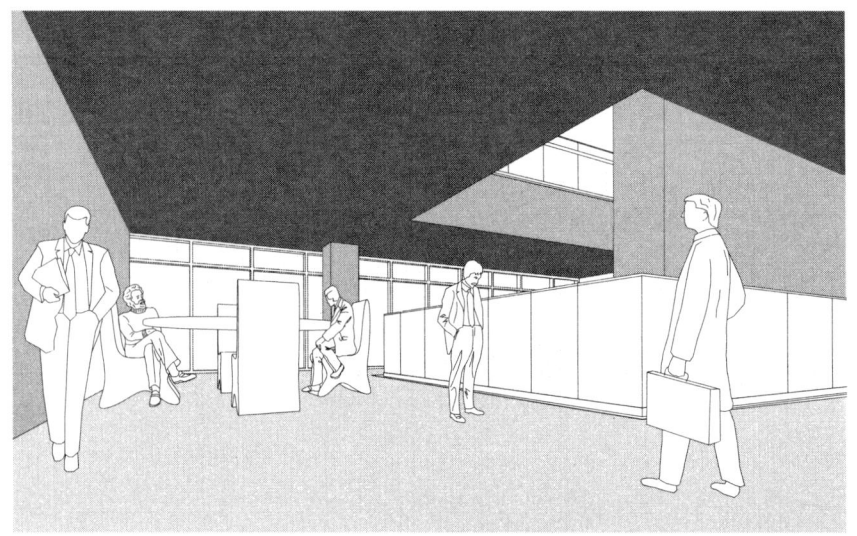

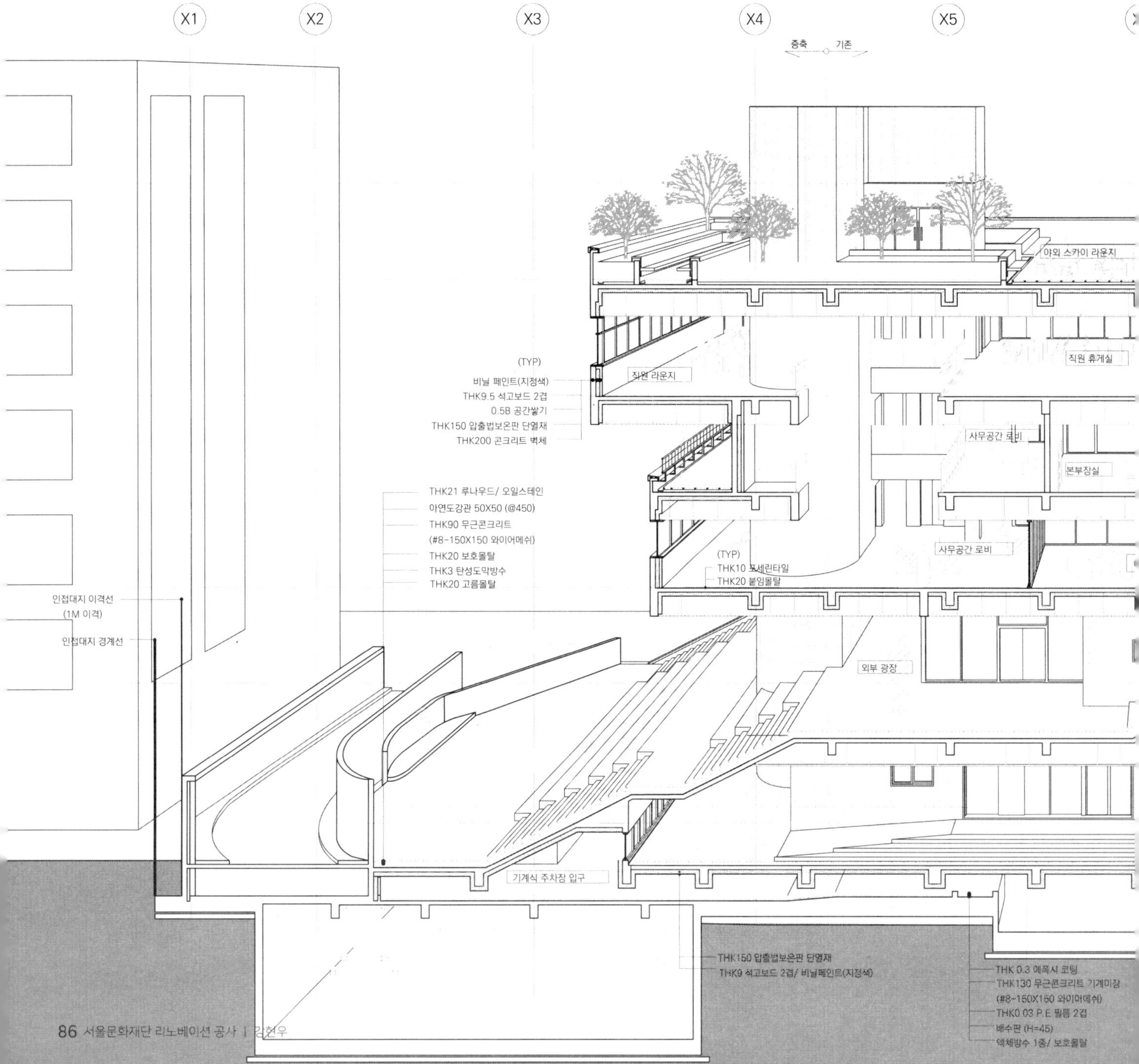
X1
X2
X3
X4
X5
증축
기존
야외 스카이 라운지
직원 휴게실
(TYP)
비닐 페인트(지정색)
THK9.5 석고보드 2겹
0.5B 공간쌓기
THK150 압출법보온판 단열재
THK200 콘크리트 벽체
직원 라운지
사무공간 로비
본부장실
THK21 루나우드/ 오일스테인
아연도강관 50X50 (@450)
THK90 무근콘크리트
(#8-150X150 와이어메쉬)
THK20 보호몰탈
THK3 탄성도막방수
THK20 고름몰탈
(TYP)
THK10 포세린타일
THK20 붙임몰탈
사무공간 로비
인접대지 이격선
(1M 이격)
인접대지 경계선
외부 광장
기계식 주차장 입구
THK150 압출법보온판 단열재
THK9 석고보드 2겹/ 비닐페인트(지정색)
THK 0.3 에폭시 코팅
THK130 무근콘크리트 기계미장
(#8-150X150 와이어메쉬)
THK0.03 P.E 필름 2겹
배수판 (H=45)
액체방수 1종/ 보호몰탈

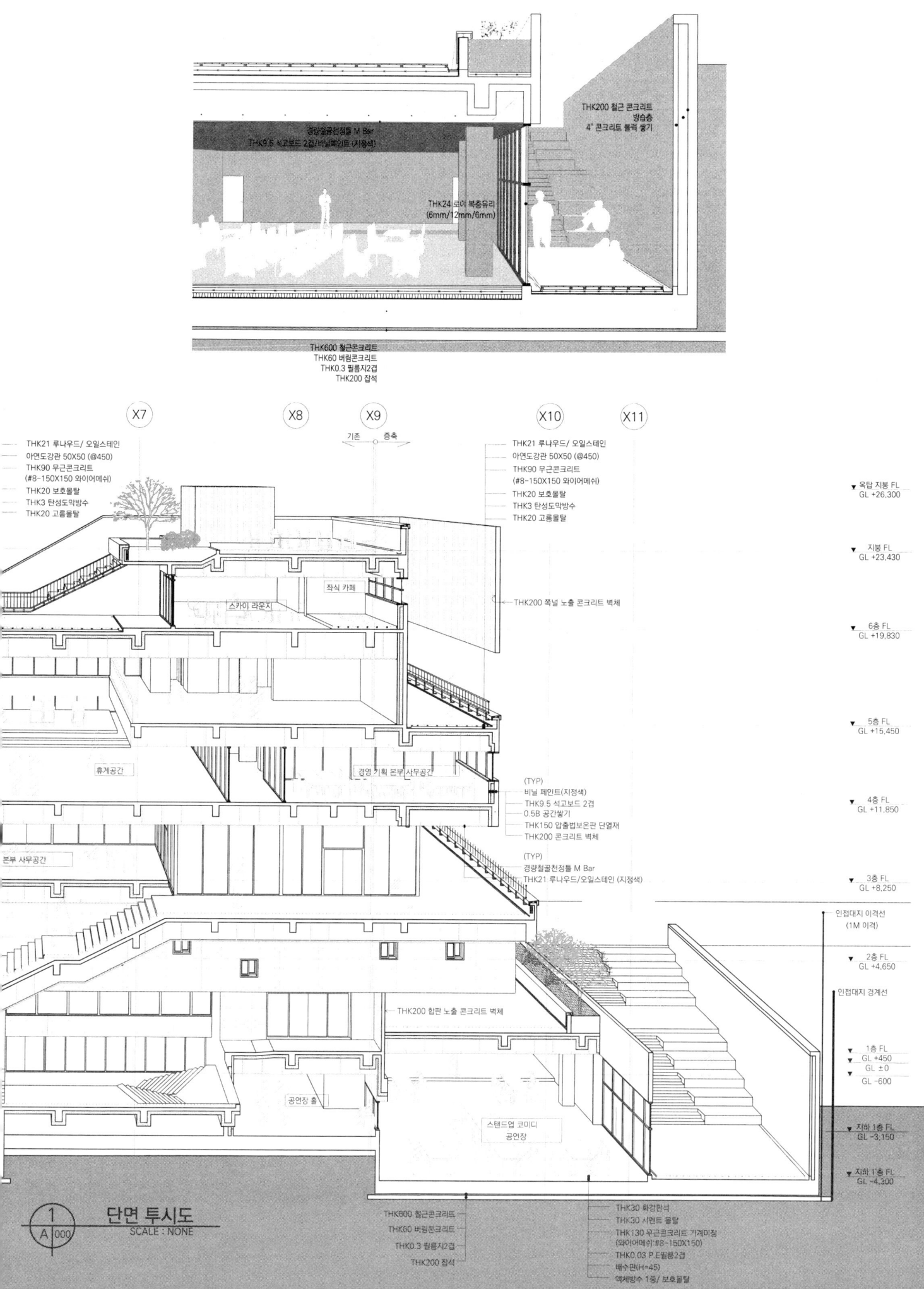

THK200 철근 콘크리트
방습층
4" 콘크리트 블럭 쌓기

경량철골천정틀 M Bar
THK9.5 석고보드 2겹/비닐페인트 (지정색)

THK24 로이 복층유리
(6mm/12mm/6mm)

THK600 철근콘크리트
THK60 버림콘크리트
THK0.3 필름지2겹
THK200 잡석

X7   X8   X9   X10   X11

기존 | 증축

THK21 루나우드/ 오일스테인
아연도강관 50X50 (@450)
THK90 무근콘크리트
(#8-150X150 와이어메쉬)
THK20 보호몰탈
THK3 탄성도막방수
THK20 고름몰탈

THK21 루나우드/ 오일스테인
아연도강관 50X50 (@450)
THK90 무근콘크리트
(#8-150X150 와이어메쉬)
THK20 보호몰탈
THK3 탄성도막방수
THK20 고름몰탈

▼ 옥탑 지붕 FL
GL +26,300

▼ 지붕 FL
GL +23,430

스카이 라운지   좌식 카페

THK200 쪽널 노출 콘크리트 벽체

▼ 6층 FL
GL +19,830

▼ 5층 FL
GL +15,450

휴게공간   경영 기획 본부/사무공간

(TYP)
비닐 페인트(지정색)
THK9.5 석고보드 2겹
0.5B 공간쌓기
THK150 압출법보온판 단열재
THK200 콘크리트 벽체

▼ 4층 FL
GL +11,850

본부 사무공간

(TYP)
경량철골천정틀 M Bar
THK21 루나우드/오일스테인 (지정색)

▼ 3층 FL
GL +8,250

인접대지 이격선
(1M 이격)

▼ 2층 FL
GL +4,650

인접대지 경계선

THK200 합판 노출 콘크리트 벽체

▼ 1층 FL
▼ GL +450
▼ GL ±0
GL -600

공연장 홀

스탠드업 코미디
공연장

▼ 지하 1층 FL
GL -3,150

▼ 지하 1층 FL
GL -4,300

THK600 철근콘크리트
THK60 버림콘크리트
THK0.3 필름지2겹
THK200 잡석

THK30 화강판석
THK30 시멘트 몰탈
THK130 무근콘크리트 기계미장
(와이어메쉬 #8-150X150)
THK0.03 P.E필름2겹
배수판(H=45)
역체방수 1종/ 보호몰탈

1 단면 투시도
A 000   SCALE : NONE

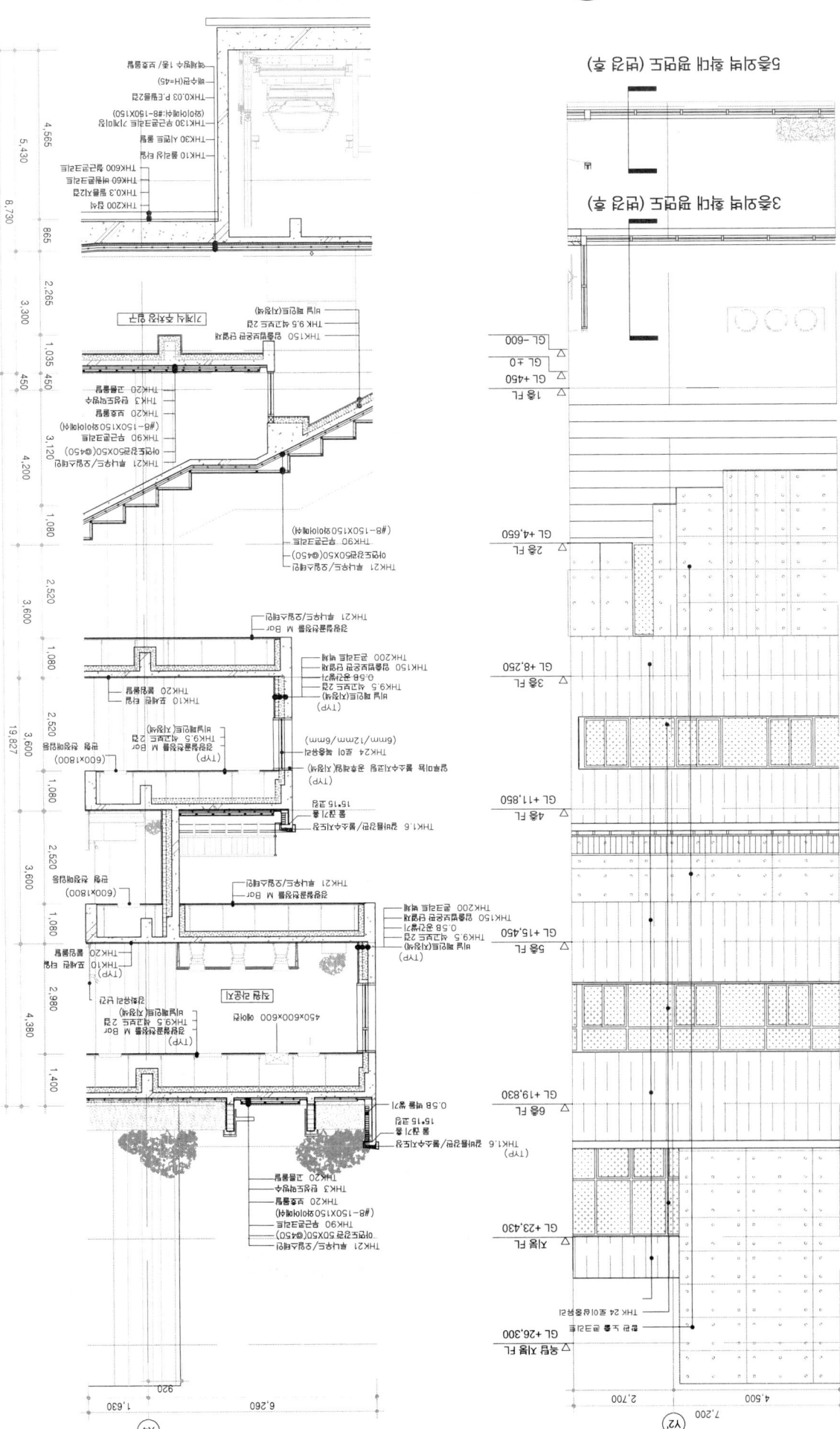

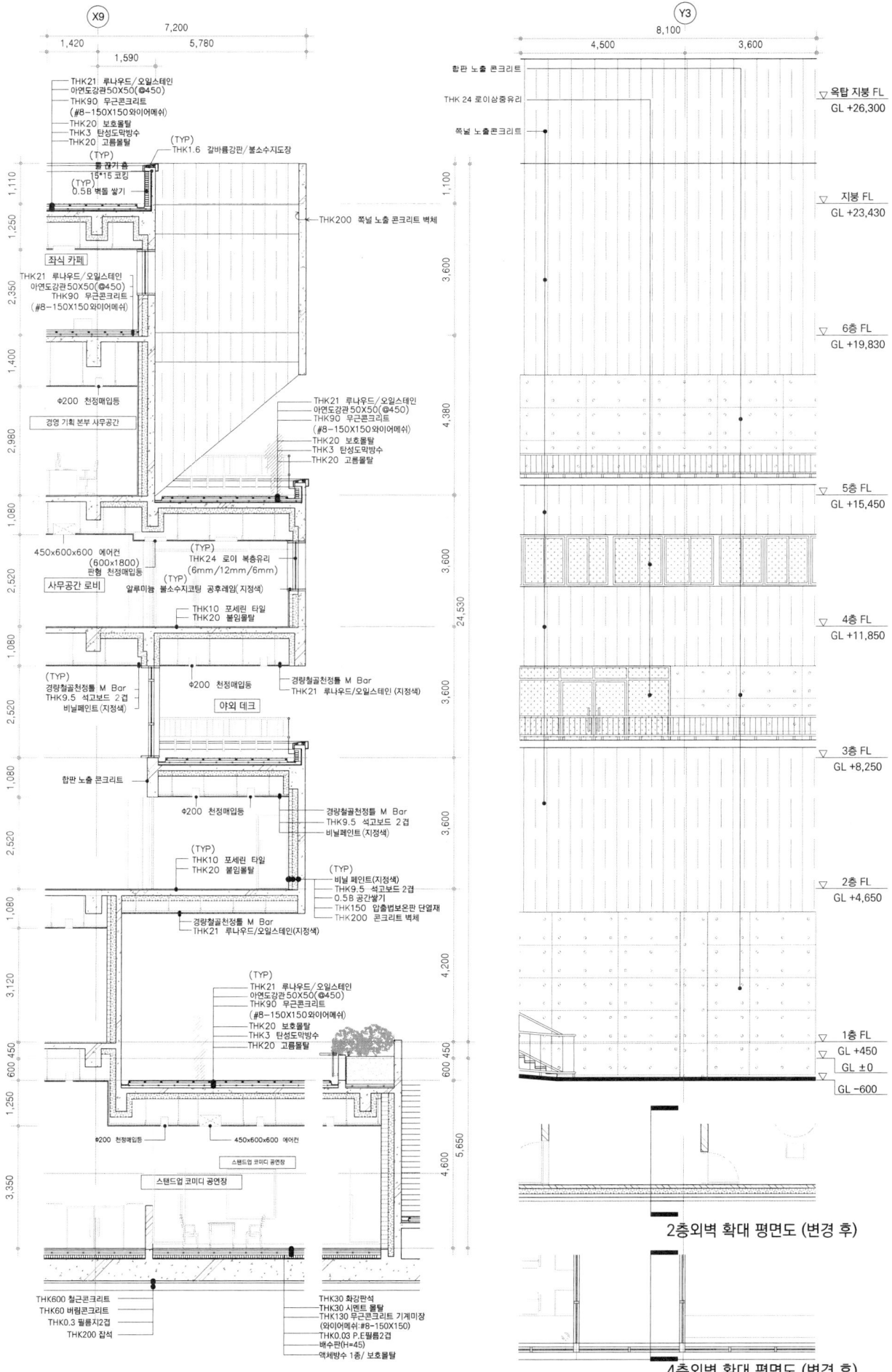

X9

7,200
1,420 | 5,780
1,590

THK21 루나우드/오일스테인
아연도강관50X50(@450)
THK90 무근콘크리트
(#8-150X150와이어메쉬)
THK20 보호몰탈
THK3 탄성도막방수
THK20 고름몰탈
(TYP) THK1.6 갈바륨강판/불소수지도장
(TYP) 물끊기 홈
(TYP) 15*15 코킹
(TYP) 0.5B 벽돌 쌓기

THK200 쪽널 노출 콘크리트 벽체

좌식 카페

THK21 루나우드/오일스테인
아연도강관50X50(@450)
THK90 무근콘크리트
(#8-150X150와이어메쉬)

Φ200 천정매입등

경영 기획 본부 사무공간

THK21 루나우드/오일스테인
아연도강관50X50(@450)
THK90 무근콘크리트
(#8-150X150와이어메쉬)
THK20 보호몰탈
THK3 탄성도막방수
THK20 고름몰탈

450x600x600 에어컨
(600x1800)
판형 천정매입등

(TYP)
THK24 로이 복층유리
(6mm/12mm/6mm)
(TYP)
알루미늄 불소수지코팅 공후레임(지정색)

사무공간 로비

THK10 포세린 타일
THK20 붙임몰탈

(TYP)
경량철골천정틀 M Bar
THK9.5 석고보드 2겹
비닐페인트(지정색)

Φ200 천정매입등

경량철골천정틀 M Bar
THK21 루나우드/오일스테인(지정색)

야외 데크

합판 노출 콘크리트

Φ200 천정매입등

경량철골천정틀 M Bar
THK9.5 석고보드 2겹
비닐페인트(지정색)

(TYP)
THK10 포세린 타일
THK20 붙임몰탈

(TYP)
비닐 페인트(지정색)
THK9.5 석고보드 2겹
0.5B 공간쌓기
THK150 압출법보온판 단열재
THK200 콘크리트 벽체

경량철골천정틀 M Bar
THK21 루나우드/오일스테인(지정색)

(TYP)
THK21 루나우드/오일스테인
아연도강관50X50(@450)
THK90 무근콘크리트
(#8-150X150와이어메쉬)
THK20 보호몰탈
THK3 탄성도막방수
THK20 고름몰탈

Φ200 천정매입등
450x600x600 에어컨

스탠드업 코미디 공연장

스탠드업 코미디 공연장

THK600 철근콘크리트
THK60 버림콘크리트
THK0.3 필름지2겹
THK200 잡석

THK30 화강판석
THK60 시멘트 몰탈
THK130 무근콘크리트 기계미장
(와이어메쉬:#8-150X150)
THK0.03 P.E필름2겹
배수판(H=45)
액체방수 1종/ 보호몰탈

Y3

8,100
4,500 | 3,600

합판 노출 콘크리트
THK 24 로이삼중유리
쪽널 노출 콘크리트

▽ 옥탑 지붕 FL   GL +26,300

▽ 지붕 FL   GL +23,430

▽ 6층 FL   GL +19,830

▽ 5층 FL   GL +15,450

▽ 4층 FL   GL +11,850

▽ 3층 FL   GL +8,250

▽ 2층 FL   GL +4,650

▽ 1층 FL
▽ GL +450
▽ GL ±0
▽ GL -600

2층외벽 확대 평면도 (변경 후)

4층외벽 확대 평면도 (변경 후)

1 / A 000 동측방향 외벽확대 평입단면도
SCALE : 1 / 100

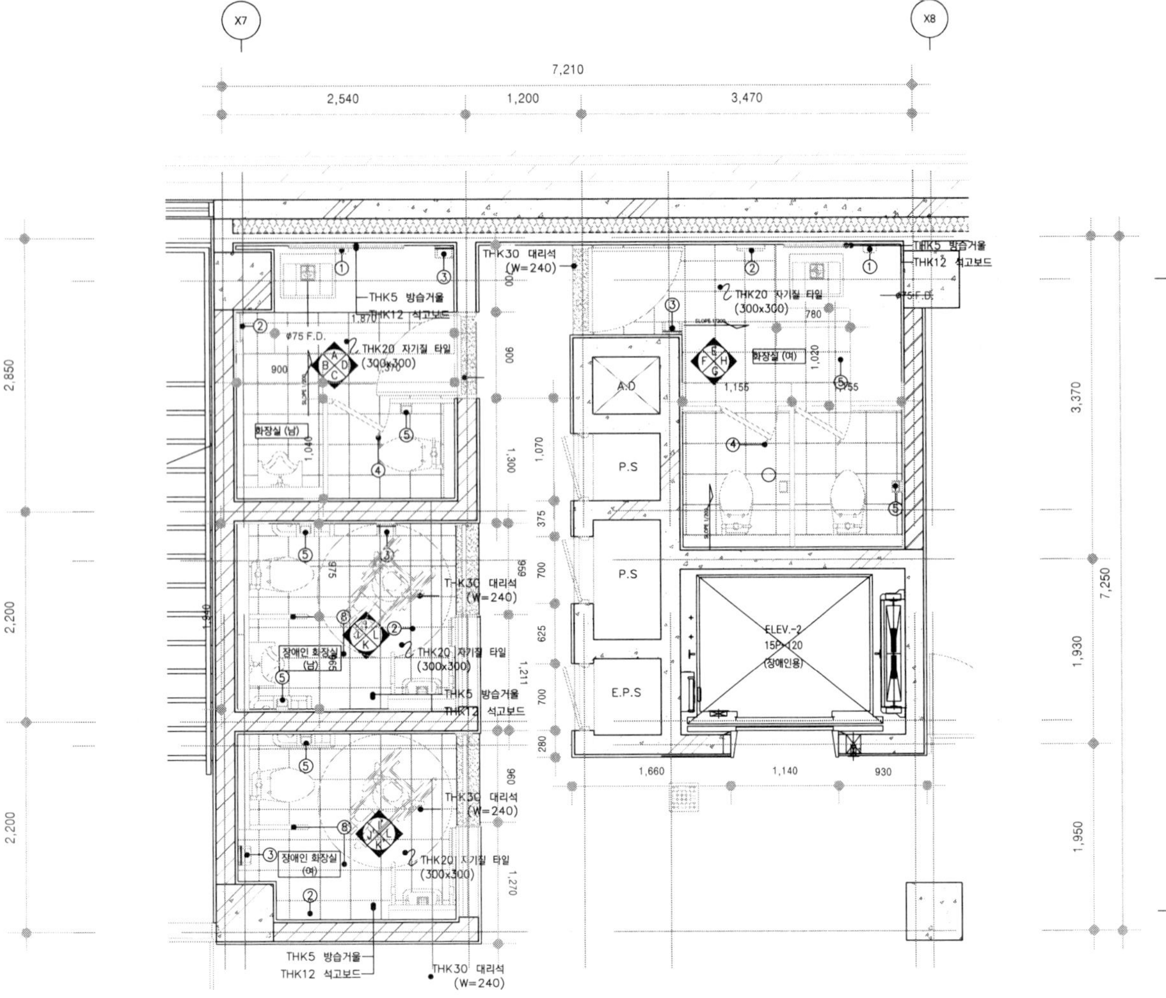

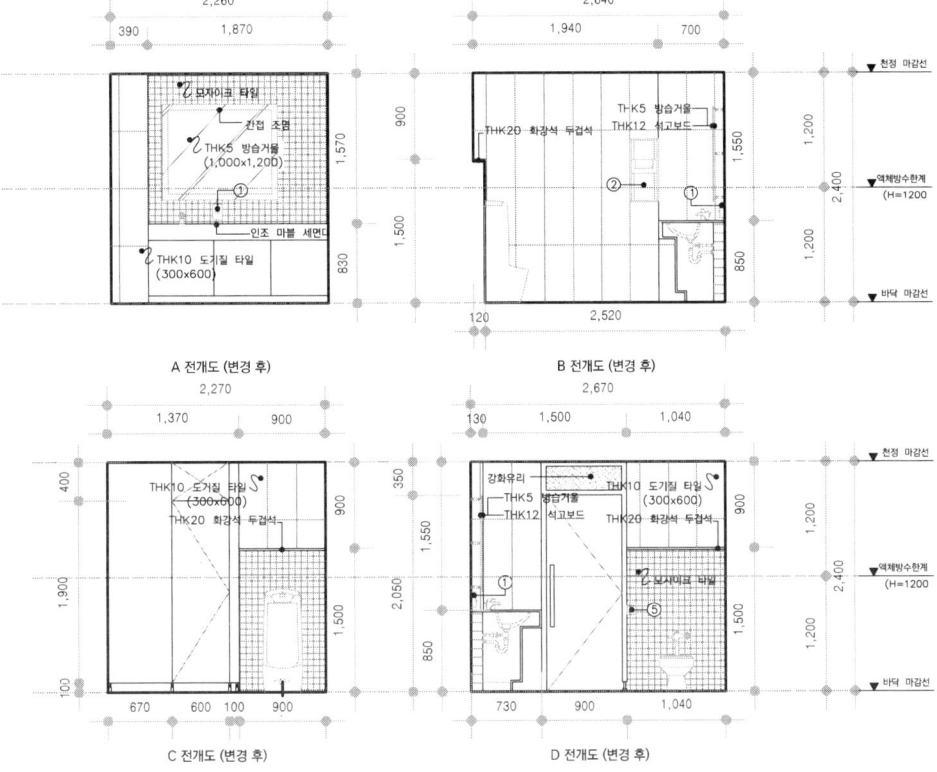

X7   X8

7,210

2,540   1,200   3,470

Y4

THK5 방습거울
THK12 석고보드

THK5 방습거울
THK12 석고보드

THK30 대리석 (W=240)

THK20 자기질 타일 (300x300)

Ø75 F.D.

화장실 (남)

THK30 대리석 (W=240)

장애인 화장실 (남)

THK20 자기질 타일 (300x300)

THK5 방습거울
THK12 석고보드

THK30 대리석 (W=240)

장애인 화장실 (여)

THK20 자기질 타일 (300x300)

THK30 대리석 (W=240)

THK5 방습거울
THK12 석고보드

THK30 대리석 (W=240)

화장실 (여)

A·D

P.S

P.S

E.P.S

ELEV.-2
15P-120
(장애인용)

*화장실 액세서리 범례
①물비누세트
②페이퍼 타올
③방향제
④소지품걸이
⑤휴지걸이
⑥THK5 방습거울
⑦청소도구함
⑧그립바

2,850   2,200   2,200

3,370   7,250   1,930   1,950

Y3

1,660   1,140   930

2,160   380   1,200   900   2,570

1 / A000   화장실 평면도
SCALE : 1 / 50

2,260
390   1,870

모자이크 타일
간접 조명
THK5 방습거울 (1,000x1,200)
인조 마블 세면대
THK10 도기질 타일 (300x600)

A 전개도 (변경 후)

2,640
1,940   700

천정 마감선

THK20 화강석 두겁석
THK5 방습거울
THK12 석고보드

액체방수한계 (H=1200

바닥 마감선

120   2,520

B 전개도 (변경 후)

2,270
1,370   900

THK10 도기질 타일 (300x600)
THK20 화강석 두겁석

C 전개도 (변경 후)

670   600   100   900

2,670
130   1,500   1,040

천정 마감선

강화유리
THK5 방습거울
THK12 석고보드
THK10 도기질 타일 (300x600)
THK20 화강석 두겁석
모자이크 타일

액체방수한계 (H=1200

바닥 마감선

730   900   1,040

D 전개도 (변경 후)

1 / A000   화장실 전개도
SCALE : 1 / 50

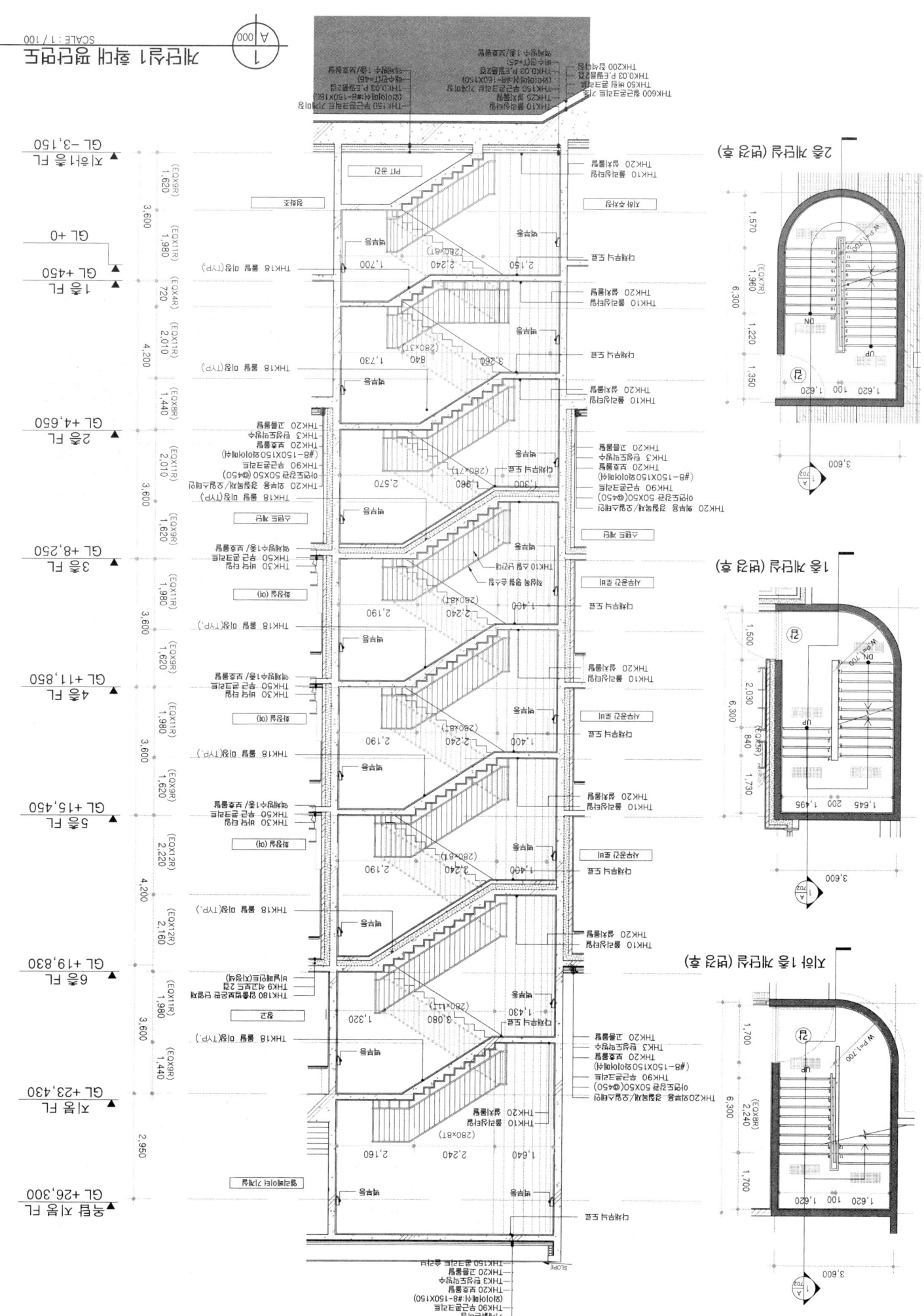

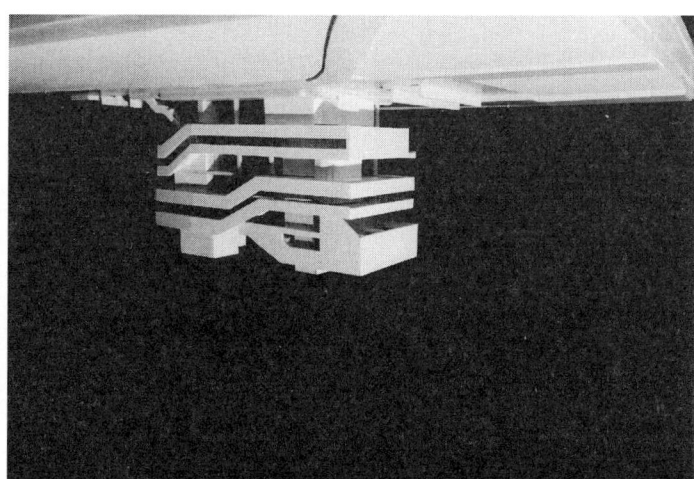

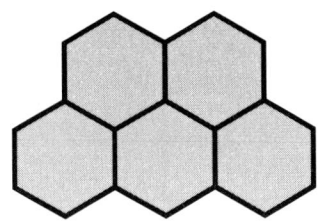

권오태 | KWON OHTAE

위치	서울특별시 동대문구 용두동 255-67 외1필지
용도	문화 및 집회시설, 업무시설, 주거시설
대지면적	1520.16m²
건축면적	878.95m²
연면적	5204.39m²
건폐율	878.95 / 1520.16 x 100 = 57.82%
용적률	3901.72 / 1520.16 x 100 = 256.67%
구조	철근콘크리트
규모	지하1층, 지상7층
최고 높이	GL + 28.05m

BEE HOUSE
BE FACTORY!

기존 사각 공간의 프로그램과 육각형의 만남

서울문화재단이라는 건물의 특성에 맞게 이색적인 육각형의 공간을 제안하게 되었다. 육각은 사각에 비해 변이 많고, 다양하게 꺾여있어 방향성이 많다. 그렇기에 창도 다양한 방향으로 낼 수 있고, 내부의 공간에서도 공간의 방향성이 많아 기존의 레이아웃보다 평면이 좀 더 유연하고 자유로워질 수 있다. 또한 육각의 가장 큰 장점인 구조적 부분에 있어서도 증축부분은 육각의 벽들이 물리고 물려 서로 지탱할 수 있는 구조를 이용하였다.

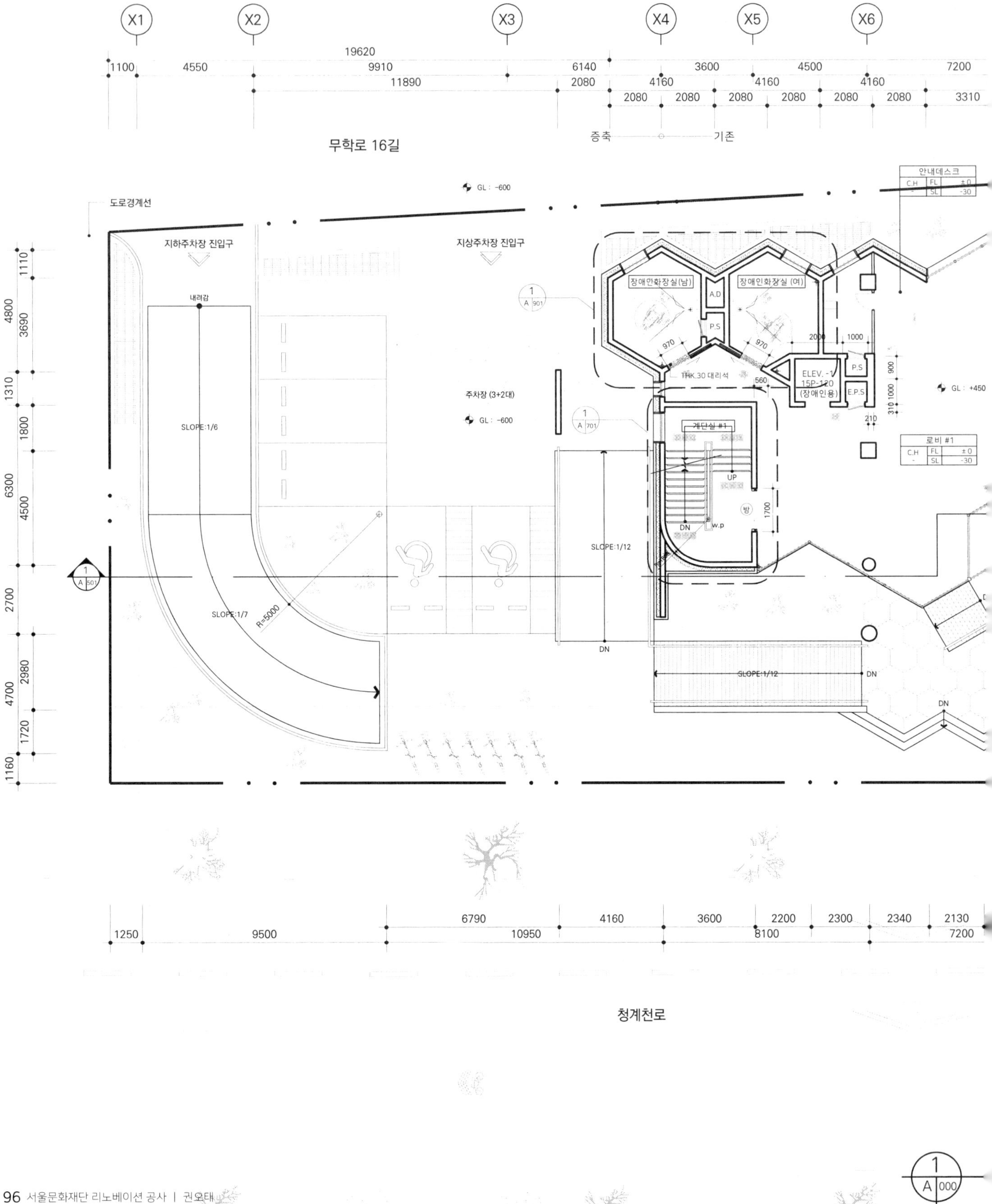

X1　　　　X2　　　　　　　　　　　　　X3　　　　X4　　　X5　　　X6

19620

1100　　　4550　　　　　　9910　　　　　6140　　　　3600　　　4500　　　　7200

11890　　　　2080

2080　2080　2080　4160　2080　2080　4160　2080　2080　3310

무학로 16길

증축 ──────○────── 기존

GL : -600

도로경계선

지하주차장 진입구　　　　　　　　　지상주차장 진입구

1110

4800

3690

내려감

장애인화장실(남)　　장애인화장실(여)

A.D

P.S

1
A 901

1310

1800

SLOPE:1/6

주차장 (3+2대)

GL : -600

970　　　970

2000　　1000

THK.30 대리석

560

210

ELEV. -1
15P-120
(장애인용)

P.S

E.P.S

GL : +450

안내데스크

C.H　FL　±0

SL　-30

310 1000 900

6300

4500

1
A 701

계단실 #1

UP

방

1700

로비 #1

C.H　FL　±0

-　SL　-30

1
A 501

2700

SLOPE:1/12

DN

w.p

SLOPE:1/7　R=5000

4700

2980

DN

SLOPE:1/12

DN

1720

DN

1160

청계천로

1250　　　9500　　　　　　6790　　　4160　　3600　2200　2300　2340　2130

10950　　　8100　　　7200

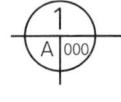

1
A 000

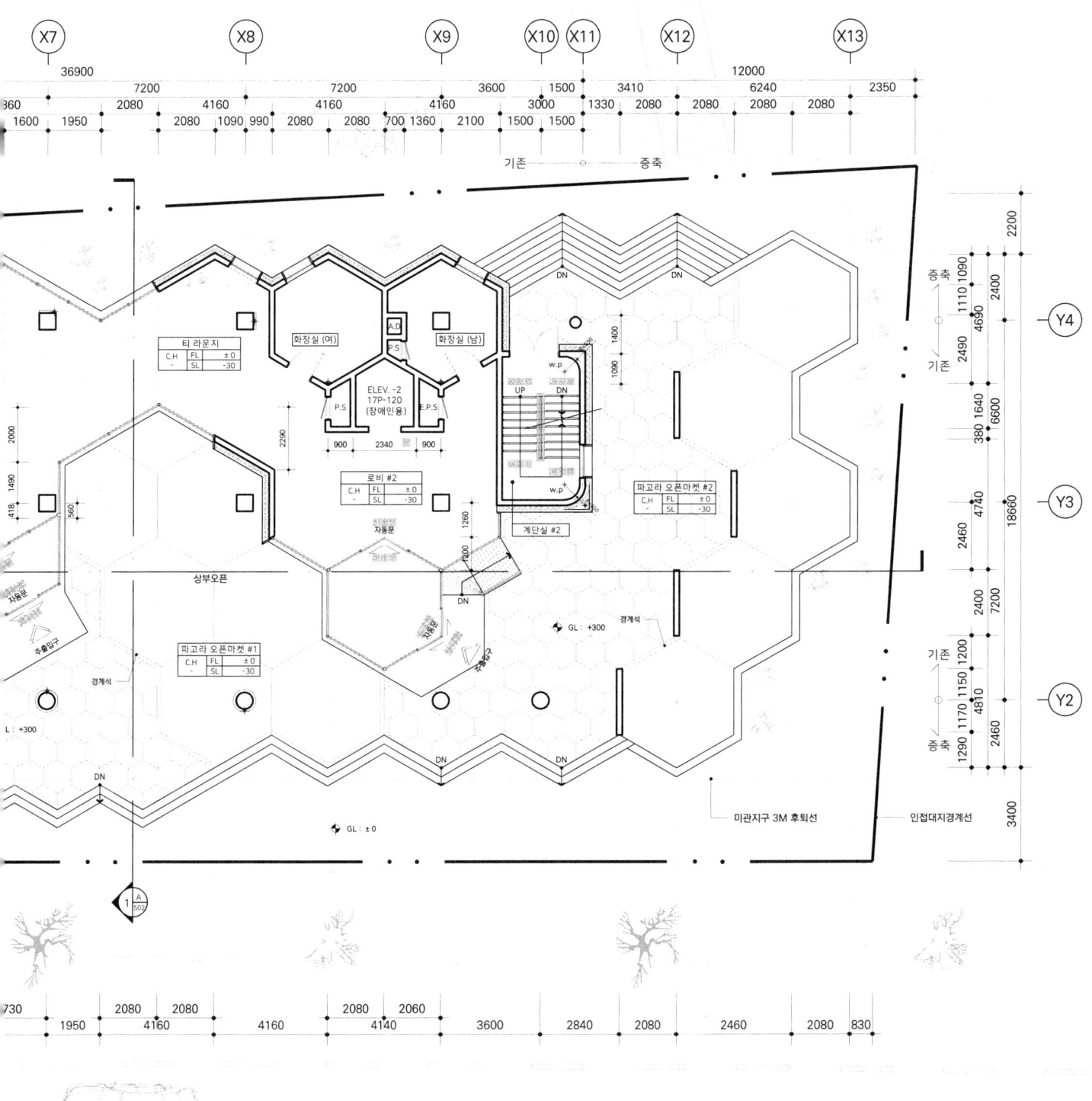

X7   X8   X9   X10 X11   X12   X13

36900

7200   7200   3600   1500   3410   6240   2350

12000

360   2080   4160   4160   3000   1330   2080   2080   2080   2080

1600   1950   2080   1090 990   2080   2080   700 1360   2100   1500   1500

기존 ──○── 증축

티 라운지

| C.H | FL | ±0 |
| - | SL | -30 |

화장실 (여)   A.D   화장실 (남)

P.S

ELEV. -2
17P-120
(장애인용)   P.S   E.P.S

| 900 | 2340 | 900 |

로비 #2
| C.H | FL | ±0 |
| - | SL | -30 |

자동문

상부오픈

파고라 오픈마켓 #1
| C.H | FL | ±0 |
| - | SL | -30 |

경계석

L : +300

DN

계단실 #2

w.p

UP   DN

w.p

DN

DN   DN

파고라 오픈마켓 #2
| C.H | FL | ±0 |
| - | SL | -30 |

GL : +300

경계석

DN   DN

GL : ±0

미관지구 3M 후퇴선   인접대지경계선

증축   1110 1090   2200

4690   2400

기존   2490

380 1640   6600

4740

2460   18660

기존   2400   7200

1290 1170 1150 1200

2460   4810

증축   3400

Y4

Y3

Y2

1
A
502

730   2080   2080   2080   2060

1950   4160   4160   4140   3600   2840   2080   2460   2080   830

층 평면도
SCALE : 1 / 150

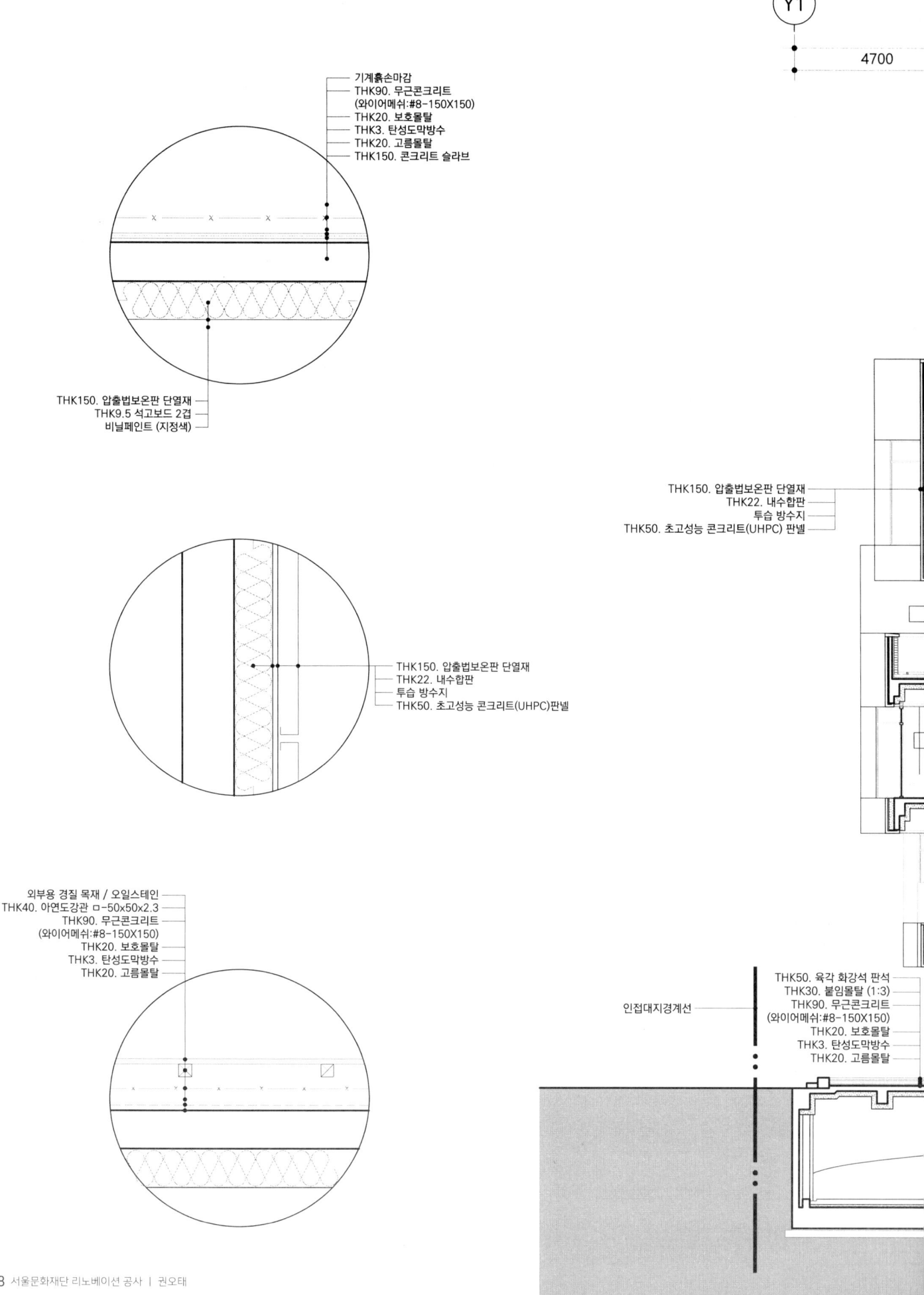

기계흙손마감
THK90. 무근콘크리트
(와이어메쉬:#8-150X150)
THK20. 보호몰탈
THK3. 탄성도막방수
THK20. 고름몰탈
THK150. 콘크리트 슬라브

THK150. 압출법보온판 단열재
THK9.5 석고보드 2겹
비닐페인트 (지정색)

THK150. 압출법보온판 단열재
THK22. 내수합판
투습 방수지
THK50. 초고성능 콘크리트(UHPC) 판넬

THK150. 압출법보온판 단열재
THK22. 내수합판
투습 방수지
THK50. 초고성능 콘크리트(UHPC)판넬

외부용 경질 목재 / 오일스테인
THK40. 아연도강관 ㅁ-50x50x2.3
THK90. 무근콘크리트
(와이어메쉬:#8-150X150)
THK20. 보호몰탈
THK3. 탄성도막방수
THK20. 고름몰탈

인접대지경계선

THK50. 육각 화강석 판석
THK30. 붙임몰탈 (1:3)
THK90. 무근콘크리트
(와이어메쉬:#8-150X150)
THK20. 보호몰탈
THK3. 탄성도막방수
THK20. 고름몰탈

Y1

4700

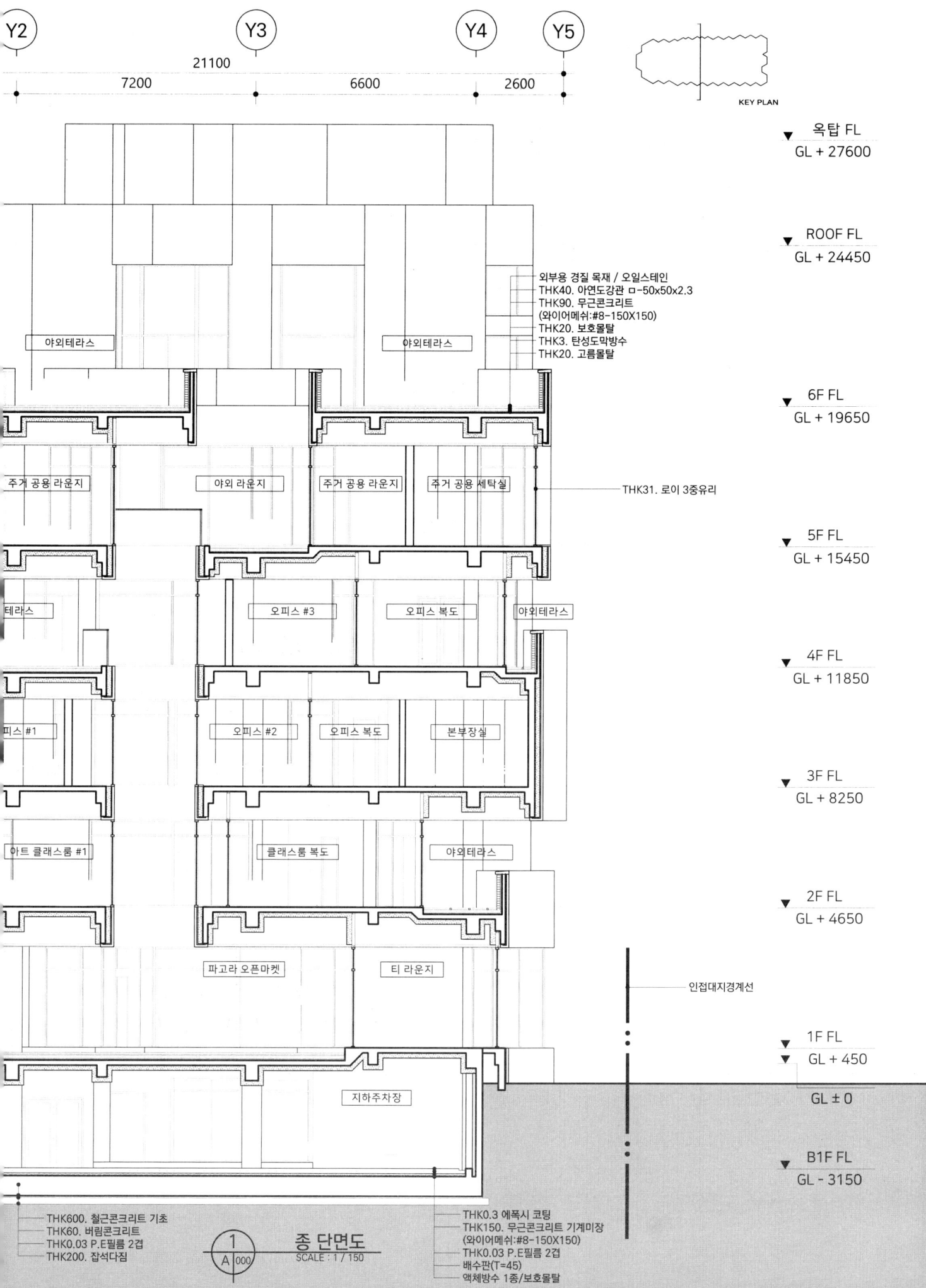

Y2　Y3　Y4　Y5

21100
7200　6600　2600

KEY PLAN

▼ 옥탑 FL
GL + 27600

▼ ROOF FL
GL + 24450

야외테라스　야외테라스

외부용 경질 목재 / 오일스테인
THK40. 아연도강관 ㅁ-50x50x2.3
THK90. 무근콘크리트
(와이어메쉬:#8-150X150)
THK20. 보호몰탈
THK3. 탄성도막방수
THK20. 고름몰탈

▼ 6F FL
GL + 19650

주거 공용 라운지　야외 라운지　주거 공용 라운지　주거 공용 세탁실

THK31. 로이 3중유리

▼ 5F FL
GL + 15450

테라스　오피스 #3　오피스 복도　야외테라스

▼ 4F FL
GL + 11850

피스 #1　오피스 #2　오피스 복도　본부장실

▼ 3F FL
GL + 8250

아트 클래스룸 #1　클래스룸 복도　야외테라스

▼ 2F FL
GL + 4650

파고라 오픈마켓　티 라운지

인접대지경계선

▼ 1F FL
▼ GL + 450

GL ± 0

지하주차장

▼ B1F FL
GL - 3150

THK600. 철근콘크리트 기초
THK60. 버림콘크리트
THK0.03 P.E필름 2겹
THK200. 잡석다짐

THK0.3 에폭시 코팅
THK150. 무근콘크리트 기계미장
(와이어메쉬:#8-150X150)
THK0.03 P.E필름 2겹
배수판(T=45)
액체방수 1종/보호몰탈

① 종 단면도
A 000　SCALE : 1 / 150

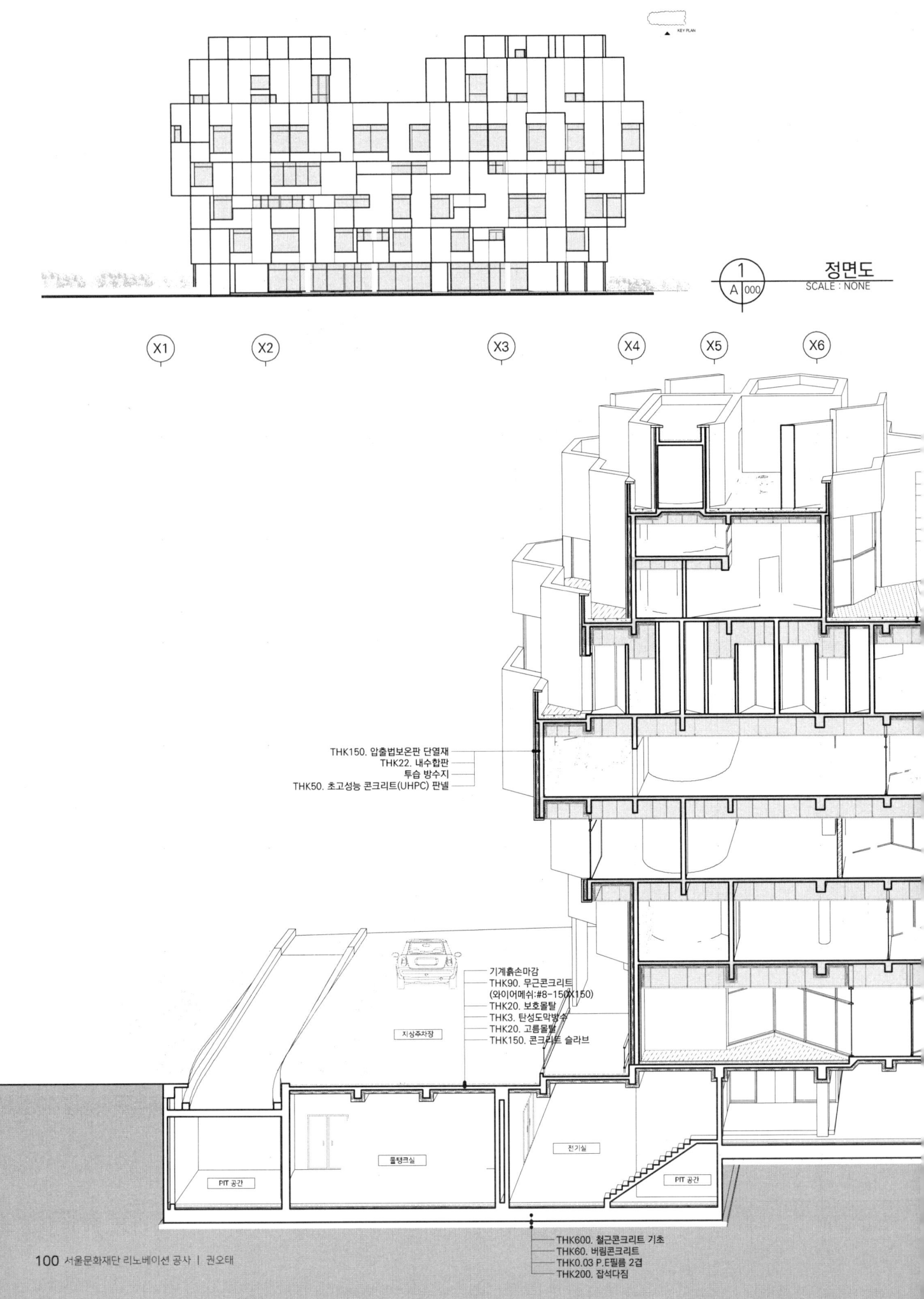

정면도
SCALE : NONE

1
A 000

X1 X2 X3 X4 X5 X6

THK150. 압출법보온판 단열재
THK22. 내수합판
투습 방수지
THK50. 초고성능 콘크리트(UHPC) 판넬

기계흙손마감
THK90. 무근콘크리트
(와이어메쉬:#8-150X150)
THK20. 보호몰탈
THK3. 탄성도막방수
THK20. 고름몰탈
THK150. 콘크리트 슬라브

지상주차장

물탱크실

전기실

PIT 공간

PIT 공간

THK600. 철근콘크리트 기초
THK60. 버림콘크리트
THK0.03 P.E필름 2겹
THK200. 잡석다짐

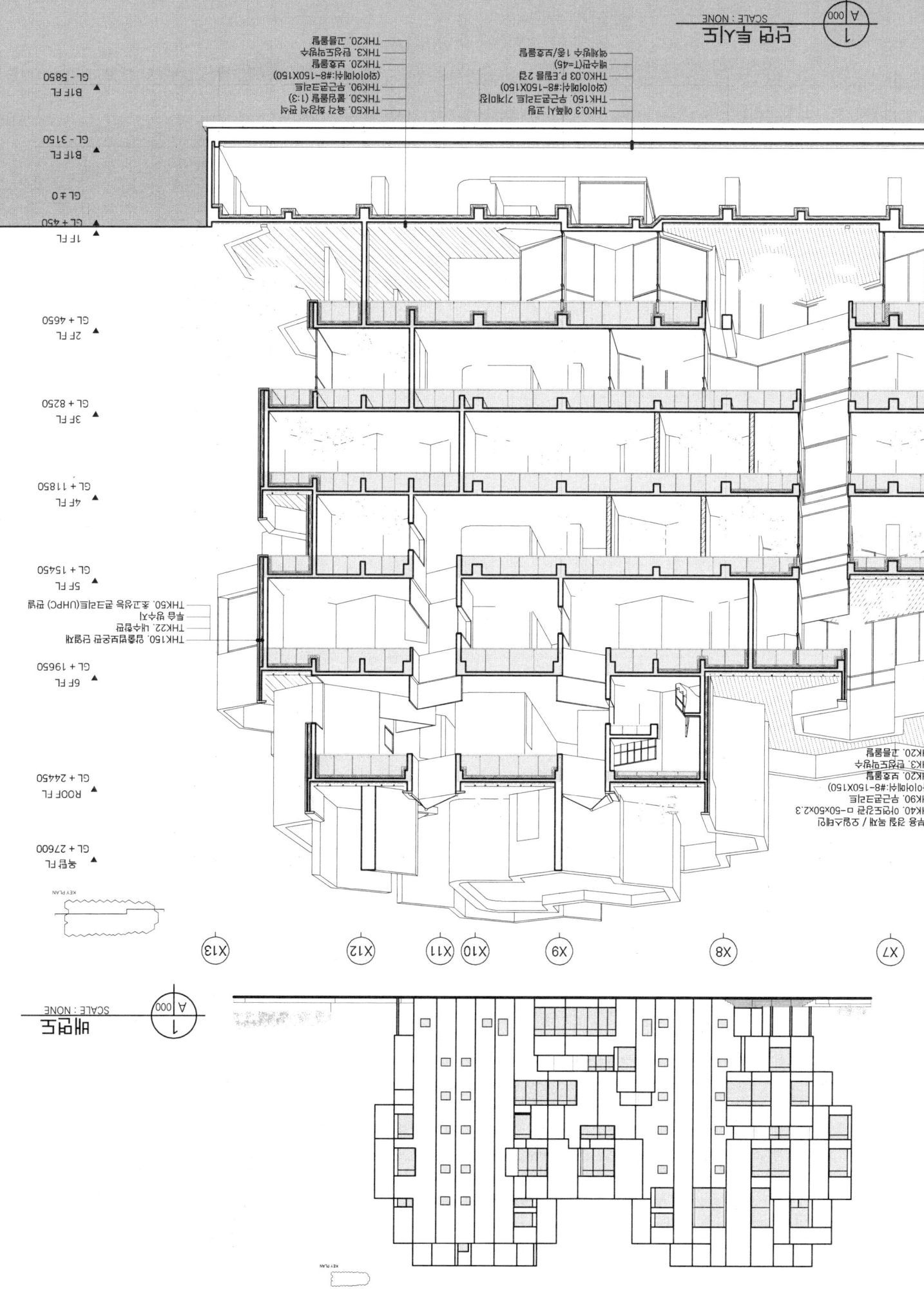

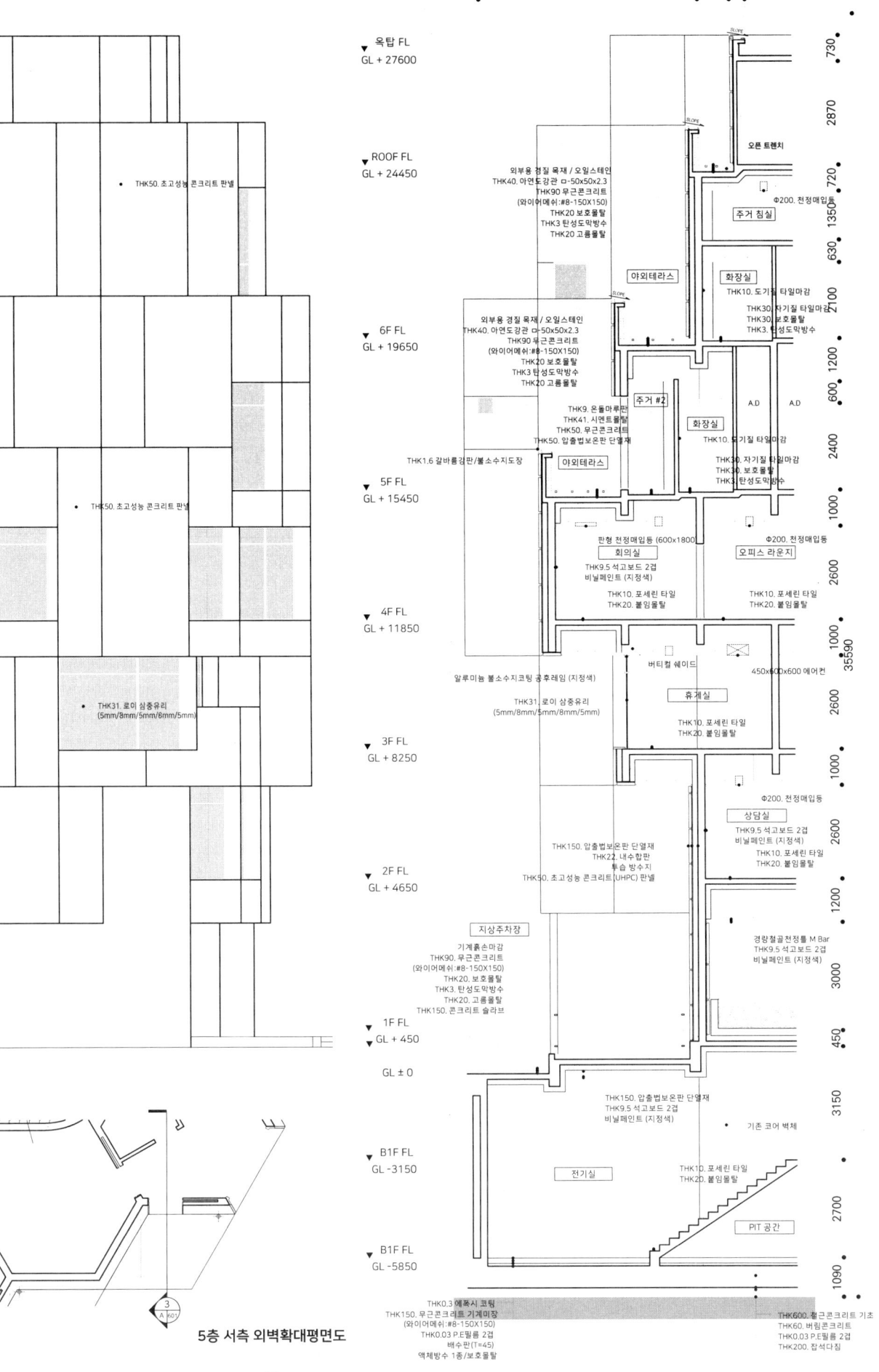

Y2

옥탑 FL
GL + 27600

THK50. 초고성능 콘크리트 판넬

ROOF FL
GL + 24450

6F FL
GL + 19650

THK50. 초고성능 콘크리트 판넬

5F FL
GL + 15450

THK31. 로이 삼층유리
(5mm/8mm/5mm/8mm/5mm)

4F FL
GL + 11850

3F FL
GL + 8250

2F FL
GL + 4650

1F FL
GL + 450

GL ± 0

B1F FL
GL -3150

B1F FL
GL -5850

5층 서측 외벽확대평면도

X3   X4

6140   890 450

730

2870

외부용 경질 목재 / 오일스테인
THK40. 아연도강관 □-50x50x2.3
THK90 무근콘크리트
(와이어메쉬:#8-150x150)
THK20 보호몰탈
THK3 탄성도막방수
THK20 고름몰탈

오픈 트렌치   720

Φ200. 천정매입등
주거 침실   1350

야외테라스   630

화장실
THK10. 도기질 타일마감   2100
THK30.자기질 타일마감
THK30. 보호몰탈
THK3. 탄성도막방수

외부용 경질 목재 / 오일스테인
THK40. 아연도강관 □-50x50x2.3
THK90 무근콘크리트
(와이어메쉬:#4-150X150)
THK20 보호몰탈
THK3 탄성도막방수
THK20 고름몰탈

주거 #2   600 1200

THK9. 온돌마루판
THK41. 시멘트몰탈
THK50. 무근콘크리트
THK50. 압출법보온판 단열재

화장실
THK10. 도기질 타일마감   2400

야외테라스
THK1.6 갈바롱강판/불소수지도장

THK30. 자기질 타일마감
THK30. 보호몰탈
THK3.탄성도막방수

판형 천정매입등 (600x1800)

Φ200. 천정매입등   1000

회의실
THK9.5 석고보드 2겹
비닐페인트 (지정색)

오피스 라운지

THK10. 포세린 타일
THK20. 붙임몰탈

THK10. 포세린 타일   2600
THK20. 붙임몰탈

알루미늄 불소수지코팅 공후레임 (지정색)

버티컬 쉐이드
450x600x600 에어컨   1000

THK31.로이 삼층유리
(5mm/8mm/5mm/8mm/5mm)

휴게실   35590

THK10. 포세린 타일   2600
THK20. 붙임몰탈

Φ200. 천정매입등   1000

상담실
THK9.5 석고보드 2겹
비닐페인트 (지정색)   2600

THK150. 압출법보온판 단열재
THK22. 내수합판
투습 방수지
THK50. 초고성능 콘크리트 (UHPC) 판넬

THK10. 포세린 타일
THK20. 붙임몰탈

경량철골천정틀 M Bar
THK9.5 석고보드 2겹   3000
비닐페인트 (지정색)

지상주차장

기계흙손마감
THK90. 무근콘크리트
(와이어메쉬:#8-150X150)
THK20. 보호몰탈
THK3. 탄성도막방수
THK20. 고름몰탈
THK150. 콘크리트 슬라브

1200

450

THK150. 압출법보온판 단열재
THK9.5 석고보드 2겹
비닐페인트 (지정색)

기존 코어 벽체   3150

전기실

THK10. 포세린 타일
THK20. 붙임몰탈

PIT 공간   2700

1090

THK0.3 에폭시 코팅
THK150. 무근콘크리트 기계미장
(와이어메쉬:#8-150X150)
THK0.03 P.E필름 2겹
배수판(T=45)
액체방수 1종/보호몰탈

THK600.철근콘크리트 기초
THK60. 버림콘크리트
THK0.03 P.E필름 2겹
THK200. 잡석다짐

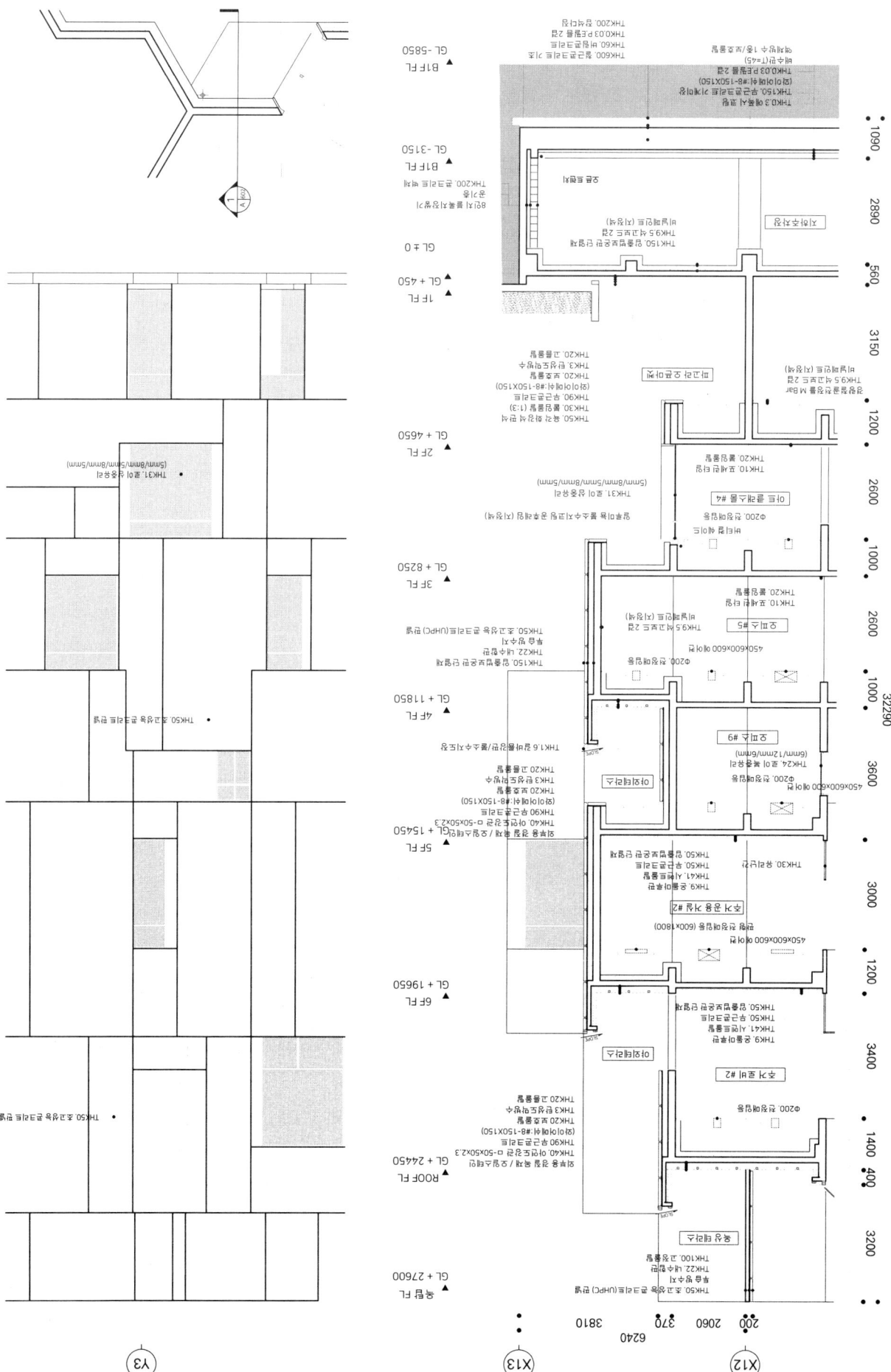

동성로상가 인테리어 평입단면도

SCALE : 1 / 100

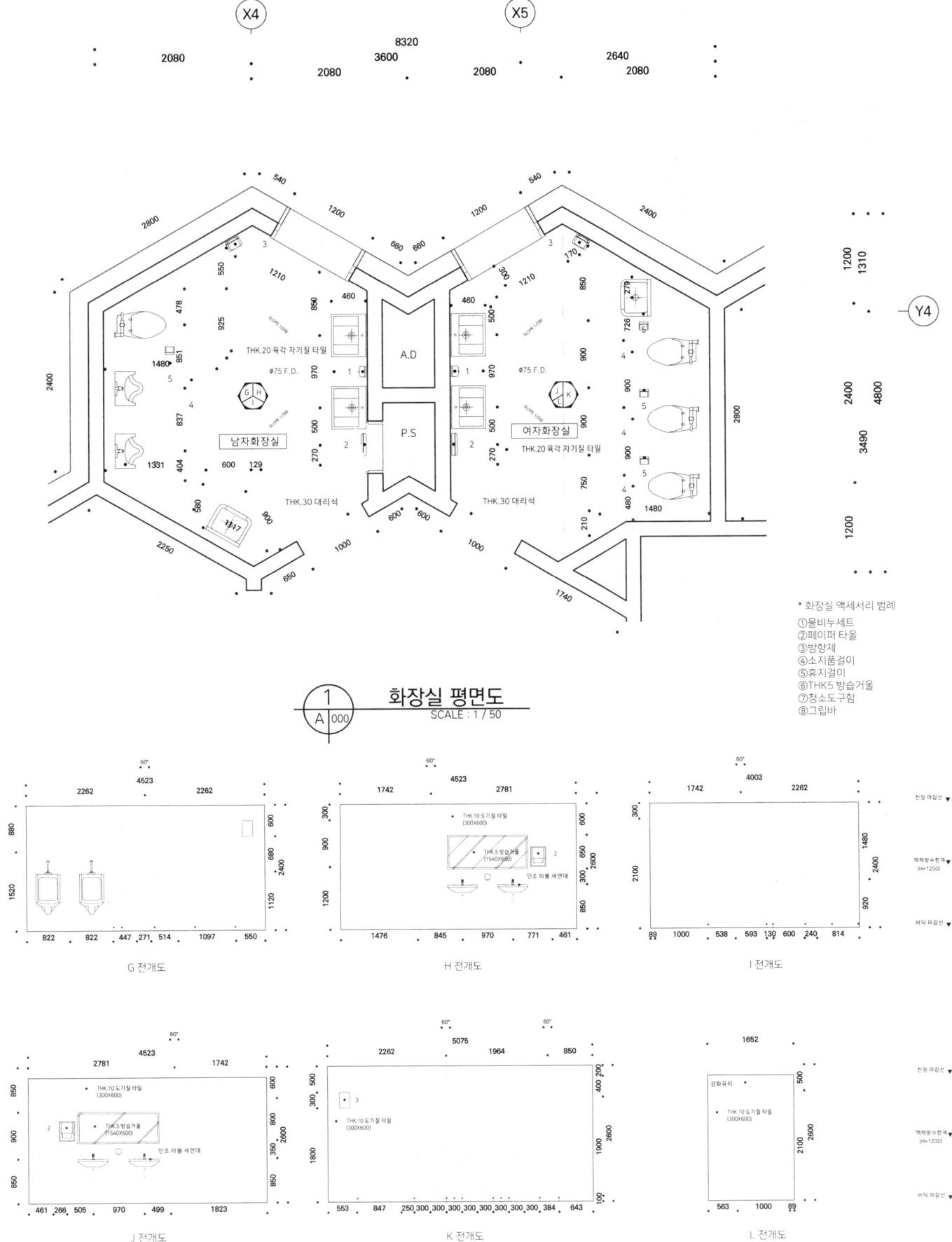

THK.20 육각 자기질 타일

A.D

P.S

남자화장실

여자화장실

THK.20 육각 자기질 타일

THK.30 대리석

THK.30 대리석

* 화장실 액세서리 범례
①물비누세트
②페이퍼 타올
③방향제
④소지품걸이
⑤휴지걸이
⑥THK5 방습거울
⑦청소도구함
⑧그립바

1 / A 000 화장실 평면도
SCALE : 1 / 50

G 전개도

H 전개도
THK.10 도기질 타일 (300X600)
THK.5 방습거울 (1540X580)
인조 마블 세면대

I 전개도
천정 마감선
액체방수한계 (H+1200)
바닥 마감선

J 전개도
THK.10 도기질 타일 (300X600)
THK.5 방습거울 (1540X600)
인조 마블 세면대

K 전개도
THK.10 도기질 타일 (300X600)

L 전개도
강화유리
THK.10 도기질 타일 (300X600)
천정 마감선
액체방수한계 (H+1200)
바닥 마감선

1 / A 000 화장실 전개도
SCALE : 1 / 50

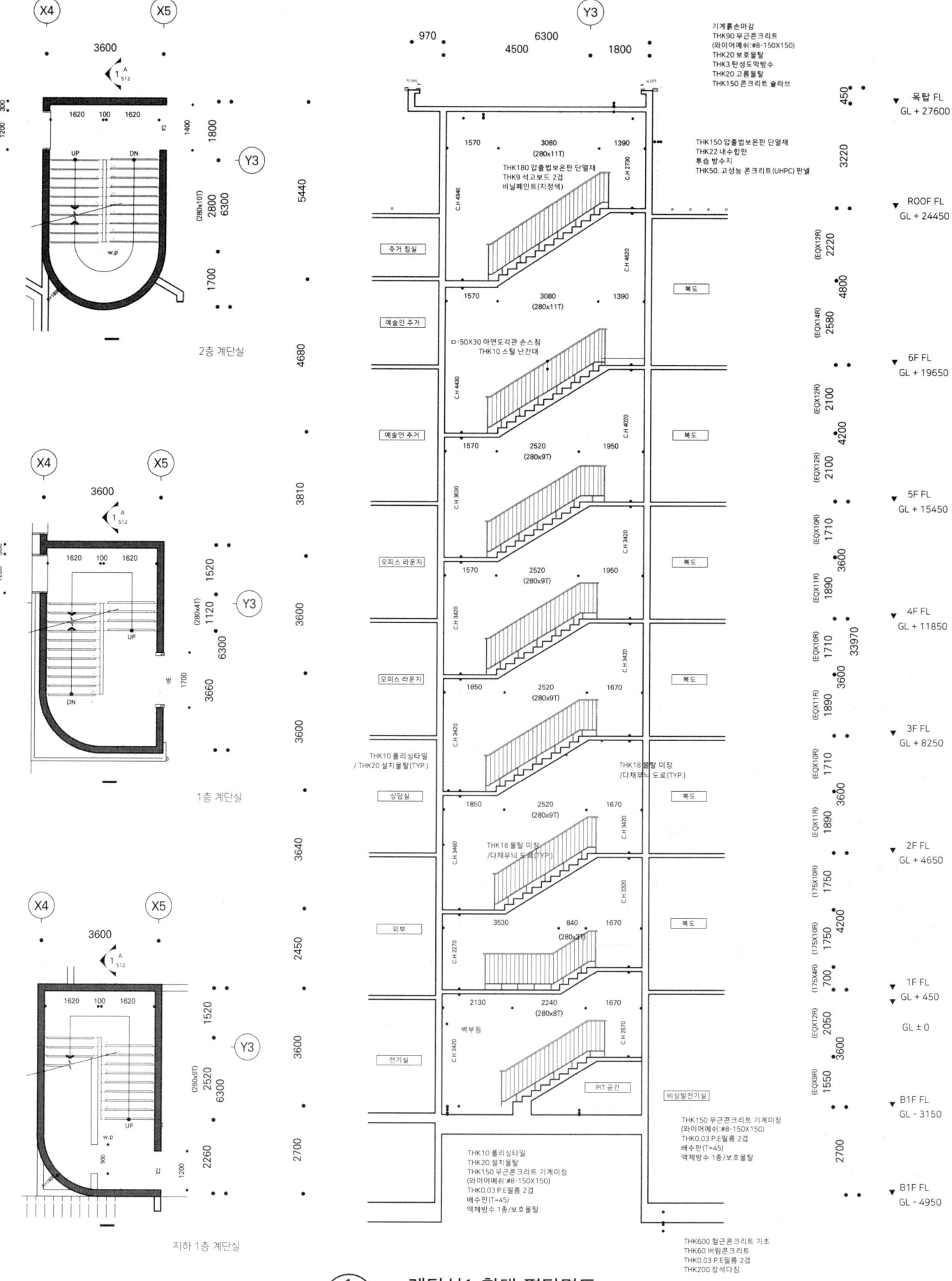

2층 계단실

1층 계단실

지하 1층 계단실

계단실1 확대 평단면도
SCALE : 1 / 100

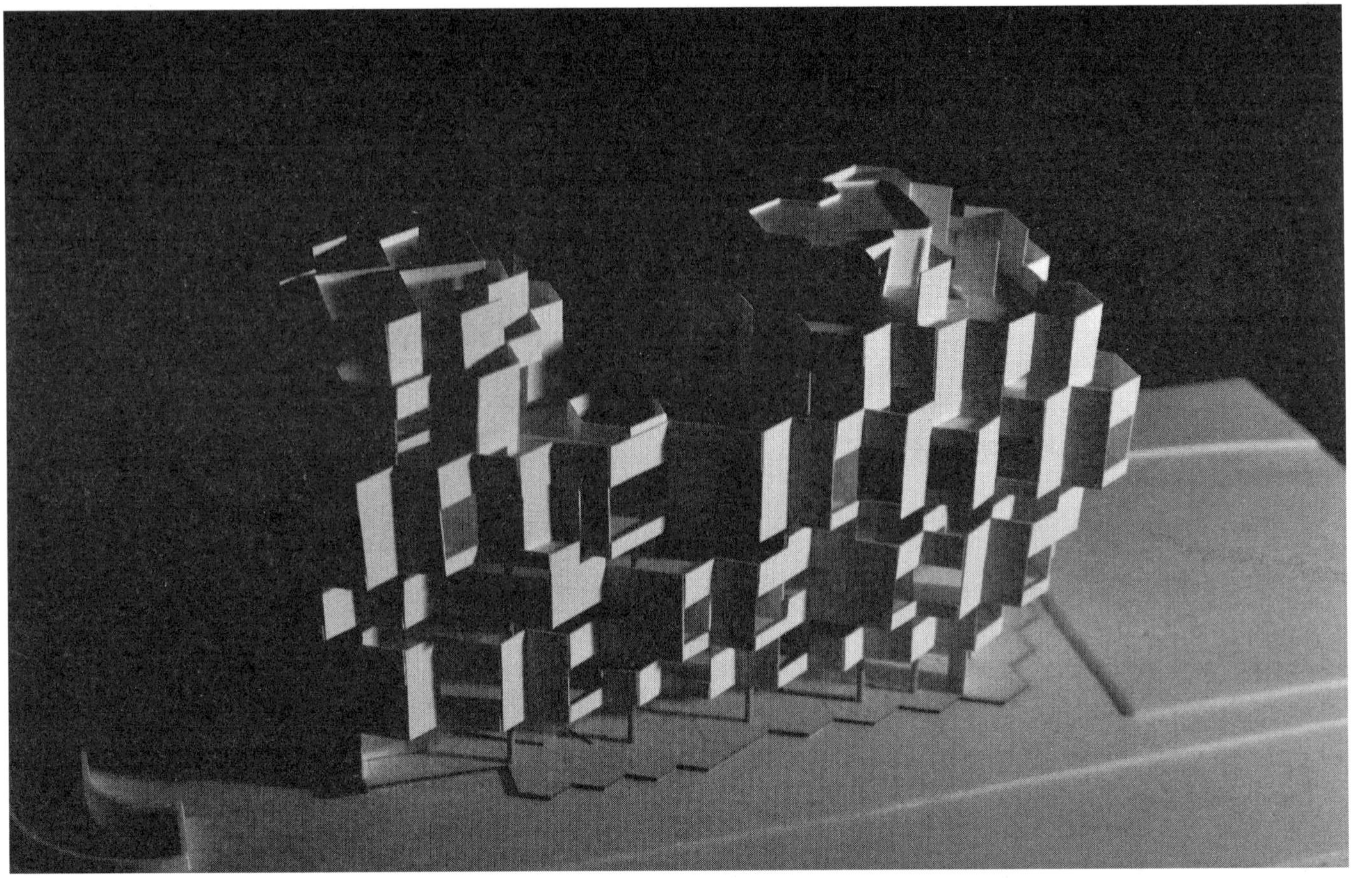

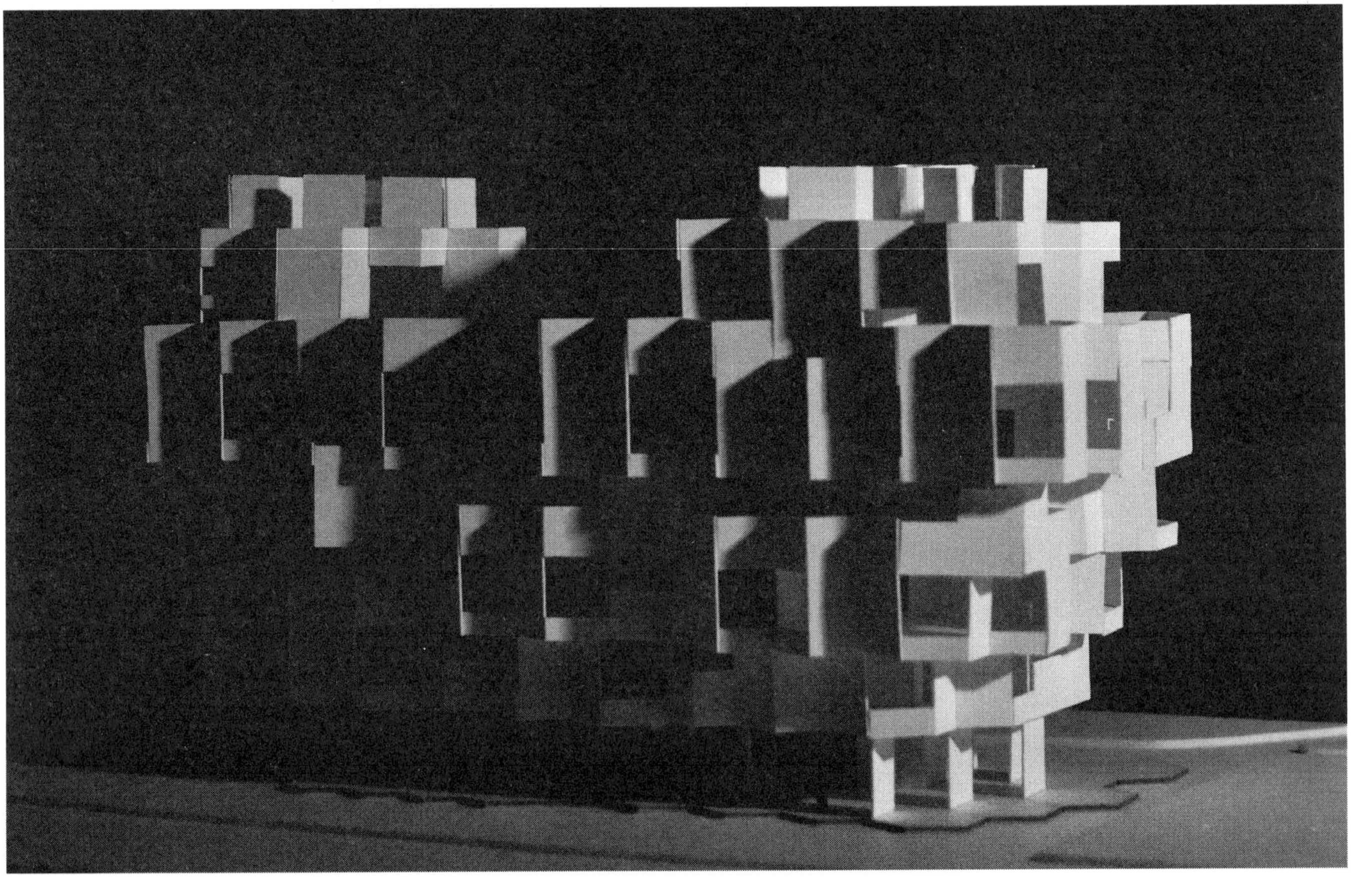

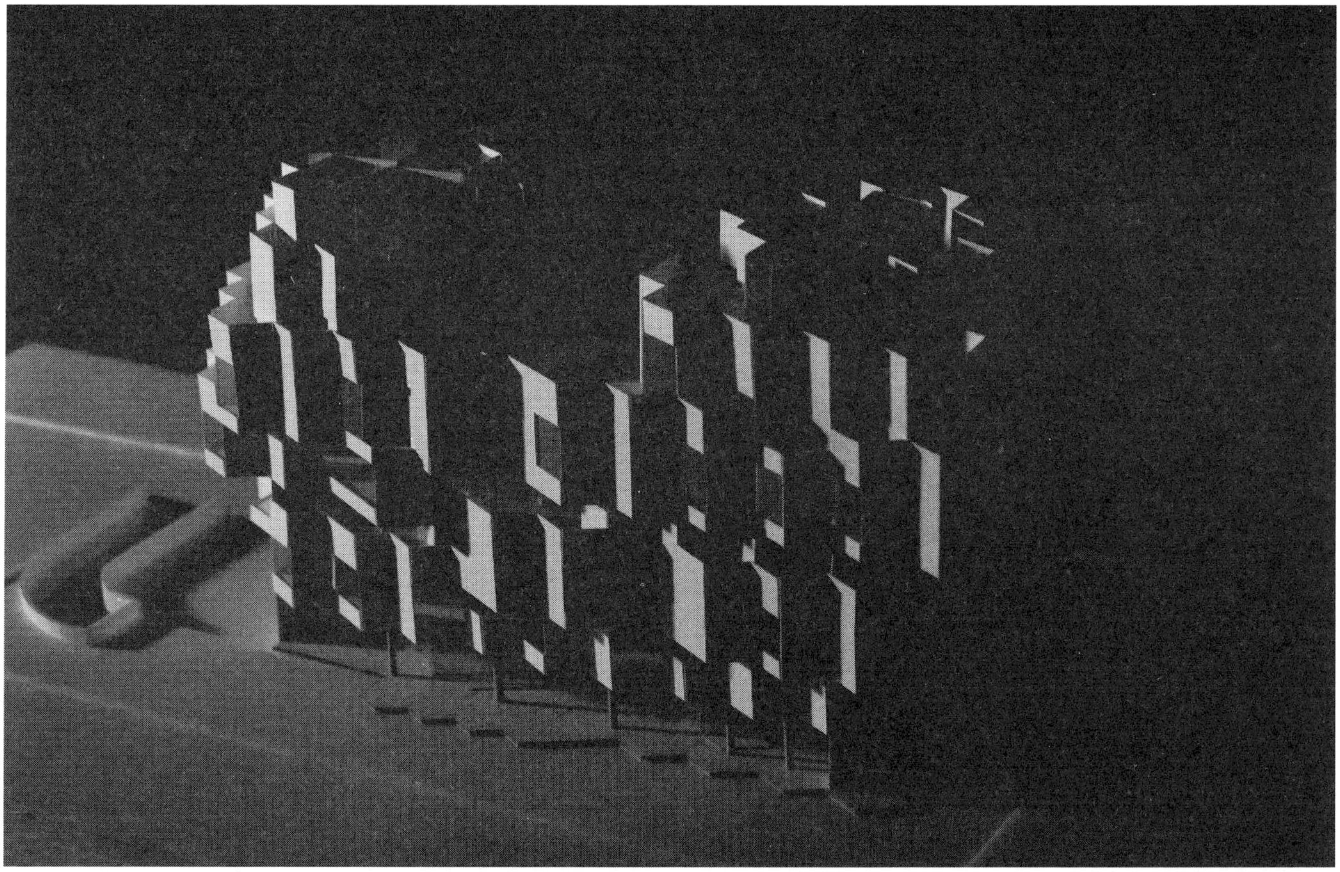

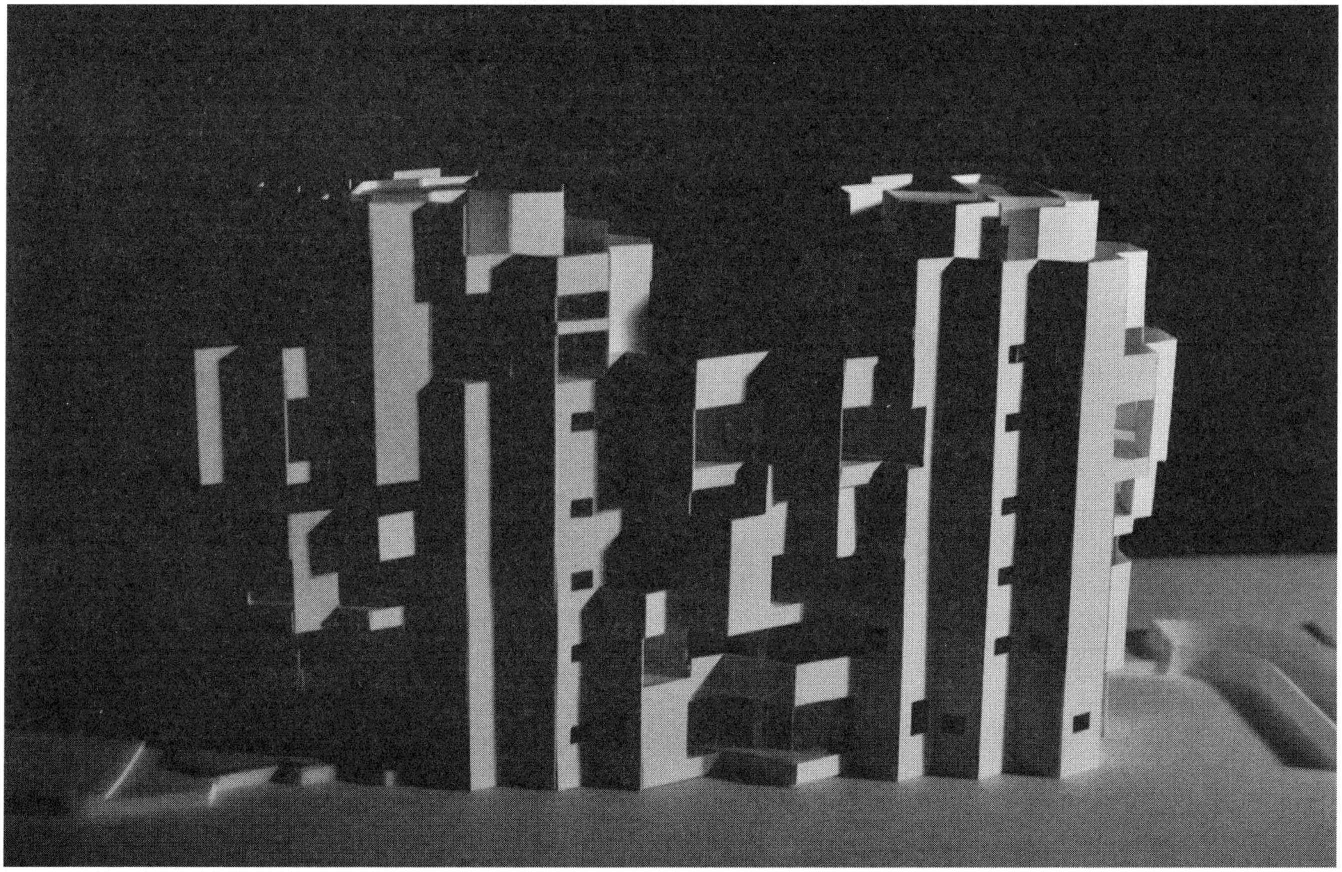

1 A 000 모형사진
SCALE : NONE

남석원 | NAM SEOKWON

위치	|	서울특별시 동대문구 용두동 255-67 외1필지
용도	|	문화 및 집회시설, 업무시설
대지면적	|	1663m²
건축면적	|	761.513m²
연면적	|	3692.35m²
건폐율	|	761.513 / 1663 x 100 = 45.79%
용적률	|	3692.35 / 1663 x 100 = 222.02%
구조	|	철근콘크리트
규모	|	지하1층, 지상6층
최고 높이	|	GL + 25.05m

용두동
공공칠
방 유

틈 사이로

용두동의 청계천과 인근 녹지지역의 가로변에는 높은 건물들이 많이 들어서 있다. 때문에 막혀있는 시선으로 인해
주변에 답답함을 느끼게 한다. 막혀 있는 곳을 뚫어주고 뚫린 틈을 사이로 분열하는 매스를 컨셉을 가진다.

청계천의 녹지를 투명하게 반영하면서 서울문화재단의 직원들의 업무 투명성을 위해 커튼월을 외피로 마감한다.
기존의 건물을 리노베이션하는 프로젝트인 만큼 기존의 코어를 적극적으로 사용하려고 한다. 오래된 물성과 새로운
물성이 서로 만나는 조화를 이루는 외피계획은 리노베이션의 프로젝트와 복개된 청계천의 성격의 궤를 같이 한다.

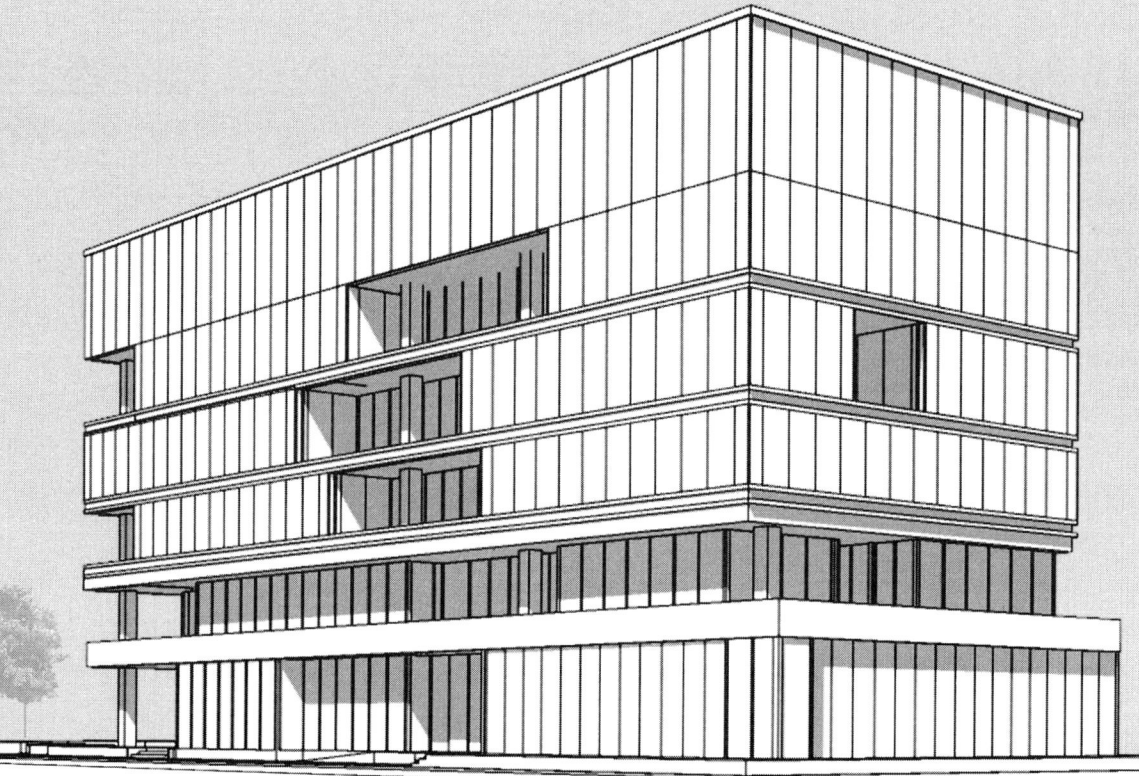

무학로16길

8m 도로

증축 ⊕ 기존

X3 X4 X5

65,400

17,250 5,350 2,800 4,400 7,2

4,450 900 1,400 2,000 1,000

450 800 200

2,250 3,300 11,700 4,000 8,000

2,050

200 450

4,550

11,150

20,709

6,800

2,650

4,510

1,860

4,860

3,000

지하주차장 출입구 주차장 출입구

DN

Slope : 1/12

Slope : 1/6

r = 8500

중심미관지구 후퇴선 3m

Φ100 R.D

GL +450 남자화장실 여자화장실 A.D

2
A 419

부출입구 ELEV E.P.S
11인승

주차장(2+1대) 1,900 1,700 1,200

007 FL 275 GL +450 P.S
SL 245
CH 600 1,995 1,995 1,800 1,800 1,800

GL -600 UP DN

1
A

중 GL +450

장애인 Φ100 R.D
경사로 1/12

자전거 거치대 GL +0 DN 주출입구

GL +0

6,500 4,500

4,000 450

4,450 3,600 4,500 125 7,

17,250 12,550 7,

65,400

1
A 000

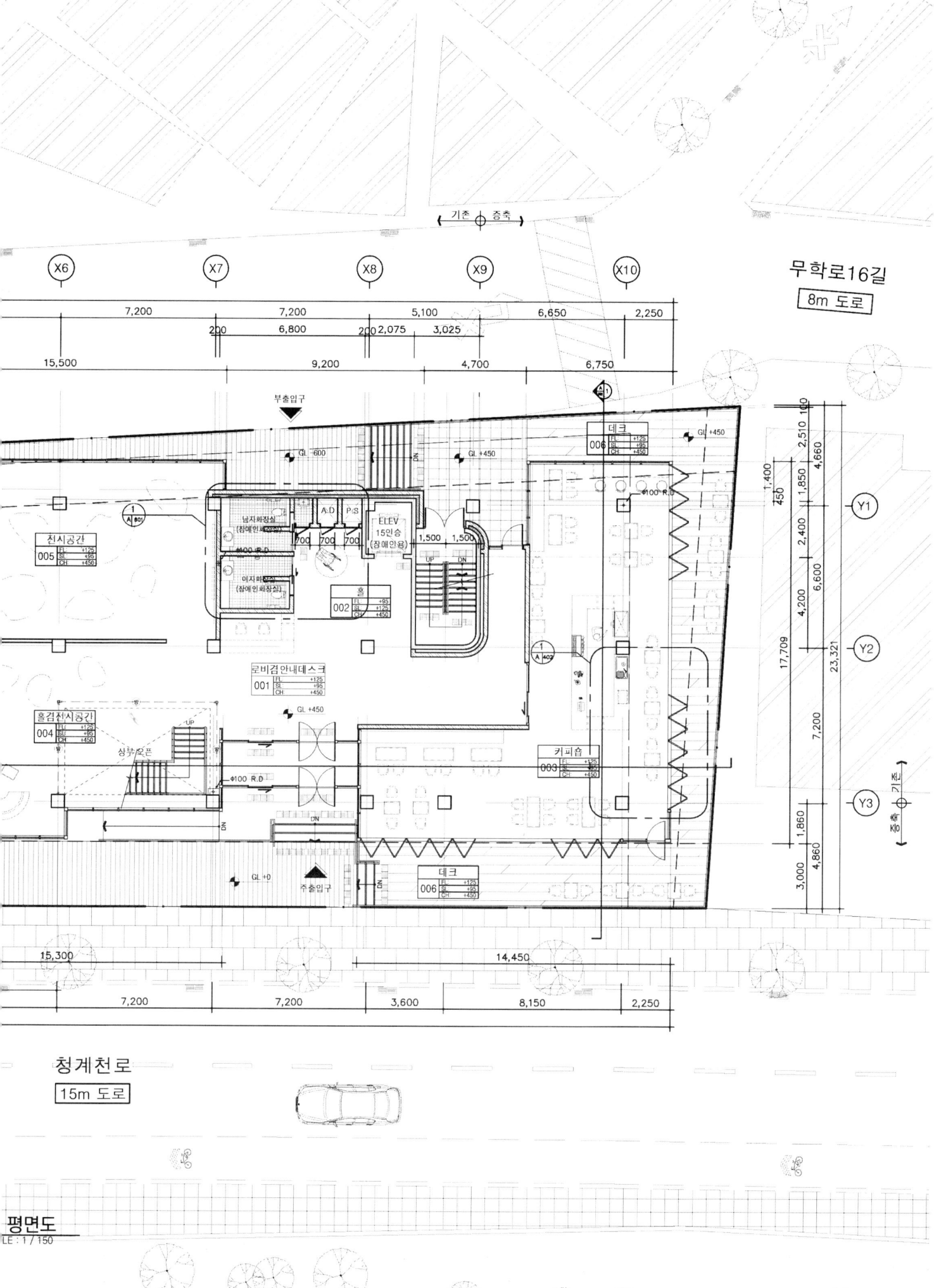

무학로16길
8m 도로

청계천로
15m 도로

평면도
LE : 1 / 150

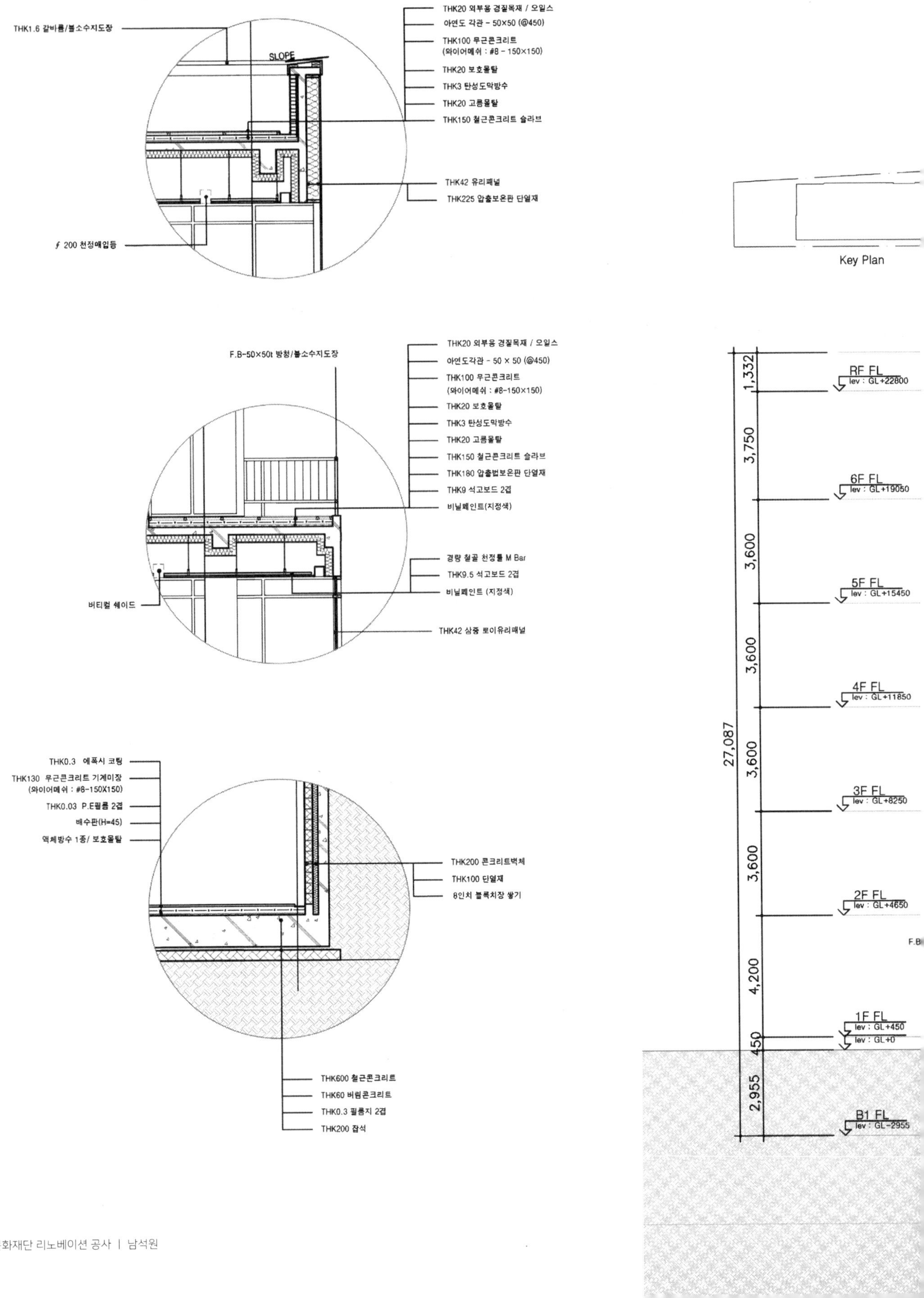

THK1.6 갈바륨/불소수지도장

SLOPE

THK20 외부용 경질목재 / 오일스
아연도 각관 - 50×50 (@450)
THK100 무근콘크리트
(와이어메쉬 : #8 - 150×150)
THK20 보호몰탈
THK3 탄성도막방수
THK20 고름몰탈
THK150 철근콘크리트 슬라브

THK42 유리패널
THK225 압출보온판 단열재

ƒ 200 천정매입등

F.B-50×50t 방청/불소수지도장

THK20 외부용 경질목재 / 오일스
아연도각관 - 50 × 50 (@450)
THK100 무근콘크리트
(와이어메쉬 : #8-150×150)
THK20 보호몰탈
THK3 탄성도막방수
THK20 고름몰탈
THK150 철근콘크리트 슬라브
THK180 압출법보온판 단열재
THK9 석고보드 2겹
비닐페인트(지정색)

경량 철골 천정틀 M Bar
THK9.5 석고보드 2겹
비닐페인트 (지정색)

버티컬 쉐이드

THK42 상층 토이유리패널

THK0.3 에폭시 코팅
THK130 무근콘크리트 기계미장
(와이어메쉬 : #8-150×150)
THK0.03 P.E필름 2겹
배수판(H=45)
액체방수 1종/ 보호몰탈

THK200 콘크리트벽체
THK100 단열재
8인치 블록치장 쌓기

THK600 철근콘크리트
THK60 버림콘크리트
THK0.3 필름지 2겹
THK200 잡석

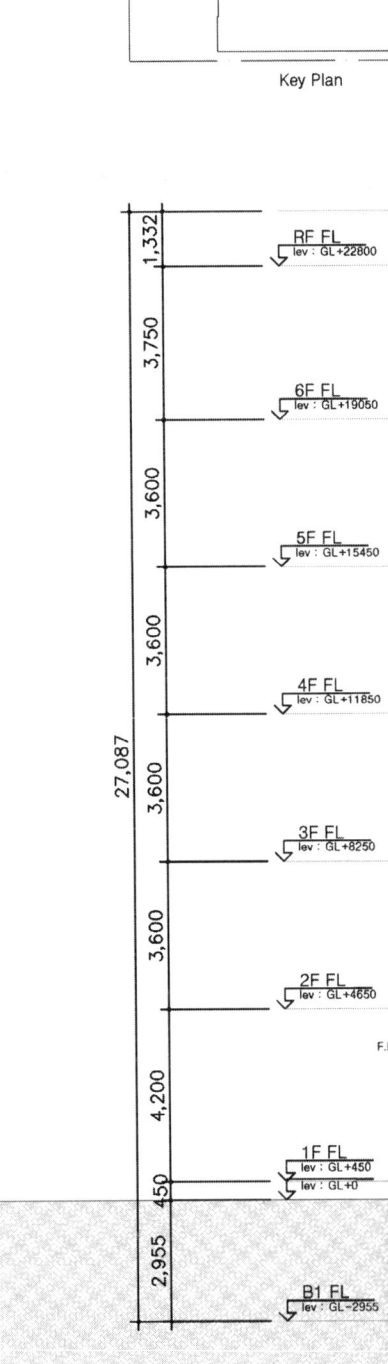

Key Plan

27,087

1,332   RF FL   lev : GL +22800
3,750
        6F FL   lev : GL +19050
3,600
        5F FL   lev : GL +15450
3,600
        4F FL   lev : GL +11850
3,600
        3F FL   lev : GL +8250
3,600
        2F FL   lev : GL +4650
4,200
        F.B
        1F FL   lev : GL +450
450   lev : GL +0
2,955
        B1 FL   lev : GL -2955

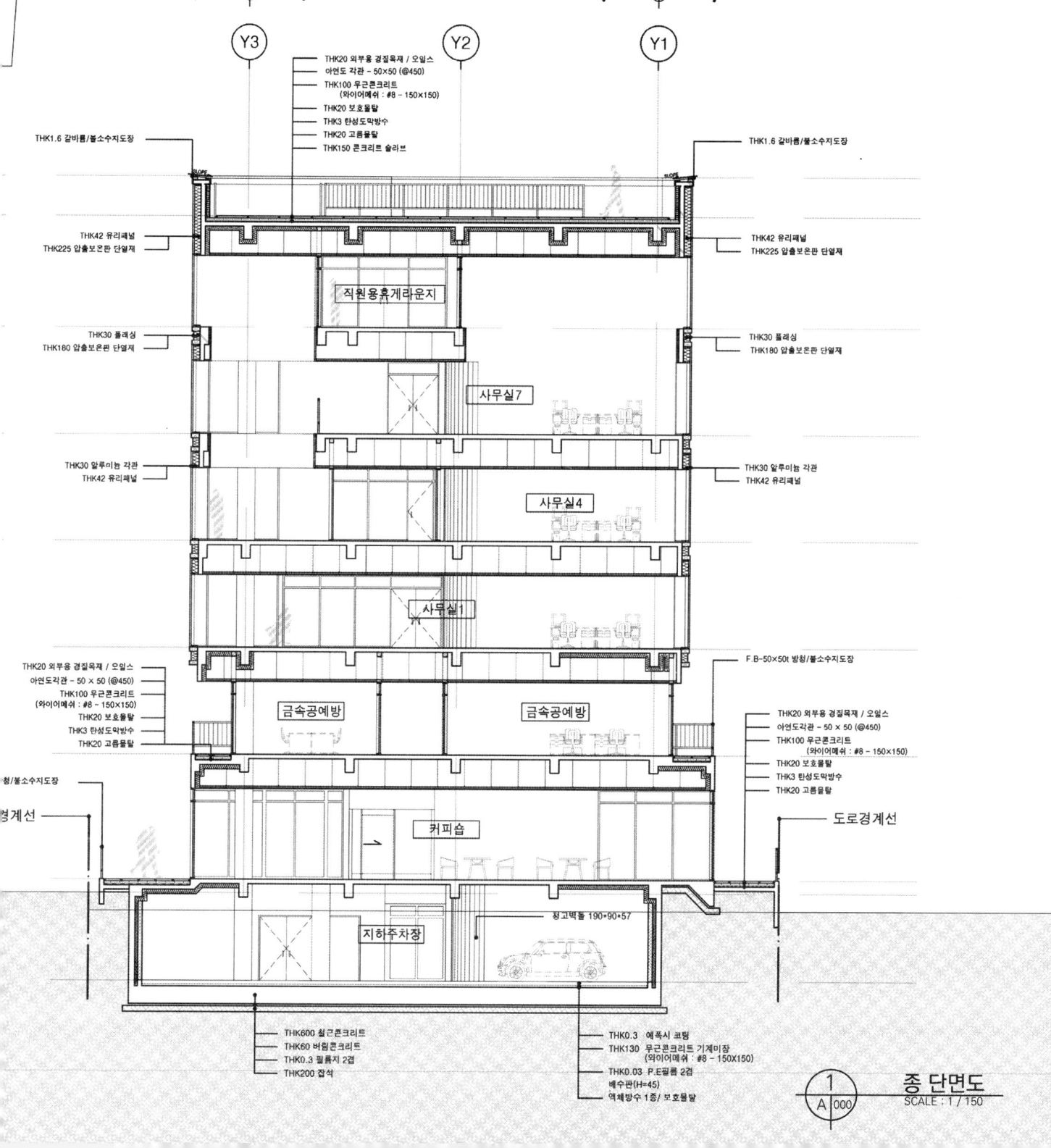

〈 증축 ╬ 기존 〉   〈 기존 ╬ 증축 〉

(Y3)   (Y2)   (Y1)

THK20 외부용 경질목재 / 오일스
아연도 각관 - 50×50 (@450)
THK100 무근콘크리트
  (와이어메쉬 : #8 - 150×150)
THK20 보호몰탈
THK3 탄성도막방수
THK20 고름몰탈
THK150 콘크리트 슬라브

THK1.6 갈바륨/불소수지도장   THK1.6 갈바륨/불소수지도장

THK42 유리패널   THK42 유리패널
THK225 압출보온판 단열재   THK225 압출보온판 단열재

직원용휴게라운지

THK30 플래싱   THK30 플래싱
THK180 압출보온판 단열재   THK180 압출보온판 단열재

사무실7

THK30 알루미늄 각관   THK30 알루미늄 각관
THK42 유리패널   THK42 유리패널

사무실4

사무실1

THK20 외부용 경질목재 / 오일스   F.B-50×50t 방청/불소수지도장
아연도각관 - 50 × 50 (@450)
THK100 무근콘크리트
(와이어메쉬 : #8 - 150×150)   금속공예방   금속공예방
THK3 탄성도막방수   THK20 외부용 경질목재 / 오일스
THK20 고름몰탈   아연도각관 - 50 × 50 (@450)
                                                                      THK100 무근콘크리트
                                                                      (와이어메쉬 : #8 - 150×150)
                                                                      THK20 보호몰탈
청/불소수지도장   THK3 탄성도막방수
                                                                      THK20 고름몰탈
경계선   커피숍   도로경계선

징고벽돌 190*90*57

지하주차장

THK600 철근콘크리트   THK0.3 에폭시 코팅
THK60 버림콘크리트   THK130 무근콘크리트 기계미장
THK0.3 필름지 2겹   (와이어메쉬 : #8 - 150×150)
THK200 잡석   THK0.03 P.E필름 2겹
                                   배수판(H=45)
                                   액체방수 1종/ 보호몰탈

(1) 종 단면도
(A)000   SCALE : 1 / 150

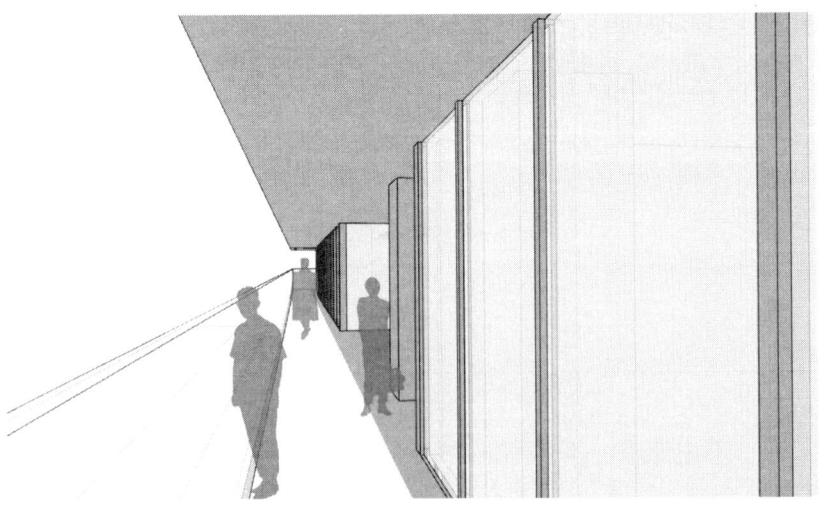

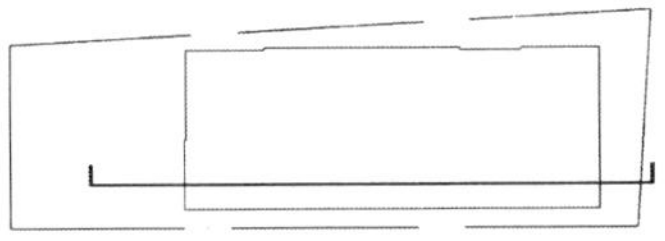

Key Plan

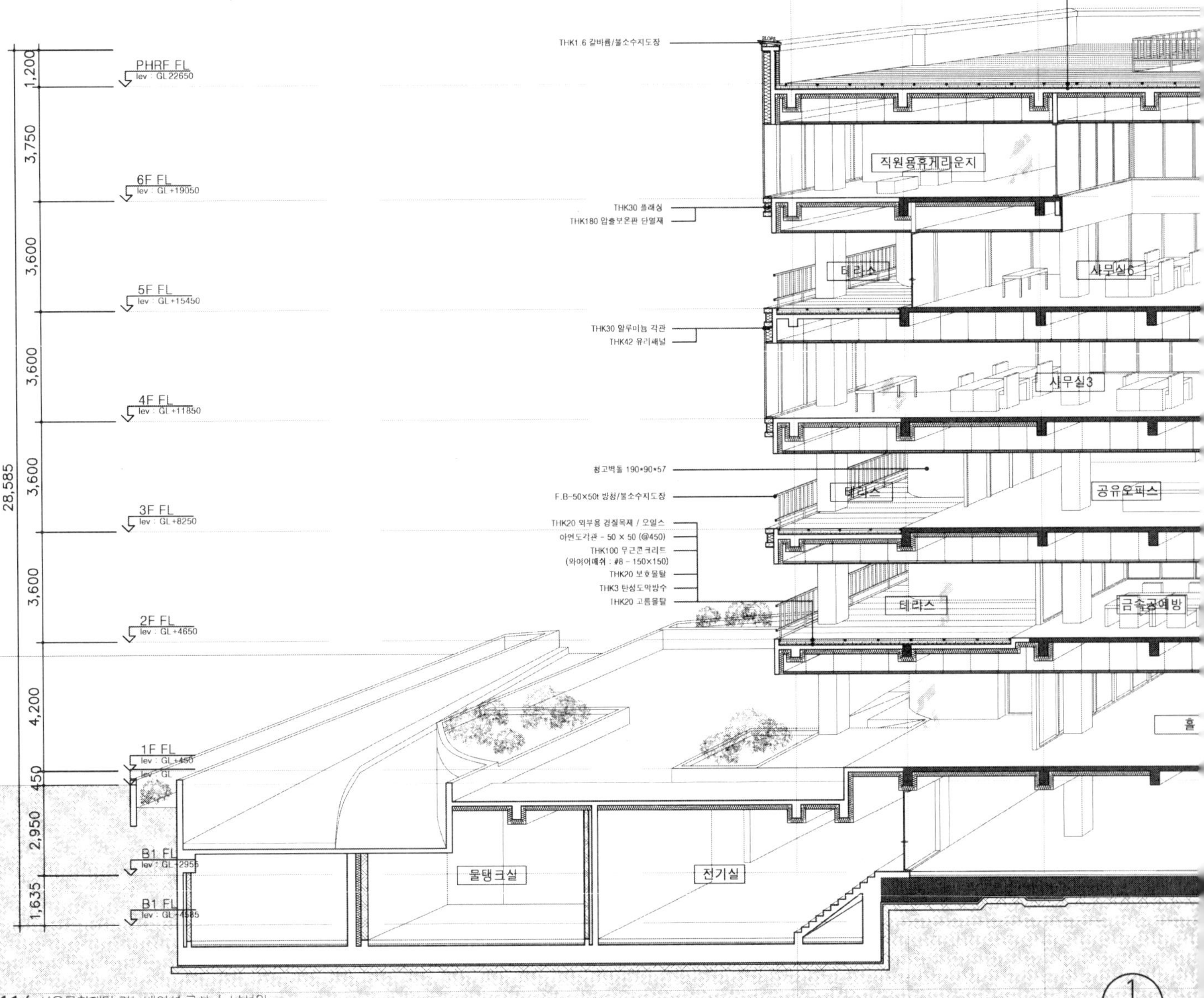

〈증축 ◆ 기존〉

X3   X4   X5

THK20 외부용 검질목재 / 모
아연도 각관 - 50×50 (@450
THK100 무근콘크리트
(와이어메쉬   #8 - 150
THK20 보호몰탈
THK3 탄성도막방수
THK20 고름몰탈
THK150 콘크리트 슬리브

THK1.6 갈바륨/불소수지도장

직원용휴게라운지

THK30 플래심
THK180 압출보온판 단열재

테라스   사무실6

THK30 알루미늄 각관
THK42 유리패널

사무실3

청고벽돌 190*90*57
F.B-50×50t 방청/불소수지도장

테라스   공유오피스

THK20 외부용 검질목재 / 오일스
아연도각관 - 50 × 50 (@450)
THK100 무근콘크리트
(와이어메쉬 #8 - 150×150)
THK20 보호몰탈
THK3 탄성도막방수   테라스   금속공예방
THK20 고름몰탈

홀

PHRF FL
lev : GL 22650

6F FL
lev : GL +19050

5F FL
lev : GL +15450

4F FL
lev : GL +11850

3F FL
lev : GL +8250

2F FL
lev : GL +4650

1F FL
lev : GL +450

lev : GL

B1 FL
lev : GL -2955

B1 FL
lev : GL -4585

1,200
3,750
3,600
3,600
3,600
4,200
450
2,950
1,635

28,585

물탱크실   전기실

1
A 000

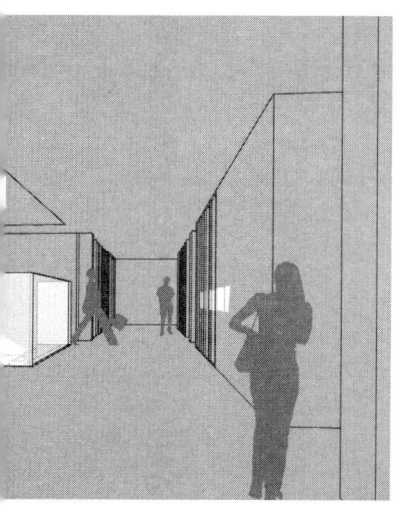

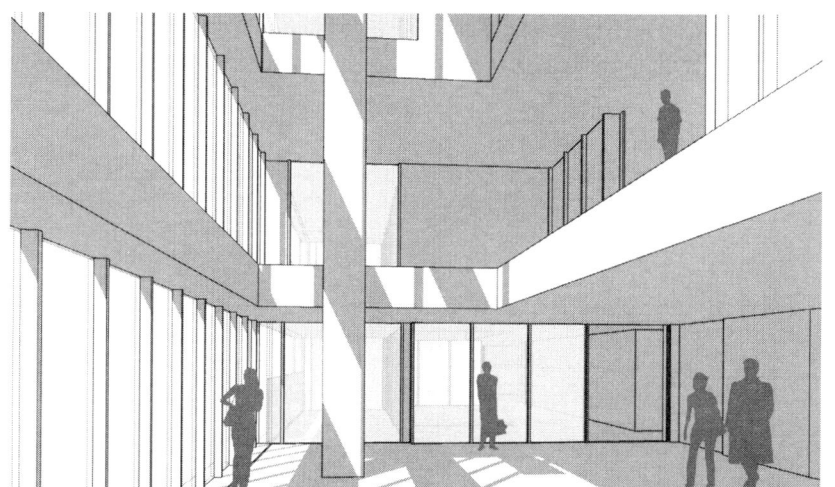

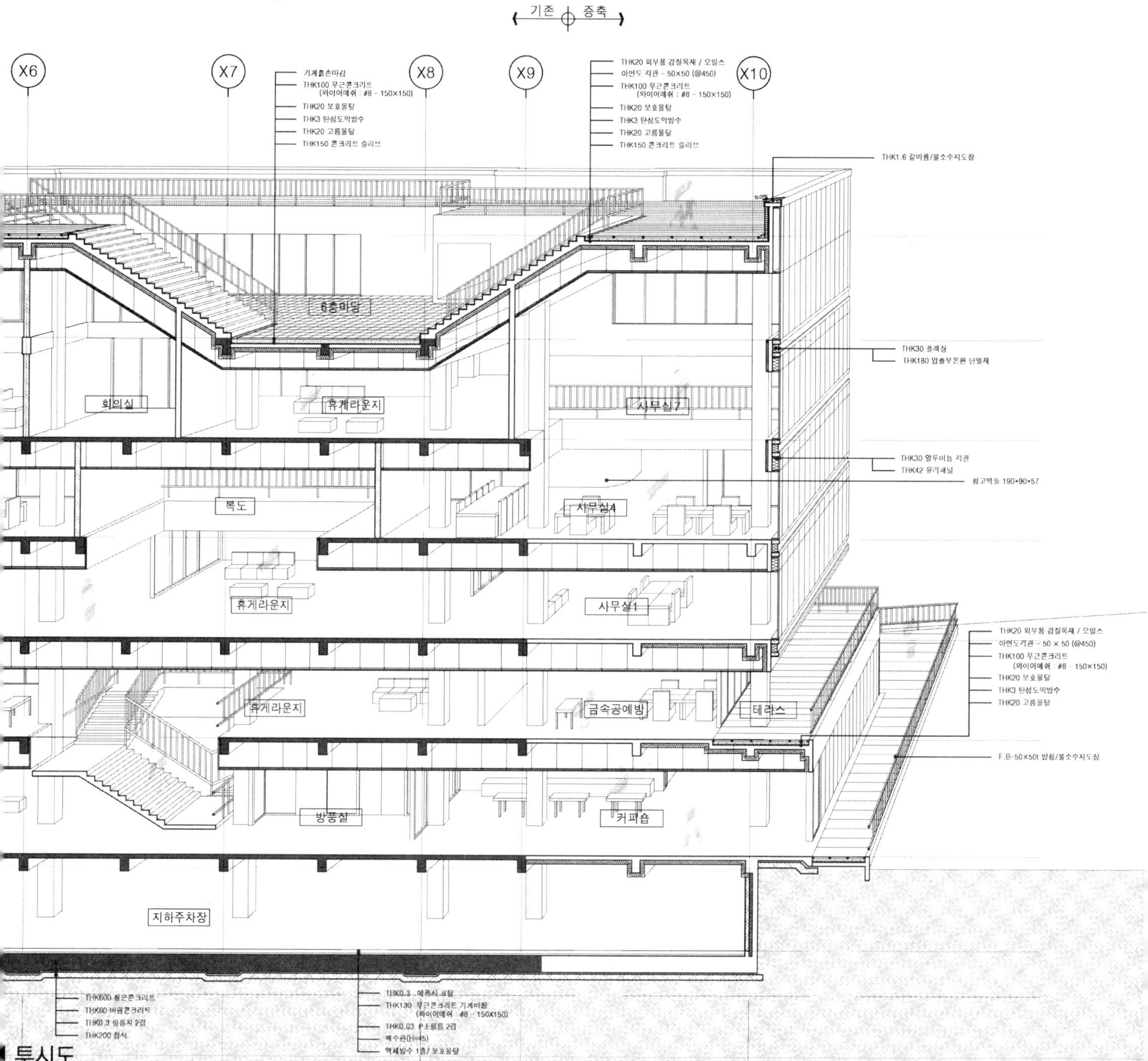
기존
증축
X6
X7
X8
X9
X10
기계흙손마감
THK100 무근콘크리트
(와이어메쉬 : #8 - 150×150)
THK20 보호몰탈
THK3 탄성도막방수
THK20 고름몰탈
THK150 콘크리트 슬라브
THK20 외부용 검칠목재 / 오일스
아연도 각관 - 50×50 (@450)
THK100 무근콘크리트
(와이어메쉬 : #8 - 150×150)
THK20 보호몰탈
THK3 탄성도막방수
THK20 고름몰탈
THK150 콘크리트 슬라브
THK1.6 갈바륨/불소수지도장
6층마당
THK30 플래싱
THK180 압출부온판 단열재
회의실
휴게라운지
사무실7
THK30 알루미늄 각관
THK42 유리패널
점고벽돌 190•90•57
복도
사무실4
휴게라운지
사무실1
THK20 외부용 검칠목재 / 오일스
아연도각관 - 50 × 50 (@450)
THK100 무근콘크리트
(와이어메쉬 : #8 - 150×150)
THK20 보호몰탈
THK3 탄성도막방수
THK20 고름몰탈
휴게라운지
금속공예방
테라스
F.B-50×50t 방청/불소수지도장
방풍실
커피숍
지하주차장
THK600 철근콘크리트
THK60 버림콘크리트
THK0.3 필름지 2겹
THK200 잡석
THK0.3 에폭시 코팅
THK130 무근콘크리트 기계미장
(와이어메쉬 #8 - 150X150)
THK0.03 P.E필름 2겹
배수판(H=45)
액체방수 1층/ 보호몰탈

■ 투시도
CALE : NONE

〈 기존 ─⊕─ 증축 〉

(X10)

6,043
1,947 4,096 1,040
655

THK1.6 갈바륨/불소수지도장

SLOPE

THK20 외부용 경질목재 / 오일스
아연도 각관 - 50×50 (@450)
THK100 무근콘크리트 (와이어메쉬 : #8 - 150×150)
THK20 보호몰탈
THK3 탄성도막방수
THK20 고름몰탈
THK150 철근콘크리트 슬라브
THK42 유리패널
THK225 입출보온판 단열재

THK42 유리패널
THK10 일루미늄 각관

F.B-50×50t 방청/불소수지도장
노출콘크리트

THK42 유리패널
THK10 일루미늄 각관
F.B-50×50t 방청/불소수지도장
노출콘크리트

450 × 600 × 600 에어컨
∮200 천정매입등

사무실7

THK42 유리패널
THK10 알루미늄 각관

THK30 돌래싱
THK180 입출보온판 단열재

사무실4

THK30 알루미늄 각관

450 × 600 × 600 에어컨
∮200 천정매입등

사무실1

THK20 포세린 타일
THK10 붙임 몰탈

금속공예방

THK42 외부용 경질목재 / 오일스
아연도각관 - 50 × 50 (@450)
THK100 무근콘크리트 (와이어메쉬 : #8-150×150)
THK20 보호몰탈
THK3 탄성도막방수
THK20 고름몰탈
THK150 철근콘크리트 슬라브
THK180 입출법보온판 단열재
THK9 석고보드 2겹
비닐페인트(지정색)

F.B-50×50t 방청/불소수지도장

경량 철골 천정틀 M Bar
THK9.5 석고보드 2겹
비닐페인트 (지정색)
버티컬 쉐이드

창고벽돌 190×90×57
비닐페인트 (지정색)
THK9.5 석고보드 2겹
경량철골천정틀 M Bar

커피숍

THK42 삼층 로이유리패널

THK180 입출보온판 단열재
THK9 석고보드 2겹
비닐페인트 (지정색)

지하주차장

8인치 블록치장 쌓기
THK100 단열재
THK200 콘크리트벽체

THK0.3 에폭시 코팅
THK130 무근콘크리트 기계미장 (와이어메쉬 : #8-150X150)
THK0.03 P.E필름 2겹
배수판(H=45)
액체방수 1종/보호몰탈

THK600 철근콘크리트
THK60 버림콘크리트
THK0.3 필름지 2겹
THK200 잡석

PHRF FL
lev : GL 22800

6F FL
lev : GL +19050

5F FL
lev : GL +15450

4F FL
lev : GL +11850

3F FL
lev : GL +8250

2F FL
lev : GL +4650

1F FL
lev : GL +450
lev : GL

B1 FL
lev : GL -2950

1,340
1,342
2,400
1,200
2,400
1,200
2,400
1,200
2,400
1,150
3,050
450
2,950
1,060

1,340
2,425
2,475
3,742
3,600
3,600
3,600
3,600
4,200
450
2,950
24,132
27,082

(X10)
1,500
2,250
1,500

커피숍

1층 확대평면도

575 7,125

(Y3)

THK42 유리패널
THK10 일루미늄 각관
F.B-50×50t 방청/불소수지도장
노출콘크리트

1 / A 000

(1) 서측방향 외벽확대 평입단면도
A 000 SCALE : 1 / 100

116 서울문화재단 리노베이션 공사 | 남석원

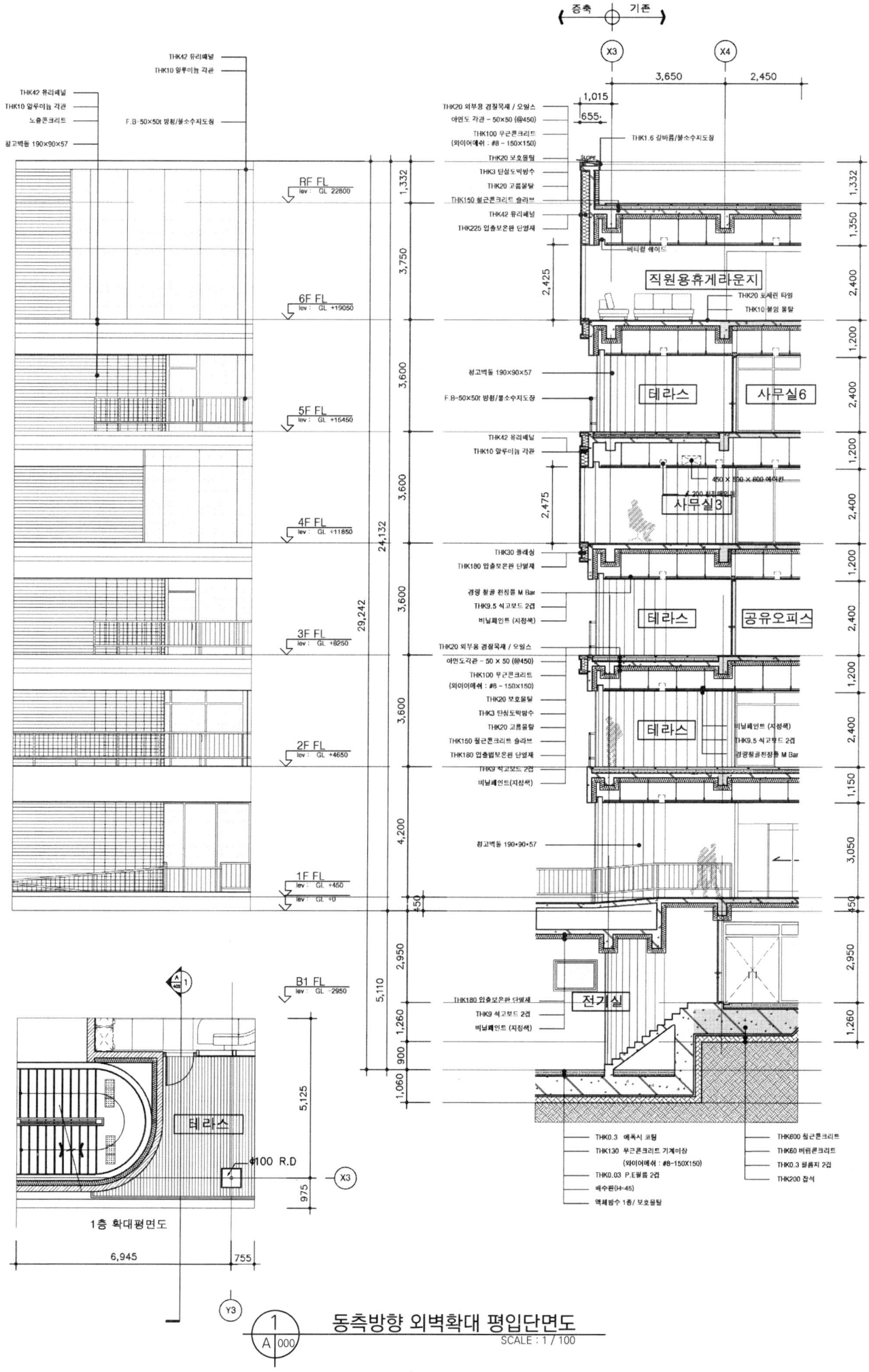

THK42 유리페닐
THK10 알루미늄 각관

THK42 유리페닐
THK10 알루미늄 각관
노출콘크리트
청고벽돌 190×90×57

F.B-50×50t 평철/불소수지도장

THK20 외부용 경찰목재 / 오일스
아연도 각관 - 50×50 (@450)
THK100 무근콘크리트
(와이어메쉬 : #8 - 150×150)
THK20 보호몰탈
THK3 탄성도막방수
THK20 고름몰탈
THK150 철근콘크리트 슬라브
THK42 유리페닐
THK225 압출보온판 단열재

THK1.6 갈바륨/불소수지도장

SLOPE

RF FL
lev : GL 22800

1,332

1,015
655

3,650   2,450

X3   X4

1,332

1,350

비티컬 쉐이드

직원용휴게라운지

THK20 포세린 타일
THK10 붙임 몰탈

2,425

2,400

6F FL
lev : GL +19050

3,750

청고벽돌 190×90×57

F.B-50×50t 평철/불소수지도장

테라스   사무실6

1,200

2,400

5F FL
lev : GL +15450

3,600

THK42 유리페닐
THK10 알루미늄 각관

450 × 550 × 600 에어컨

사무실3

1,200

2,400

2,475

4F FL
lev : GL +11850

3,600

THK30 플레싱
THK180 압출보온판 단열재

경량 철골 천정틀 M Bar
THK9.5 석고보드 2겹
비닐페인트 (지정색)

테라스   공유오피스

1,200

2,400

3F FL
lev : GL +8250

3,600

24,132

29,242

THK20 외부용 경찰목재 / 오일스
아연도각관 - 50 × 50 (@450)
THK100 무근콘크리트
(와이어메쉬 : #8 - 150×150)
THK20 보호몰탈
THK3 탄성도막방수
THK20 고름몰탈
THK150 철근콘크리트 슬라브
THK180 압출법보온판 단열재
THK9 석고보드 2겹
비닐페인트(지정색)

테라스

비닐페인트 (지정색)
THK9.5 석고보드 2겹
경량철골천정틀 M Bar

1,200

2,400

2F FL
lev : GL +4650

3,600

1,150

THK180 압출보온판 단열재
THK9 석고보드 2겹
비닐페인트 (지정색)

청고벽돌 190×90×57

4,200

1F FL
lev : GL +450
lev : GL +0

450

3,050

450

B1 FL
lev : GL -2950

5,110

2,950

전기실

2,950

1,260

1,260

900

1,060

THK0.3 에폭시 코팅
THK130 무근콘크리트 기계미장
    (와이어메쉬 : #8-150×150)
THK0.03 P.E필름 2겹
배수판(H=45)
액체방수 1종/ 보호몰탈

THK600 철근콘크리트
THK60 버림콘크리트
THK0.3 필름지 2겹
THK200 잡석

5,125

테라스

975

φ100 R.D

X3

6,945   755

1층 확대평면도

Y3

A 000   1

동측방향 외벽확대 평입단면도
SCALE : 1 / 100

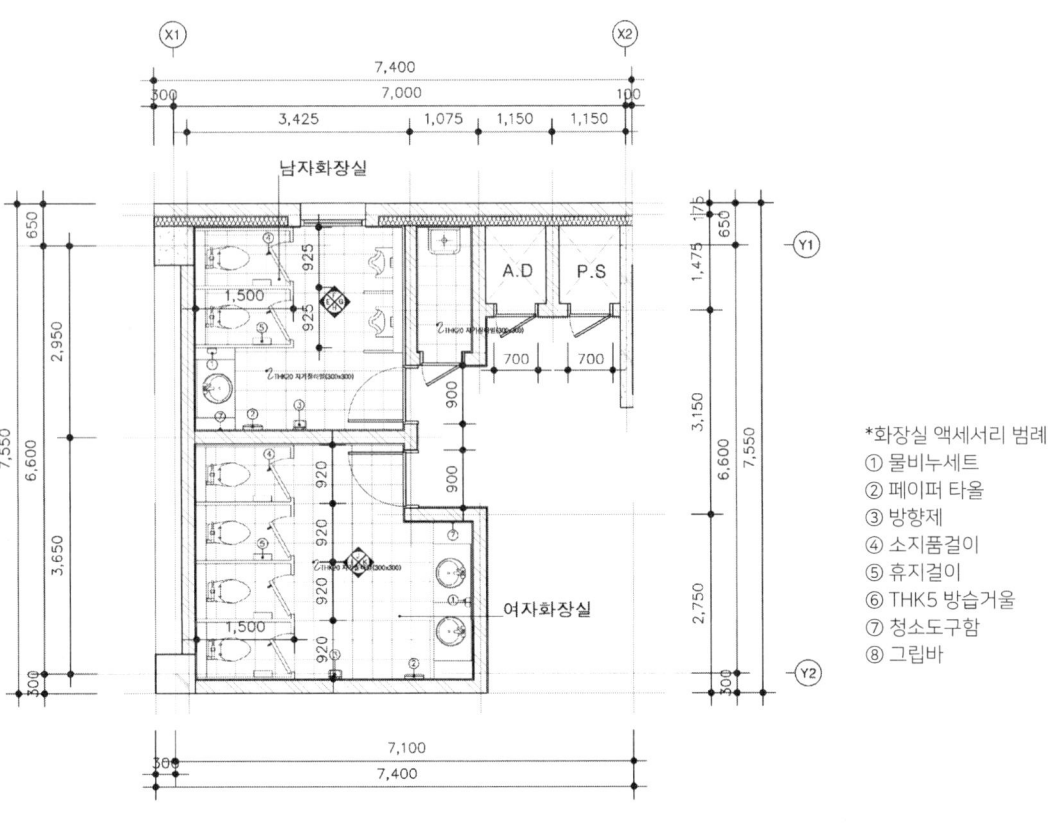

남자화장실

A.D   P.S

여자화장실

*화장실 액세서리 범례
① 물비누세트
② 페이퍼 타올
③ 방향제
④ 소지품걸이
⑤ 휴지걸이
⑥ THK5 방습거울
⑦ 청소도구함
⑧ 그립바

① 화장실 평면도
Ⓐ 000 SCALE : 1 / 50

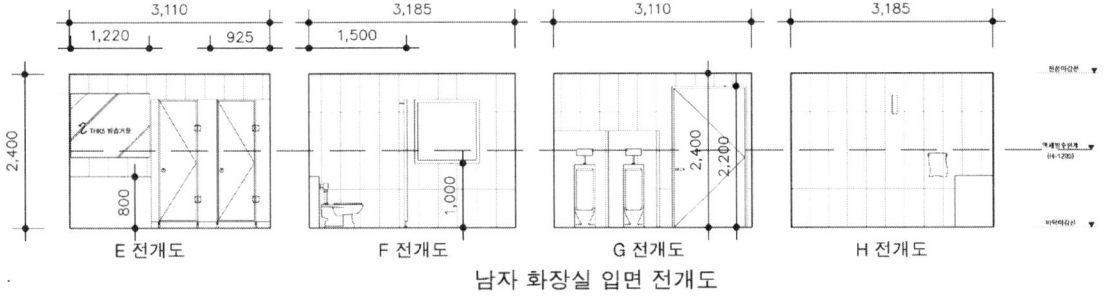

E 전개도   F 전개도   G 전개도   H 전개도

남자 화장실 입면 전개도

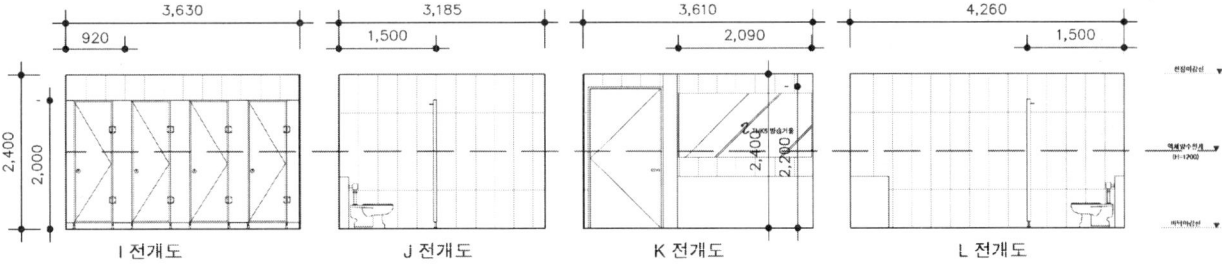

I 전개도   J 전개도   K 전개도   L 전개도

여자 화장실 입면 전개도

① 화장실 전개도
Ⓐ 000 SCALE : 1 / 50

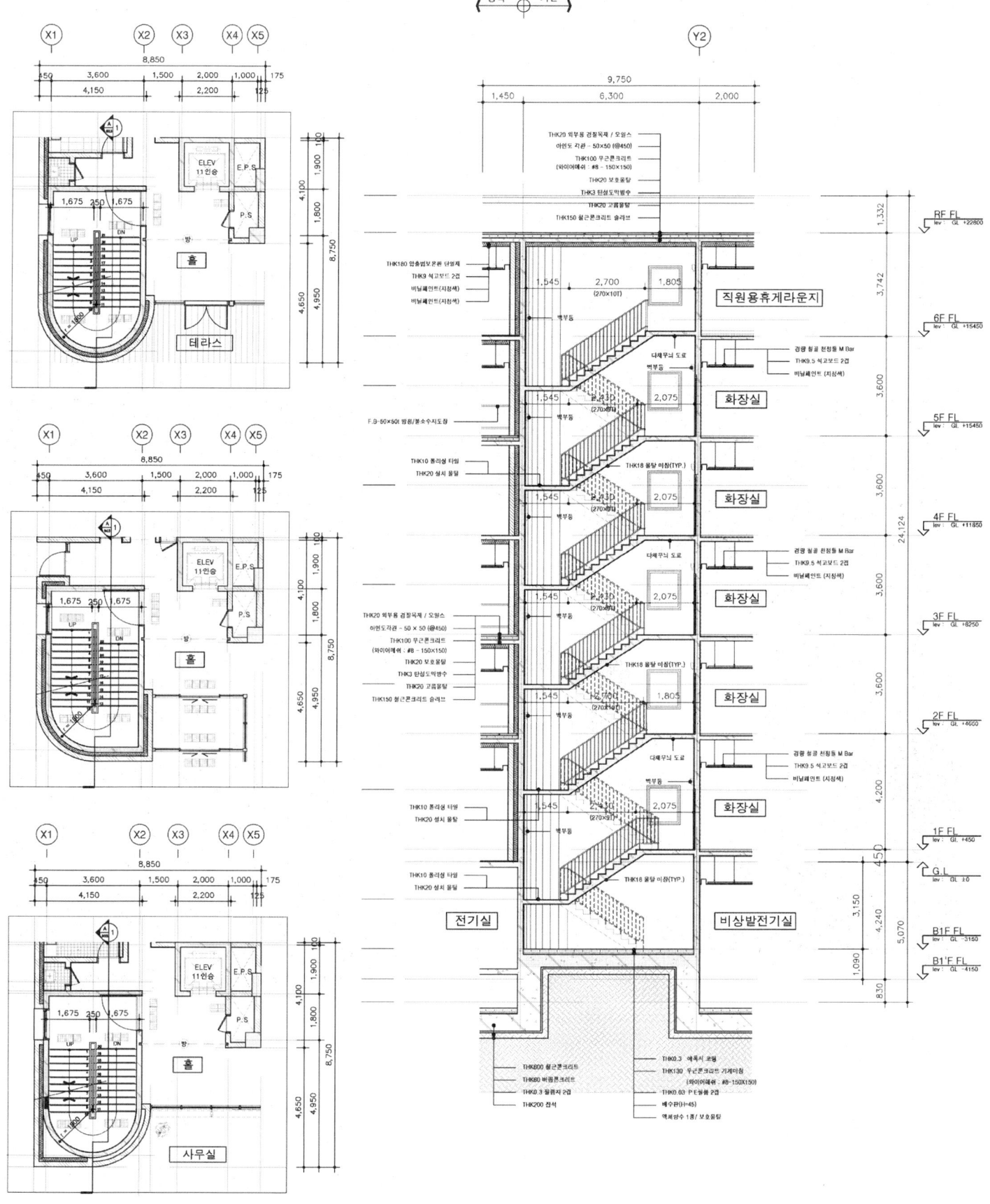

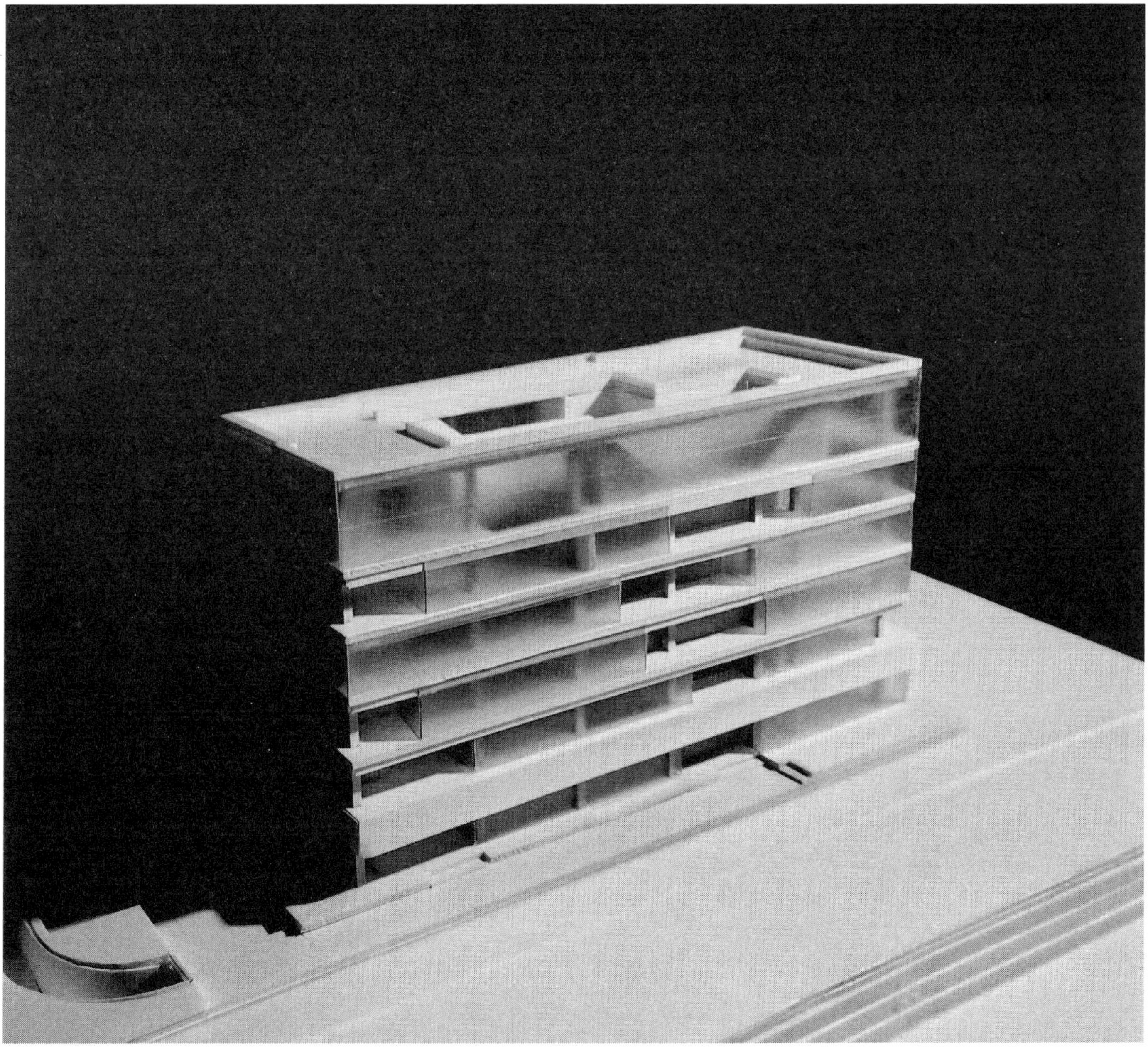

① 모형사진
ⓐ ⓪⓪⓪ SCALE : NONE

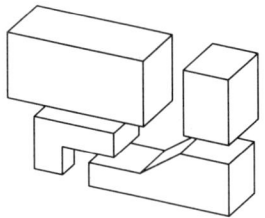

노동섭 | NOH DONGSEOP

위치	|	서울특별시 동대문구 용두동 255-67 외1필지
용도	|	문화 및 집회시설, 업무시설
대지면적	|	1663m²
건축면적	|	884.26m²
연면적	|	5428.46m²
건폐율	|	884.26 / 1663 x 100 = 53.17%
용적률	|	4180.03 / 1663 x 100 = 251.35%
구조	|	철근콘크리트
규모	|	지하1층, 지상6층
최고 높이	|	GL + 27.5m

S.O.S : S.O.M

Shape Of Sound : Sound Of Mind

사람은 누구나 하고 싶은 말이 있다. 현대 사회의 감정표현은 오글거림이 되었고, 과도한 주변 시선으로부터 사람들의 가면은 점점 두꺼워지고 있다. 솔직한 표현이 힘든 이유는 '말'이라는 표현의 수단이 직접적이기 때문이다. 따라서 나는 서울문화재단을 다양한 내면의 감정을 글, 음악, 댄스, 영상의 형태로 표현하고 공유하는 소리박물관으로 탈바꿈함으로써 현대인의 스트레스를 해소하고 조용한 도시에 활력을 불어넣고자 한다.

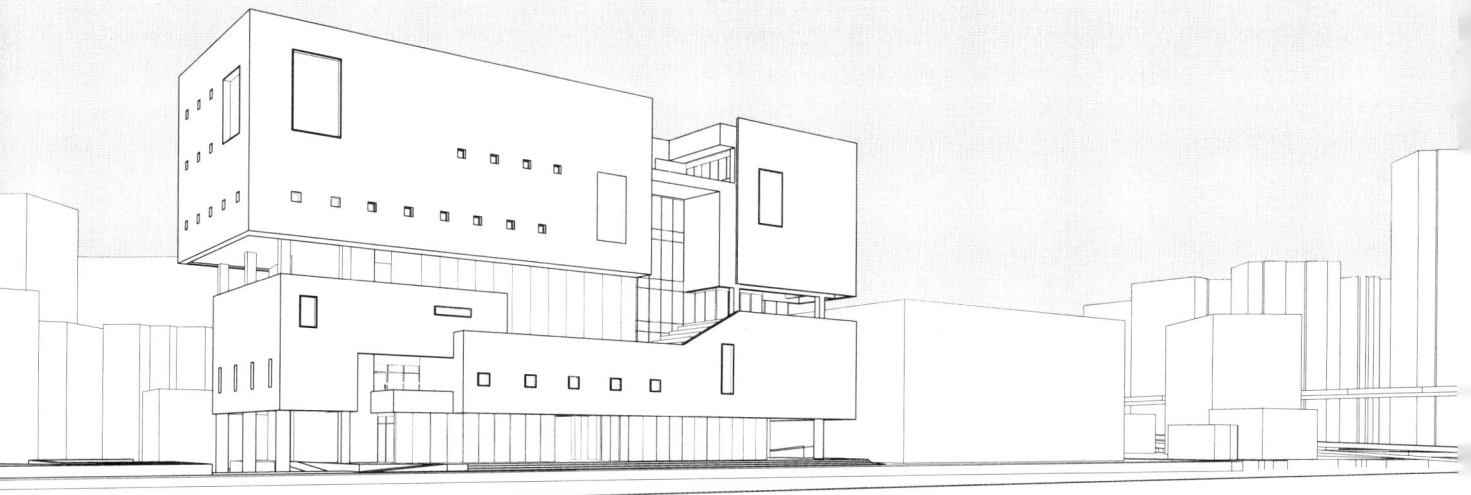

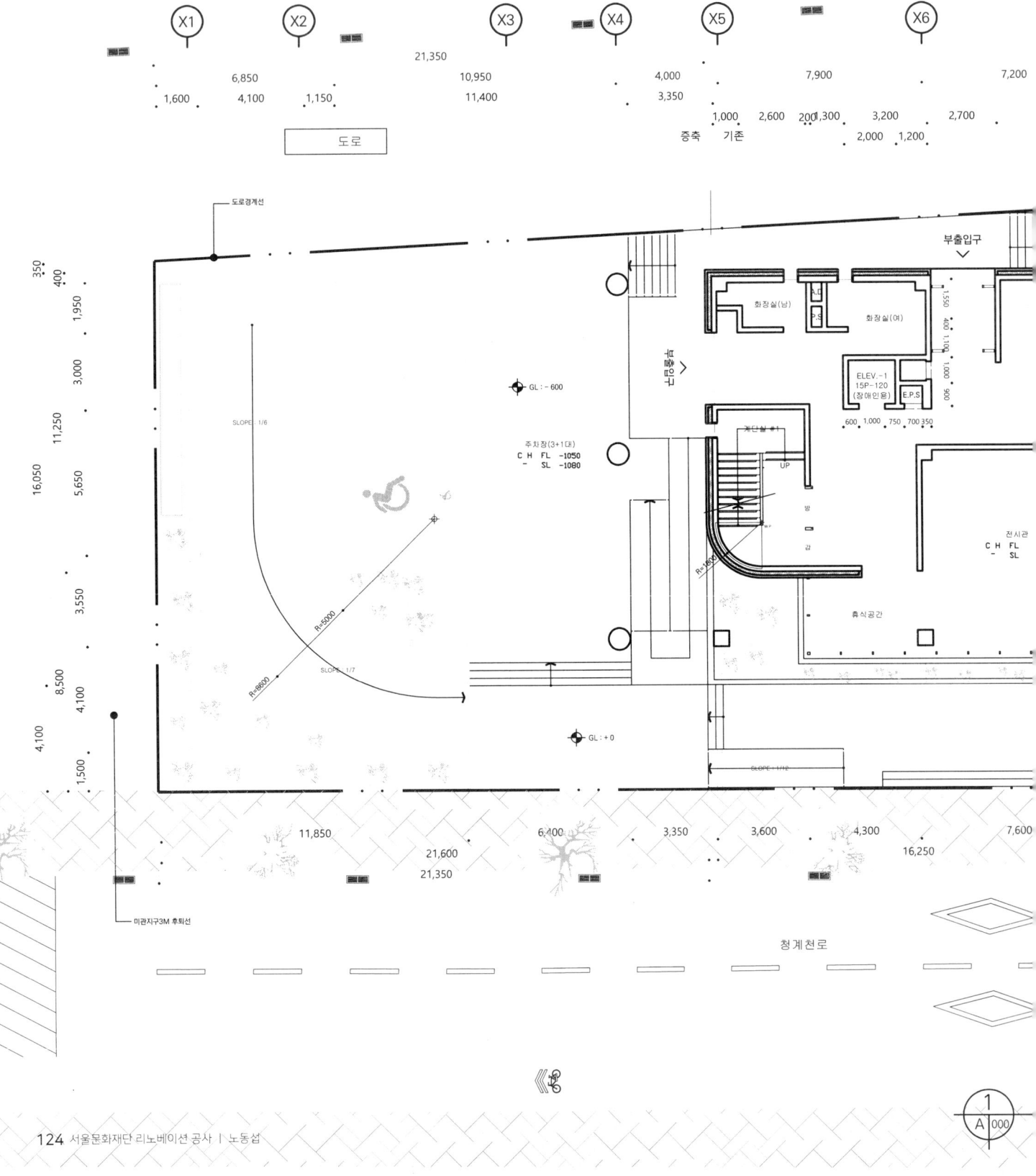

도로

(X1) (X2) (X3) (X4) (X5) (X6)

21,350

6,850　　　　10,950　　　4,000　　　7,900　　　7,200

1,600　4,100　1,150　　11,400　　3,350

1,000 2,600 200 1,300 3,200 2,700
증축 기존　　　　2,000 1,200

도로경계선

부출입구

화장실(남)　화장실(여)

ELEV.-1
15P-120
(장애인용)　E.P.S

GL : - 600

주차장(3+1대)
C H FL -1050
- SL -1080

SLOPE 1/6

SLOPE 1/7

R=5000

R=8600

계단실 #1
UP

전시관
C H FL
- SL

휴식공간

GL : + 0

SLOPE 1/12

미관지구3M 후퇴선

11,850　　　6,400　3,350　3,600　4,300　　7,600

21,600　　　　　　　　　16,250
21,350

청계천로

1
A 000

X7　X8　X9　X10　X11　무학로 16길

35,500

7,200　7,200　3,600　9,600　11590

8,300　10480

300　4,200　6,700　1,400　2,000　1,900　1,500　1,500　2층 외곽선　지하 1층 외곽선　인접대지경계선

700　기존　증축　1,500

2,280

4,430

주철통 선홈통　P.S　1,600　Y2

화장실(남)　장애인 화장실(여)　1,400

A.D　C H FL -1050　GL : -600

400　화장실(여)　SL -1080　3,100　8,400

장애인 화장실(남)　6,600

상부오픈　R650　2,300

P.S　ELEV.-2　UP　DN　17,950　Y3

E.P.S　15P-120 (장애인용)　SLOPE : 1/12

450 700 850 1,000 600　4,700

홀 & 리셉션　계단실 #2　9,000

C H FL +0　SL -30　R650

안내데스크　주방　7,200

C H FL +100　SL -30　4,300

GL : ±0　GL : ±0　Y4

카페　아외 쉼터

C H FL +0　C H FL +0　5,800

SL -30　SL -30　3,800

주출입구　1,500

GL : ±0　SLOPE : 1/12

400　5,800　2,000　11,700　8380

5,800　13,700　0680

35,950

도로

평면도
ALE : 1 / 150

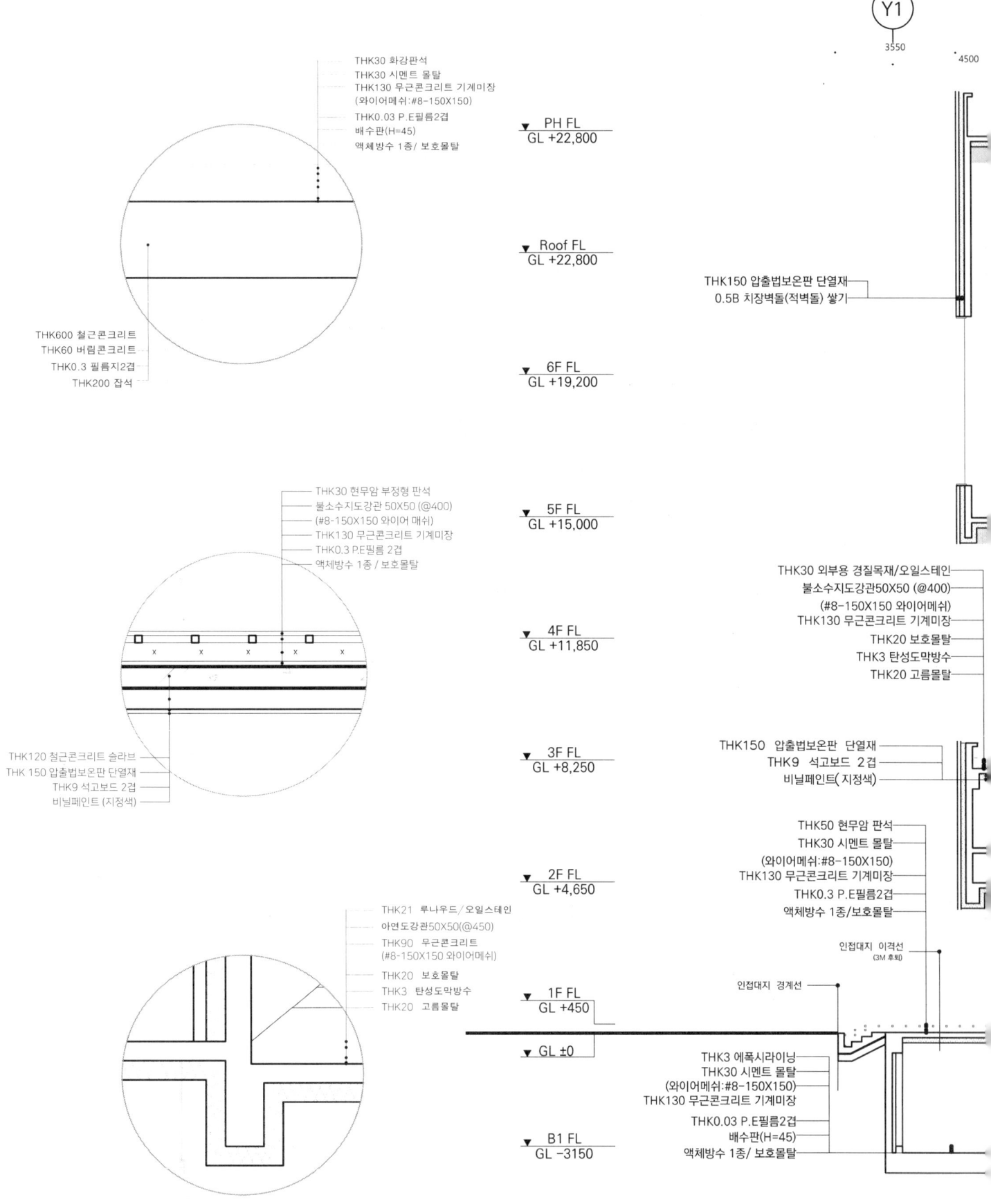

THK30 화강판석
THK30 시멘트 몰탈
THK130 무근콘크리트 기계미장
(와이어메쉬:#8-150X150)
THK0.03 P.E필름2겹
배수판(H=45)
액체방수 1종/ 보호몰탈

▼ PH FL
GL +22,800

▼ Roof FL
GL +22,800

THK600 철근콘크리트
THK60 버림콘크리트
THK0.3 필름지2겹
THK200 잡석

▼ 6F FL
GL +19,200

THK150 압출법보온판 단열재
0.5B 치장벽돌(적벽돌) 쌓기

THK30 현무암 부정형 판석
불소수지도강관 50X50 (@400)
(#8-150X150 와이어 매쉬)
THK130 무근콘크리트 기계미장
THK0.3 P.E필름 2겹
액체방수 1종 / 보호몰탈

▼ 5F FL
GL +15,000

THK30 외부용 경질목재/오일스테인
불소수지도강관50X50 (@400)
(#8-150X150 와이어메쉬)
THK130 무근콘크리트 기계미장
THK20 보호몰탈
THK3 탄성도막방수
THK20 고름몰탈

▼ 4F FL
GL +11,850

THK120 철근콘크리트 슬라브
THK 150 압출법보온판 단열재
THK9 석고보드 2겹
비닐페인트 (지정색)

▼ 3F FL
GL +8,250

THK150 압출법보온판 단열재
THK9 석고보드 2겹
비닐페인트(지정색)

THK50 현무암 판석
THK30 시멘트 몰탈
(와이어메쉬:#8-150X150)
THK130 무근콘크리트 기계미장
THK0.3 P.E필름2겹
액체방수 1종/보호몰탈

▼ 2F FL
GL +4,650

인접대지 이격선
(3M 후퇴)

인접대지 경계선

THK21 루나우드/오일스테인
아연도강관50X50(@450)
THK90 무근콘크리트
(#8-150X150 와이어메쉬)
THK20 보호몰탈
THK3 탄성도막방수
THK20 고름몰탈

▼ 1F FL
GL +450

▼ GL ±0

THK3 에폭시라이닝
THK30 시멘트 몰탈
(와이어메쉬:#8-150X150)
THK130 무근콘크리트 기계미장
THK0.03 P.E필름2겹
배수판(H=45)
액체방수 1종/ 보호몰탈

▼ B1 FL
GL -3150

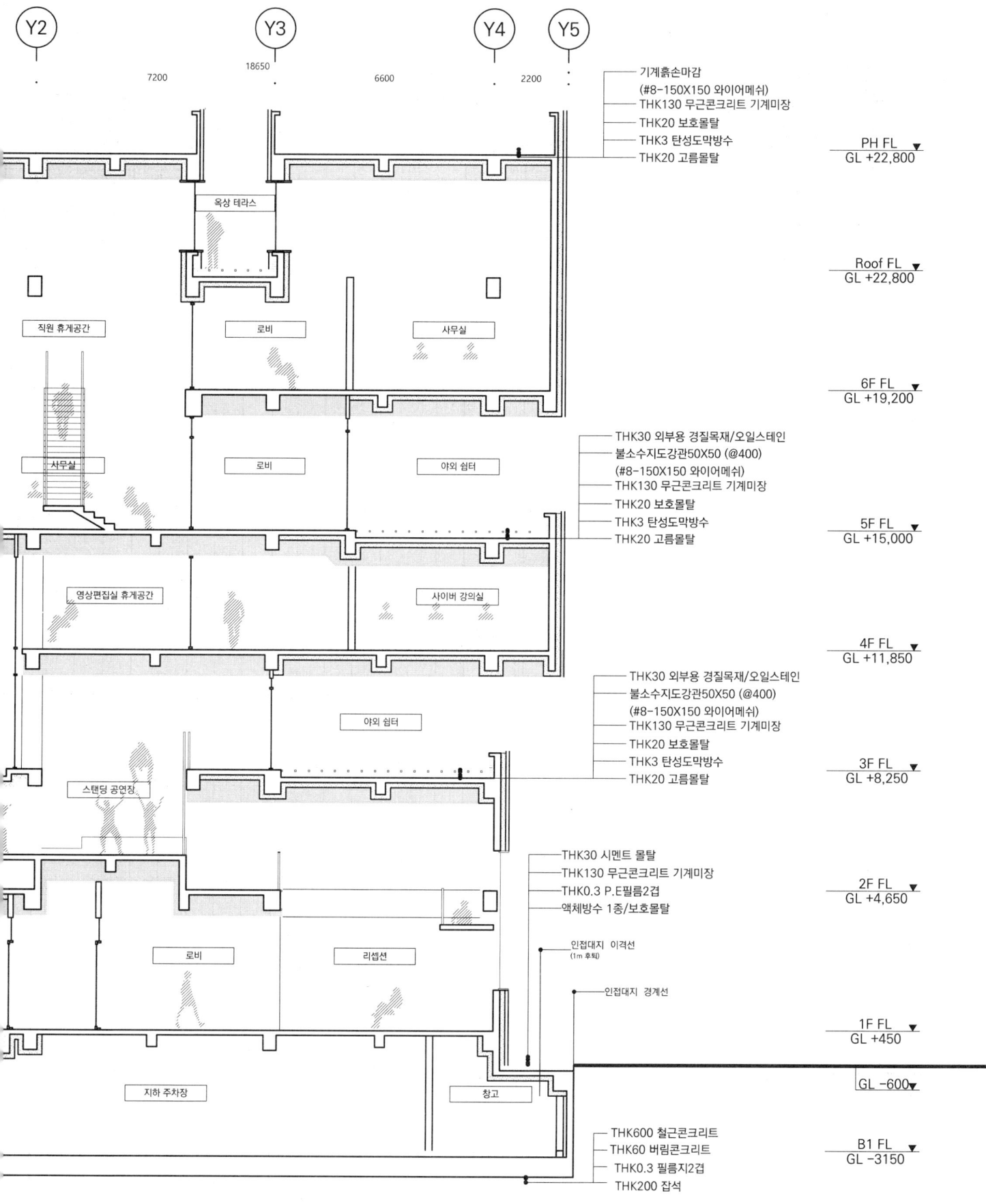

Y2　Y3　Y4　Y5

7200　18650　6600　2200

기계흙손마감
(#8-150X150 와이어메쉬)
THK130 무근콘크리트 기계미장
THK20 보호몰탈
THK3 탄성도막방수
THK20 고름몰탈

PH FL ▽
GL +22,800

옥상 테라스

Roof FL ▽
GL +22,800

직원 휴게공간　로비　사무실

6F FL ▽
GL +19,200

사무실　로비　야외 쉼터

THK30 외부용 경질목재/오일스테인
불소수지도강관50X50 (@400)
(#8-150X150 와이어메쉬)
THK130 무근콘크리트 기계미장
THK20 보호몰탈
THK3 탄성도막방수
THK20 고름몰탈

5F FL ▽
GL +15,000

영상편집실 휴게공간　사이버 강의실

4F FL ▽
GL +11,850

야외 쉼터

THK30 외부용 경질목재/오일스테인
불소수지도강관50X50 (@400)
(#8-150X150 와이어메쉬)
THK130 무근콘크리트 기계미장
THK20 보호몰탈
THK3 탄성도막방수
THK20 고름몰탈

3F FL ▽
GL +8,250

스탠딩 공연장

THK30 시멘트 몰탈
THK130 무근콘크리트 기계미장
THK0.3 P.E필름2겹
액체방수 1종/보호몰탈

2F FL ▽
GL +4,650

로비　리셉션

인접대지 이격선
(1m 후퇴)

인접대지 경계선

1F FL ▽
GL +450

GL -600▽

지하 주차장　창고

THK600 철근콘크리트
THK60 버림콘크리트
THK0.3 필름지2겹
THK200 잡석

B1 FL ▽
GL -3150

① 종 단면도
Ⓐ000　SCALE : 1 / 150

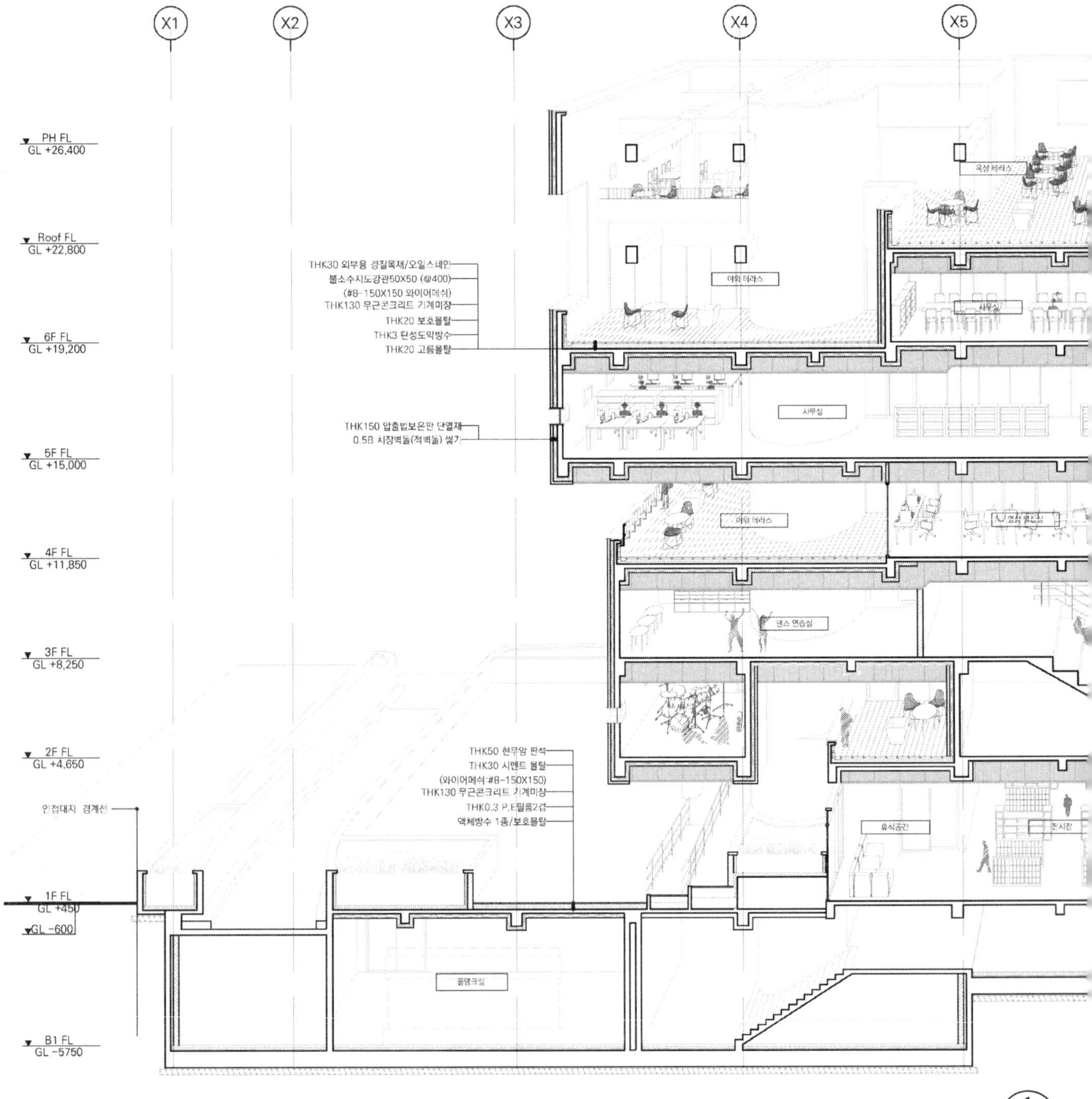

(X1)	(X2)	(X3)	(X4)	(X5)	

▼ PH FL
GL +26,400

▼ Roof FL
GL +22,800

THK30 외부용 경질목재/오일스테인
불소수지도강관50X50 (@400)
(#8-150X150 와이어메쉬)
THK130 무근콘크리트 기계미장
THK20 보호몰탈
THK3 탄성도막방수
THK20 고름몰탈

옥상 테라스

직원 테라스

사무실

▼ 6F FL
GL +19,200

THK150 압출법보온판 단열재
0.5B 치장벽돌(적벽돌) 쌓기

사무실

▼ 5F FL
GL +15,000

마당 테라스

영상편집실

▼ 4F FL
GL +11,850

댄스 연습실

▼ 3F FL
GL +8,250

▼ 2F FL
GL +4,650

THK50 현무암 판석
THK30 시멘트 몰탈
(와이어메쉬 #8-150X150)
THK130 무근콘크리트 기계미장
THK0.3 P.E필름2겹
액체방수 1종/보호몰탈

휴식공간

전시장

인접대지 경계선

▼ 1F FL
GL +450
▼GL -600

물탱크실

▼ B1 FL
GL -5750

128 서울문화재단 리노베이션 공사 | 노동섭

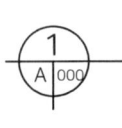
1
A 000

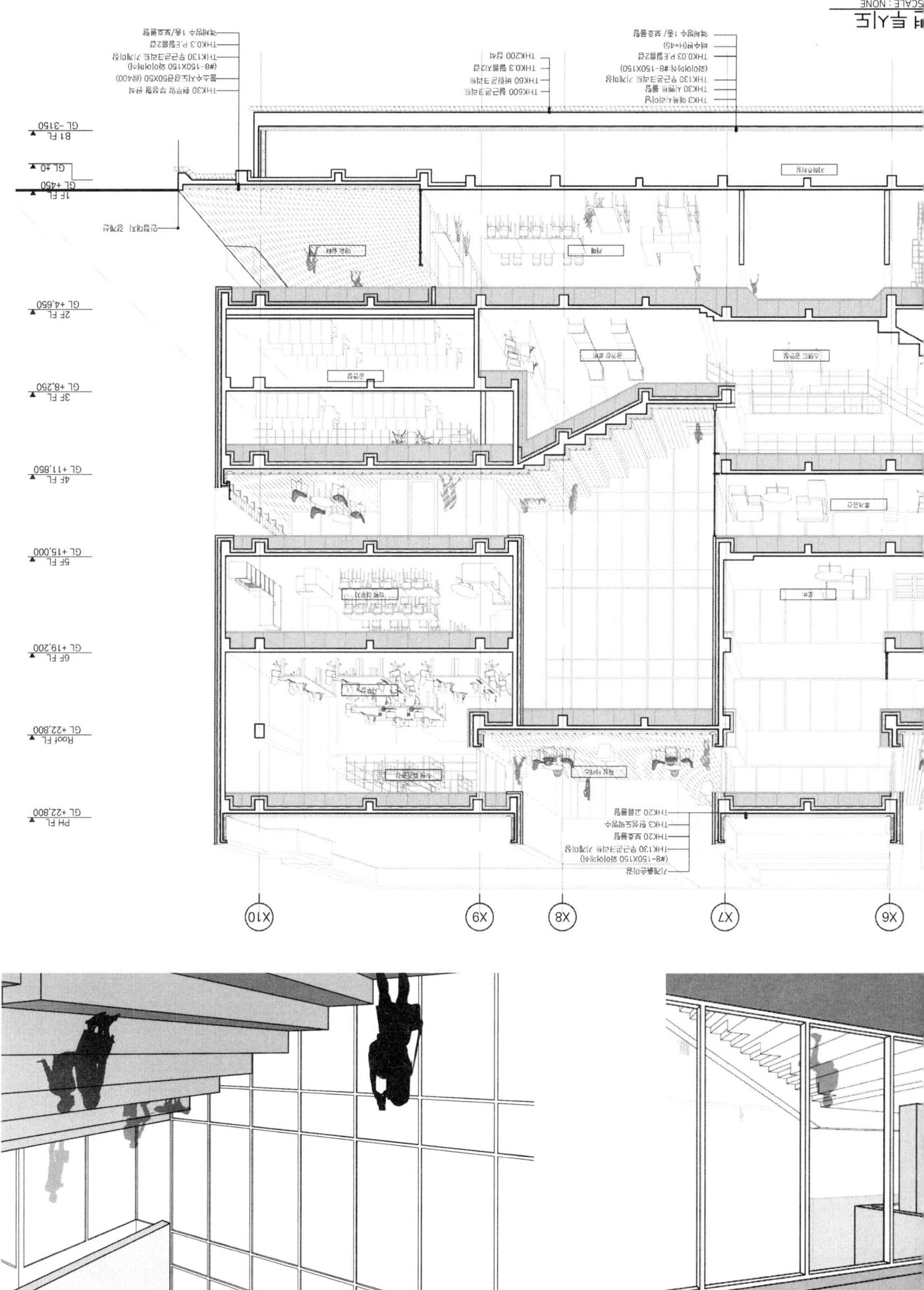

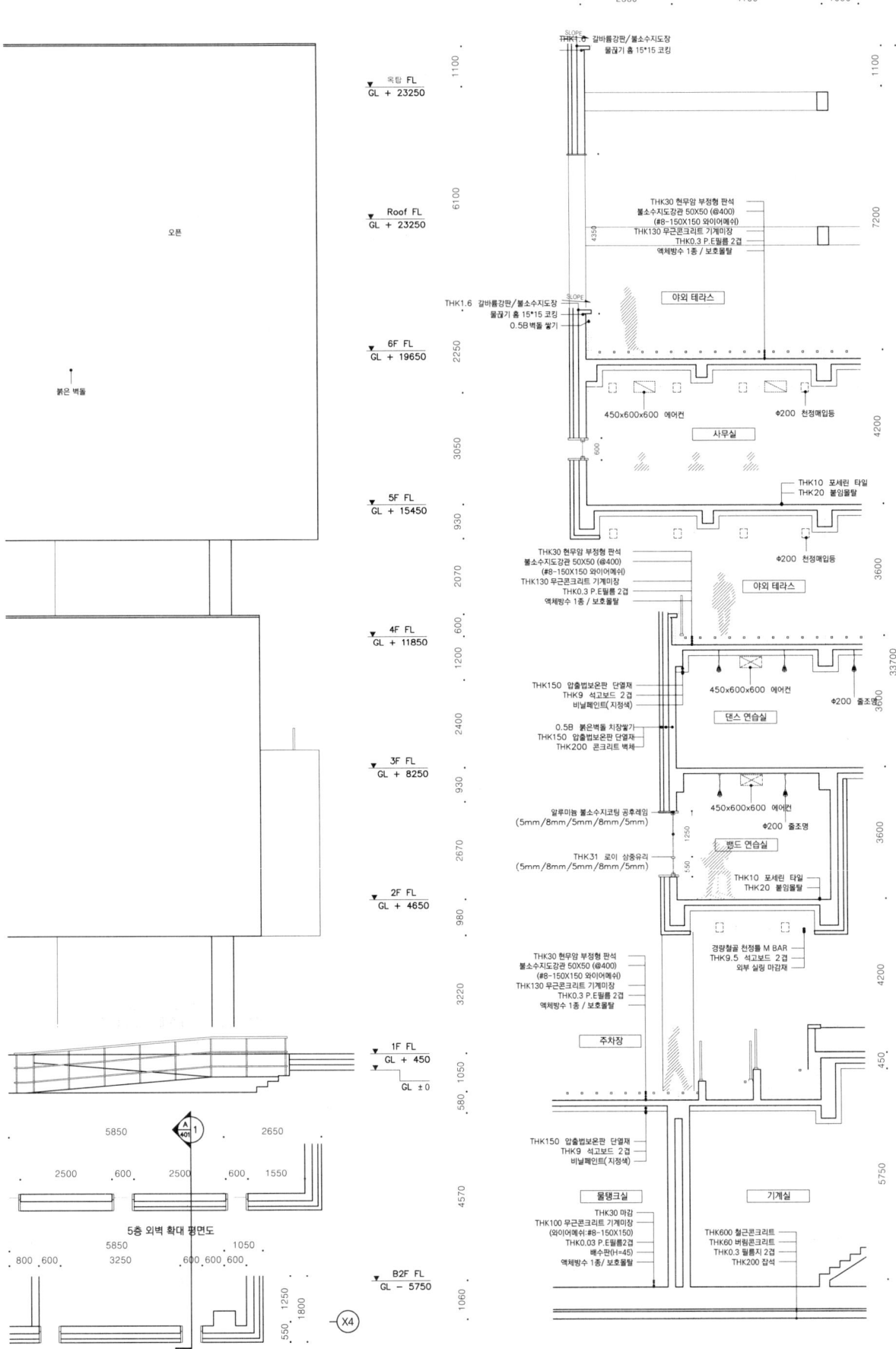

서측방향 외벽확대 평입단면도
SCALE : 1 / 100

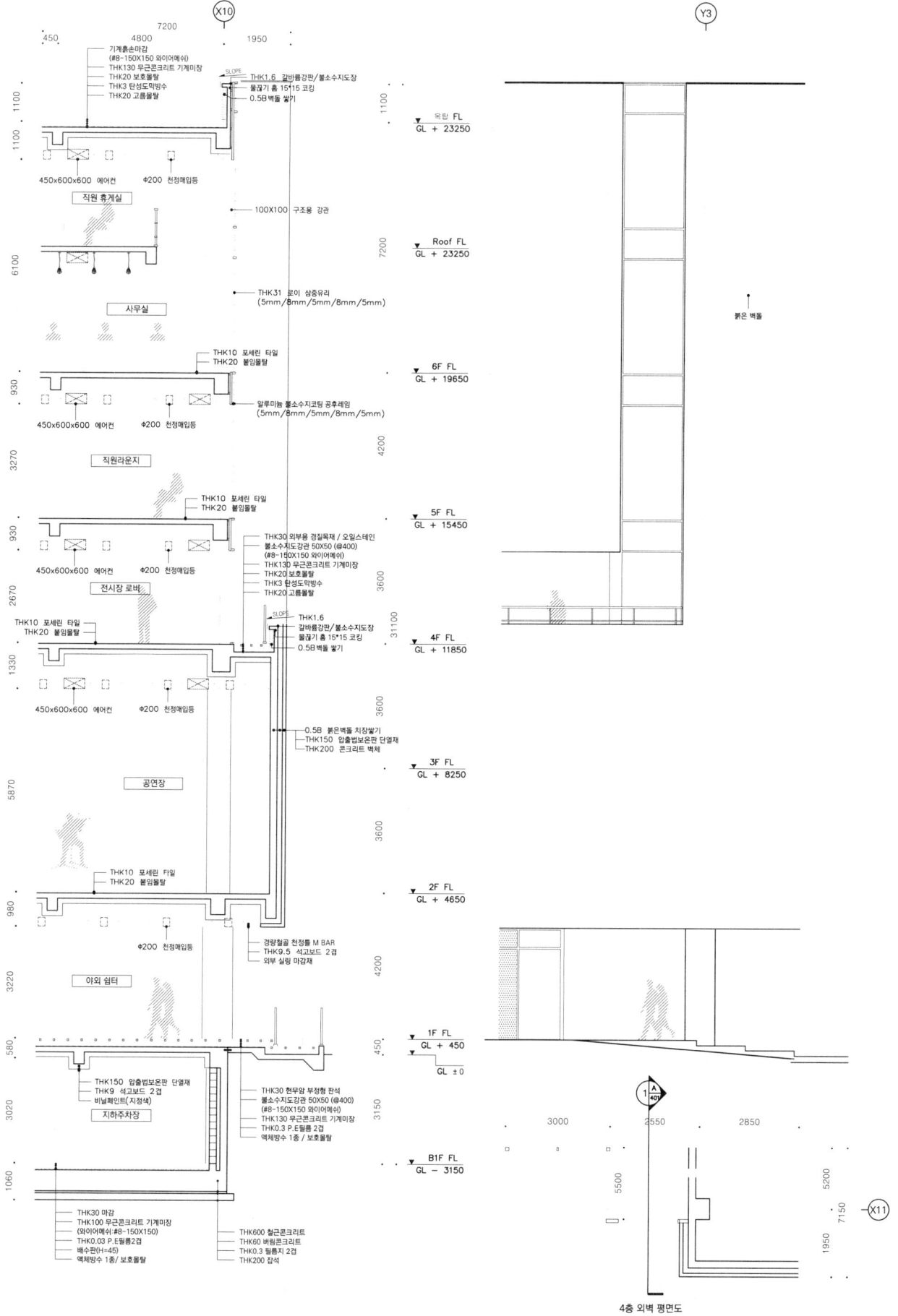

X10   Y3

7200

450　4800　1950

1100 / 1100

기계흙손마감
(#8-150X150 와이어메쉬)
THK130 무근콘크리트 기계미장
THK20 보호몰탈
THK3 탄성도막방수
THK20 고름몰탈

SLOPE
THK1.6 갈바륨강판/불소수지도장
물끊기 홈 15*15 코킹
0.5B 벽돌 쌓기

옥탑 FL
GL + 23250

450x600x600 에어컨　　Φ200 천정매입등

직원 휴게실

6100

100X100 구조용 강관

Roof FL
GL + 23250

사무실

THK31 로이 삼중유리
(5mm/8mm/5mm/8mm/5mm)

붉은 벽돌

930

THK10 포세린 타일
THK20 붙임몰탈

6F FL
GL + 19650

450x600x600 에어컨　　Φ200 천정매입등

알루미늄 불소수지코팅 공후레임
(5mm/8mm/5mm/8mm/5mm)

4200

직원라운지

930

THK10 포세린 타일
THK20 붙임몰탈

5F FL
GL + 15450

450x600x600 에어컨　　Φ200 천정매입등

THK30 외부용 경질목재 / 오일스테인
불소수지도강관 50X50 (@400)
(#8-150X150 와이어메쉬)
THK130 무근콘크리트 기계미장
THK20 보호몰탈
THK3 탄성도막방수
THK20 고름몰탈

2670

전시장 로비

SLOPE
THK1.6
갈바륨강판/불소수지도장
물끊기 홈 15*15 코킹
0.5B 벽돌 쌓기

4F FL
GL + 11850

3600

THK10 포세린 타일
THK20 붙임몰탈

1330

450x600x600 에어컨　　Φ200 천정매입등

0.5B 붉은벽돌 치장쌓기
THK150 압출법보온판 단열재
THK200 콘크리트 벽체

31100

공연장

3F FL
GL + 8250

5870

3600

THK10 포세린 타일
THK20 붙임몰탈

2F FL
GL + 4650

980

Φ200 천정매입등

경량철골 천정틀 M BAR
THK9.5 석고보드 2겹
외부 실링 마감재

야외 쉼터

4200

3220

1F FL
GL + 450
GL ±0

580

THK150 압출법보온판 단열재
THK9 석고보드 2겹
비닐페인트(지정색)

지하주차장

THK30 현무암 부정형 판석
불소수지도강관 50X50 (@400)
(#8-150X150 와이어메쉬)
THK130 무근콘크리트 기계미장
THK0.3 P.E필름 2겹
액체방수 1종 / 보호몰탈

B1F FL
GL - 3150

3020

3150

1060

THK30 마감
THK100 무근콘크리트 기계미장
(와이어메쉬:#8-150X150)
THK0.03 P.E필름2겹
배수판(H=45)
액체방수 1종/ 보호몰탈

THK600 철근콘크리트
THK60 버림콘크리트
THK0.3 필름지 2겹
THK200 잡석

3000　　2550　　2850

5500　　5200

1950　7150　X11

4층 외벽 평면도

A
40

① ＼ 동측방향 외벽확대 평입단면도
A 000　　SCALE : 1 / 100

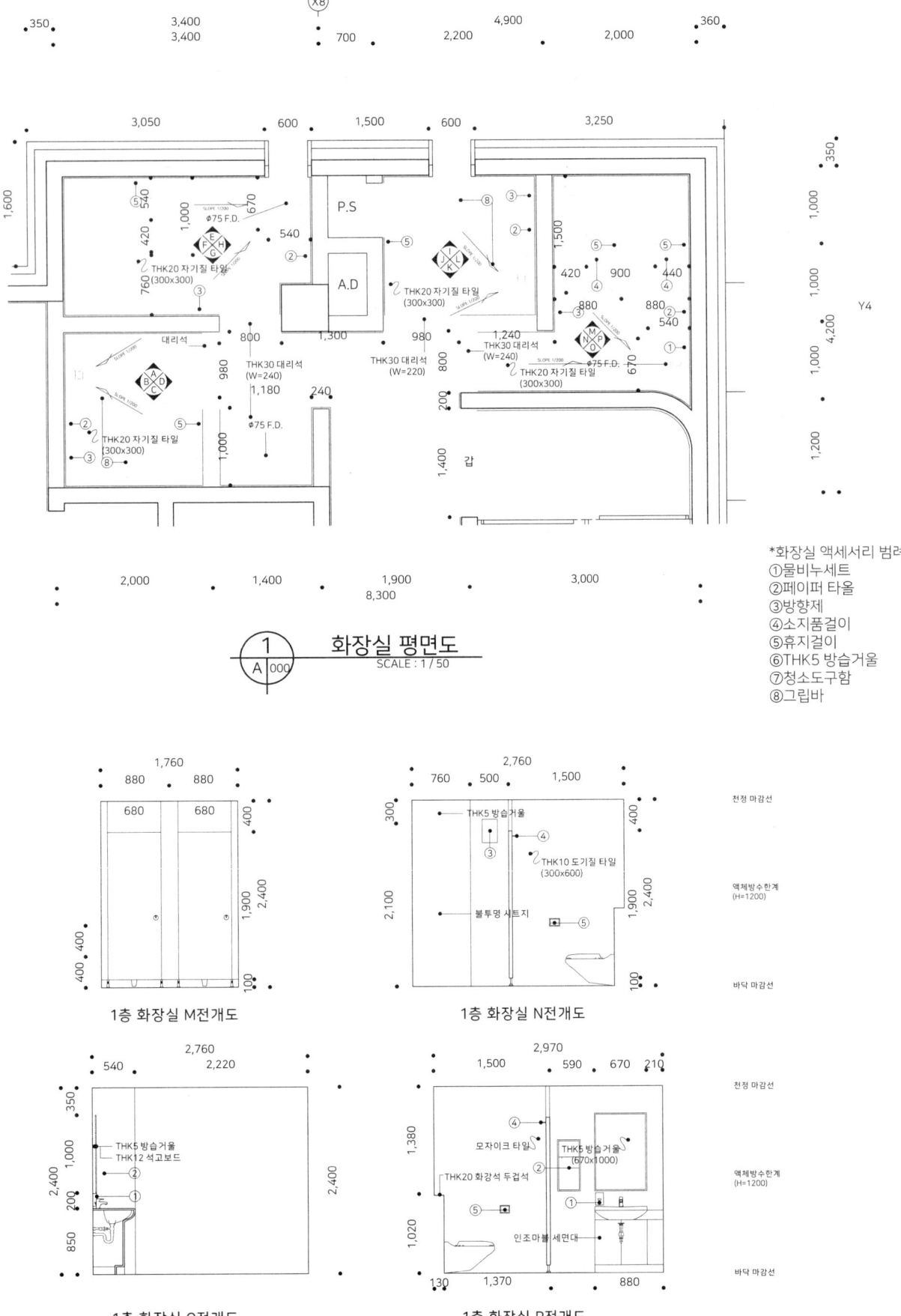

*화장실 액세서리 범례
①물비누세트
②페이퍼 타올
③방향제
④소지품걸이
⑤휴지걸이
⑥THK5 방습거울
⑦청소도구함
⑧그립바

P.S

A.D

THK20 자기질 타일
(300x300)

THK30 대리석
(W=240)

THK20 자기질 타일
(300x300)

대리석

THK30 대리석
(W=240)

THK30 대리석
(W=220)

THK20 자기질 타일
(300x300)

Ø75 F.D.

Ø75 F.D.

Ø75 F.D.

SLOPE 1/200

갑

Y4

① 화장실 평면도
A 000
SCALE : 1 / 50

THK5 방습거울

THK10 도기질 타일
(300x600)

불투명 시트지

천정 마감선

액체방수한계
(H=1200)

바닥 마감선

1층 화장실 M전개도

1층 화장실 N전개도

THK5 방습거울
THK12 석고보드

THK5 방습거울
(670x1000)

모자이크 타일

THK20 화강석 두겁석

인조마블 세면대

천정 마감선

액체방수한계
(H=1200)

바닥 마감선

1층 화장실 O전개도

1층 화장실 P전개도

① 화장실 전개도
A 000
SCALE : 1 / 50

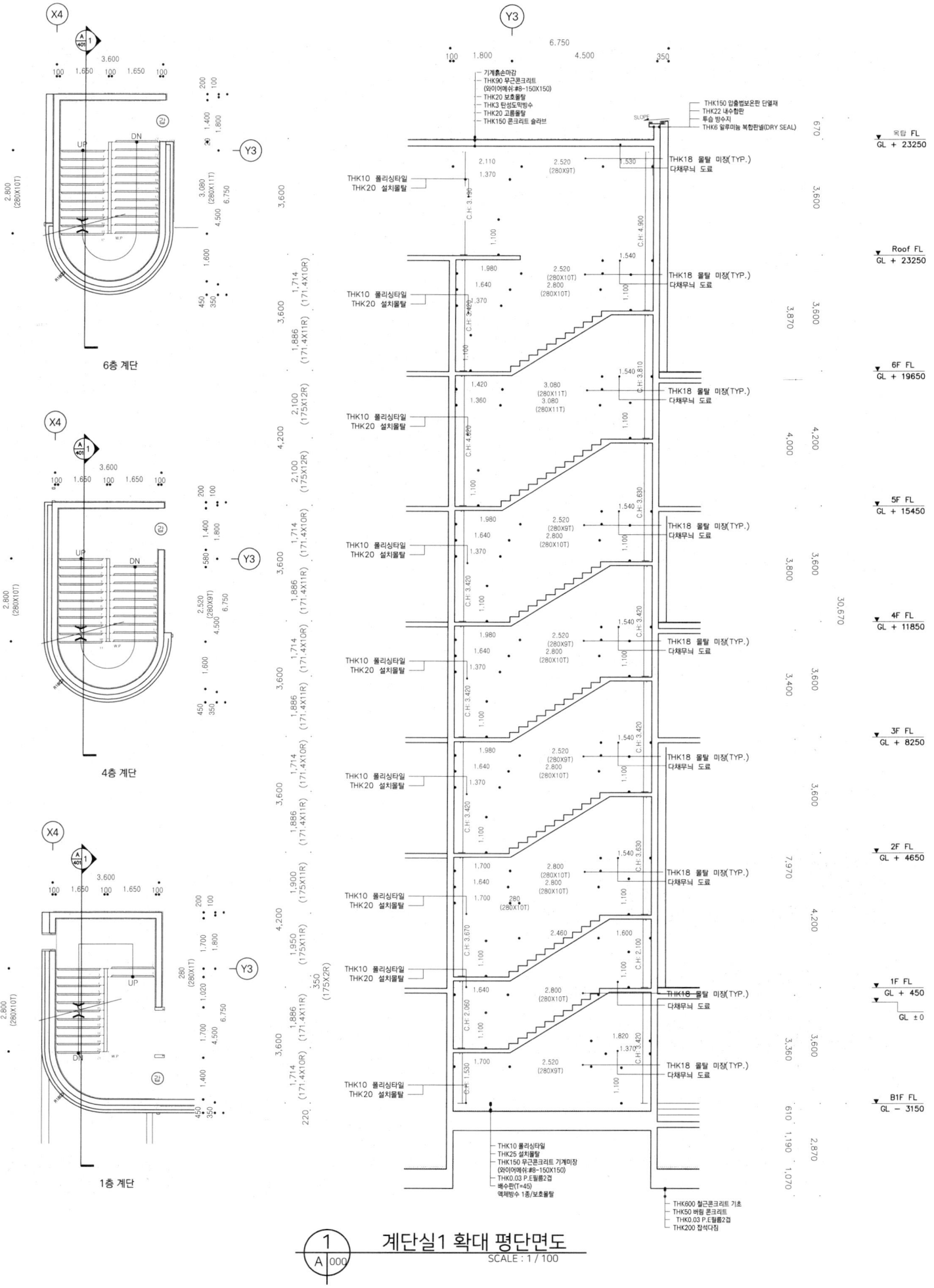

6층 계단

4층 계단

1층 계단

계단실1 확대 평단면도
SCALE : 1 / 100

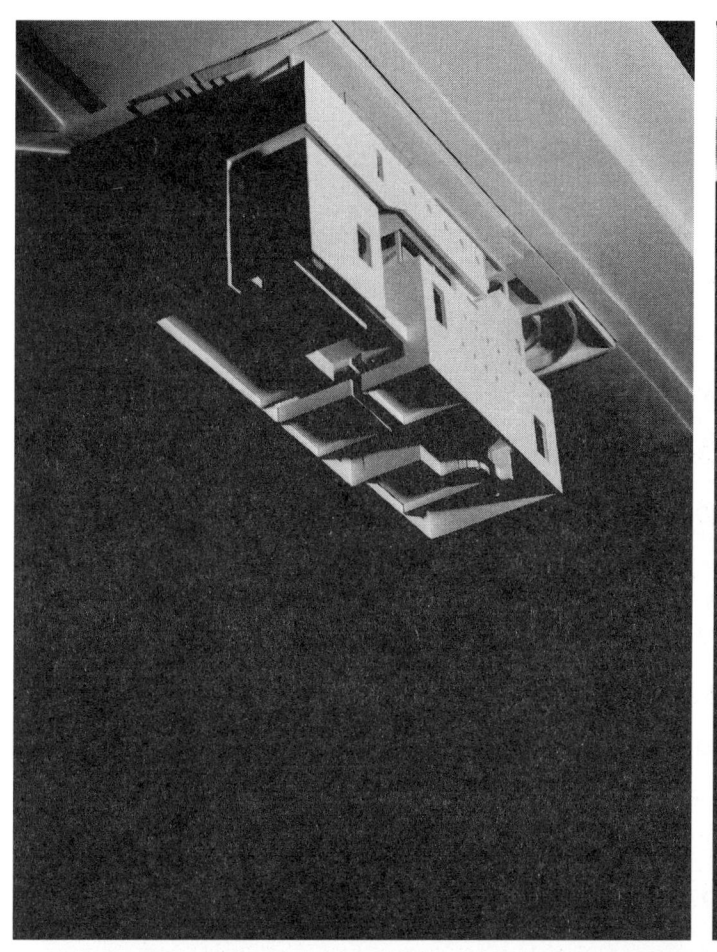

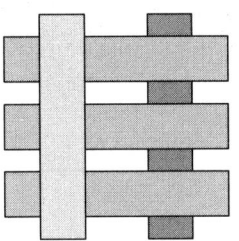

신준호 | SHIN JUNHO

위치		서울특별시 동대문구 용두동 255-67 외1필지
용도		문화 및 집회시설, 업무시설
대지면적		1663m²
건축면적		967.52m²
연면적		5085.34m²
건폐율		967.25 / 1663 x 100 = 58.17%
용적률		3804.06 / 1663 x 100 = 228.74%
구조		철근콘크리트
규모		지하1층, 지상6층
최고 높이		GL + 25.05m

공유하쉐어

서울문화재단을 감싸는 청계천과 산책로

현재 서울문화재단은 주민들과 소통하기를 원하고 전면부의 청계천과 후면부의 주거지를 연결하는 큰 오픈스페이스를 만드려고 했다. 필요한 프로그램들의 크기에 따라 원하던 바를 이루지 못하였지만 오피스를 새로 옮기면서 리노베이션 하는 배경을 통하여 건물의 뒷편과 청계천을 이어주는 길과 기존건물을 감싸는 산책로를 만드려고 한다.

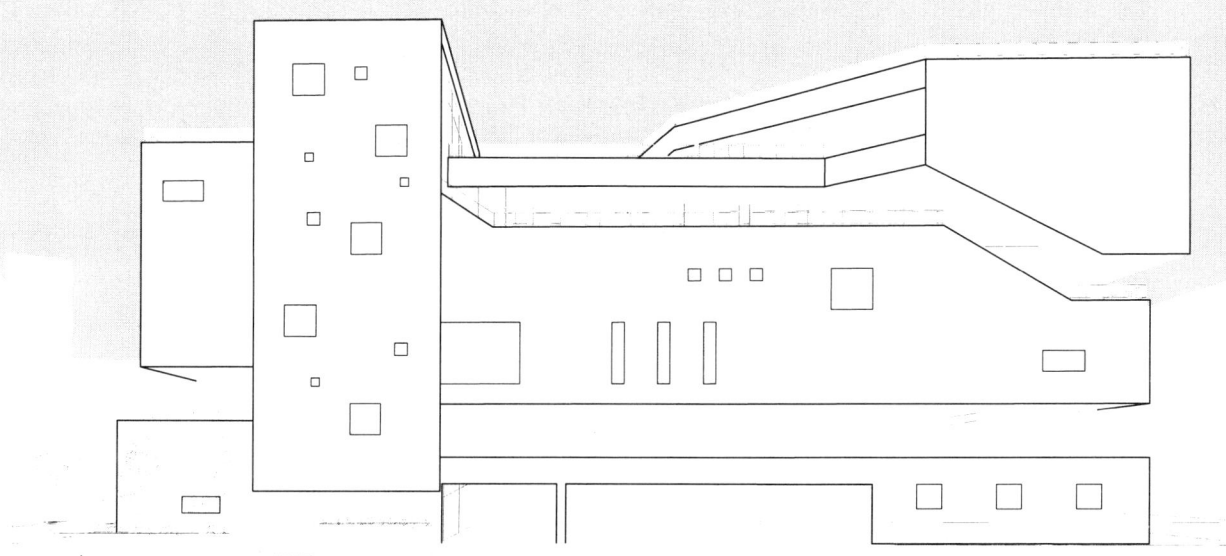

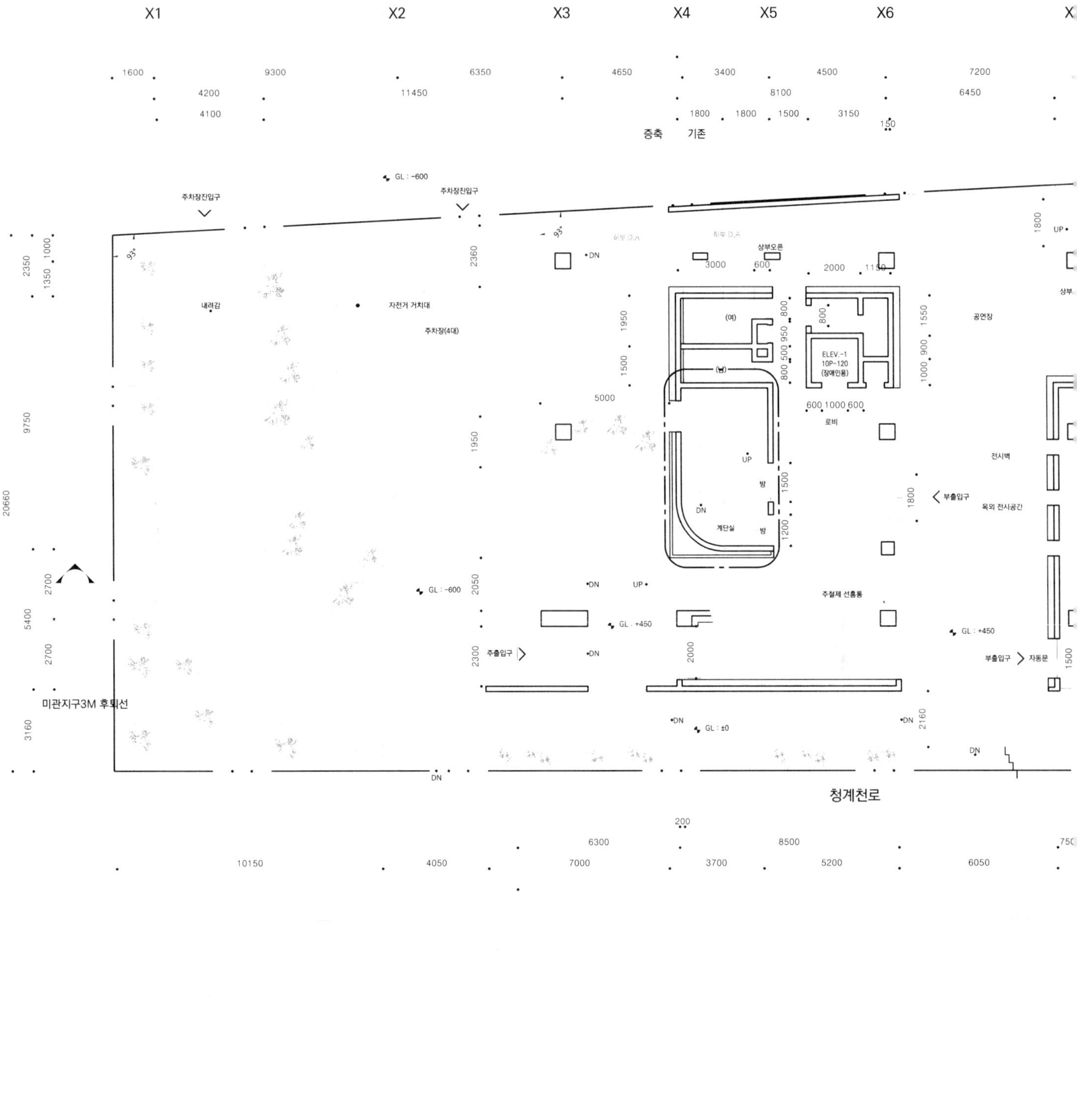

X1   X2   X3   X4   X5   X6   X

1600   9300   6350   4650   3400   4500   7200
     4200   11450   8100   6450
     4100   1800 1800 1500 3150
                                                        150
                                        증축   기존

2350   GL : -600
1350 1000   주차장진입구
          주차장진입구
2360

주차장진입구   하부 D.A   하부 D.A
                                        상부오픈
                                        DN   3000   600   2000   1150   상부

                            자전거 거치대   (여)   공연장
          내려감   800   1550
                        주차장(4대)   1950   ELEV.-1   900
                                        1500   800 500 950 800   800   10P-120   1000
9750   (장애인용)
                                        5000   600 1000 600
20660   (남)   로비
                                                    UP   전시벽
                                                    방   1500   옥외 전시공간
                                                    DN   1800   부출입구
2700   계단실   방   1200   주철제 선홍통
5400   GL : -600   2050   DN   UP   GL : +450
2700   부출입구   자동문
미관지구3M 후퇴선   2300   주출입구   2000   2160   1500
                                                    DN   GL : +450   DN
3160   DN   GL : ±0

                                                    청계천로
                                        200
                                    6300   8500   750

10150   4050   7000   3700   5200   6050

138 서울문화재단 리노베이션 공사 | 신준호

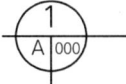

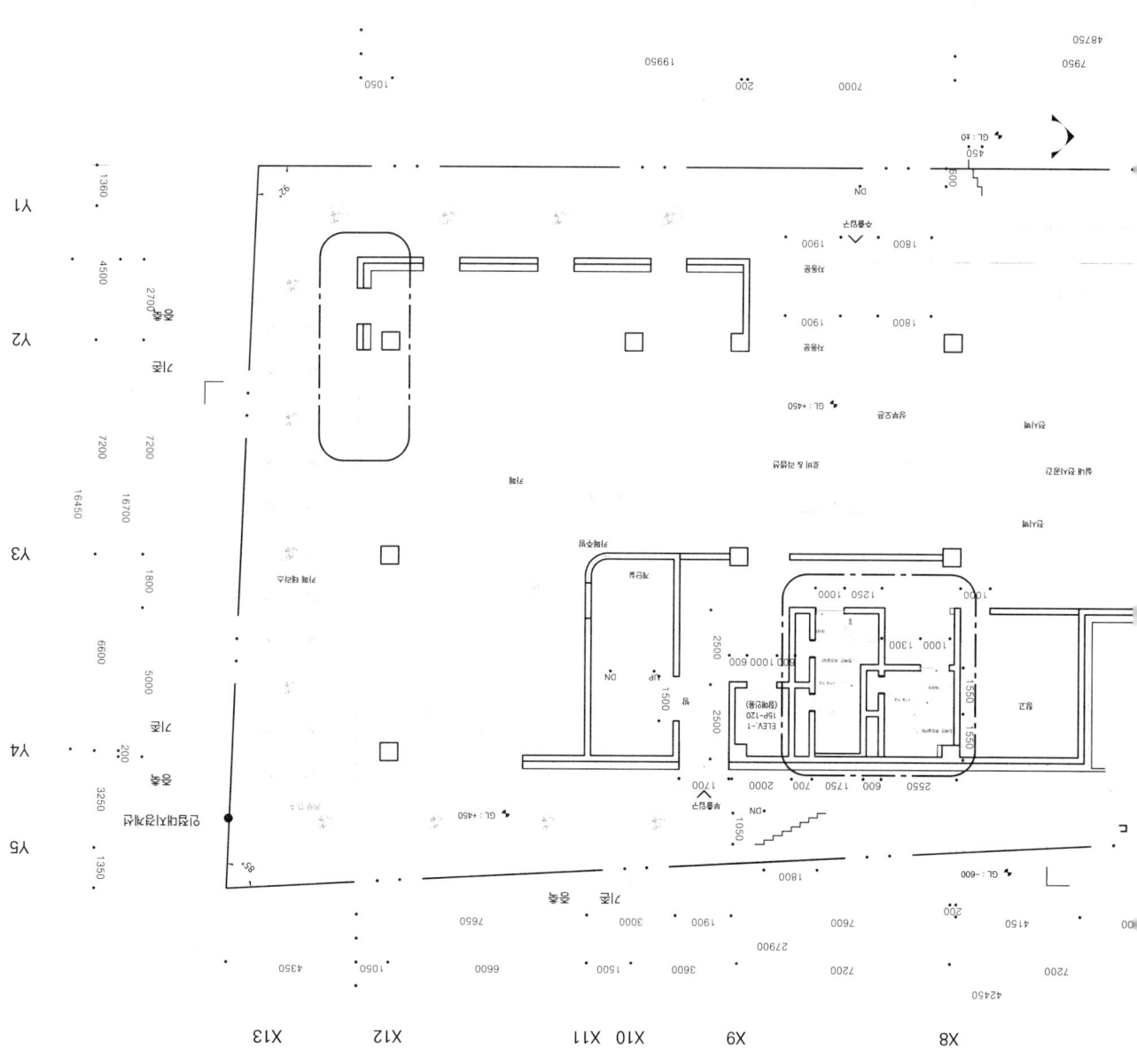

S:1/150
천정도

Y1   1360
            4500
            2700
Y2
            7200
            16450 16700
Y3   1800
            6600
            5000
Y4
            3250
Y5   1350

X13 X12 X10 X11 X9   X8

1층 평면도 16호

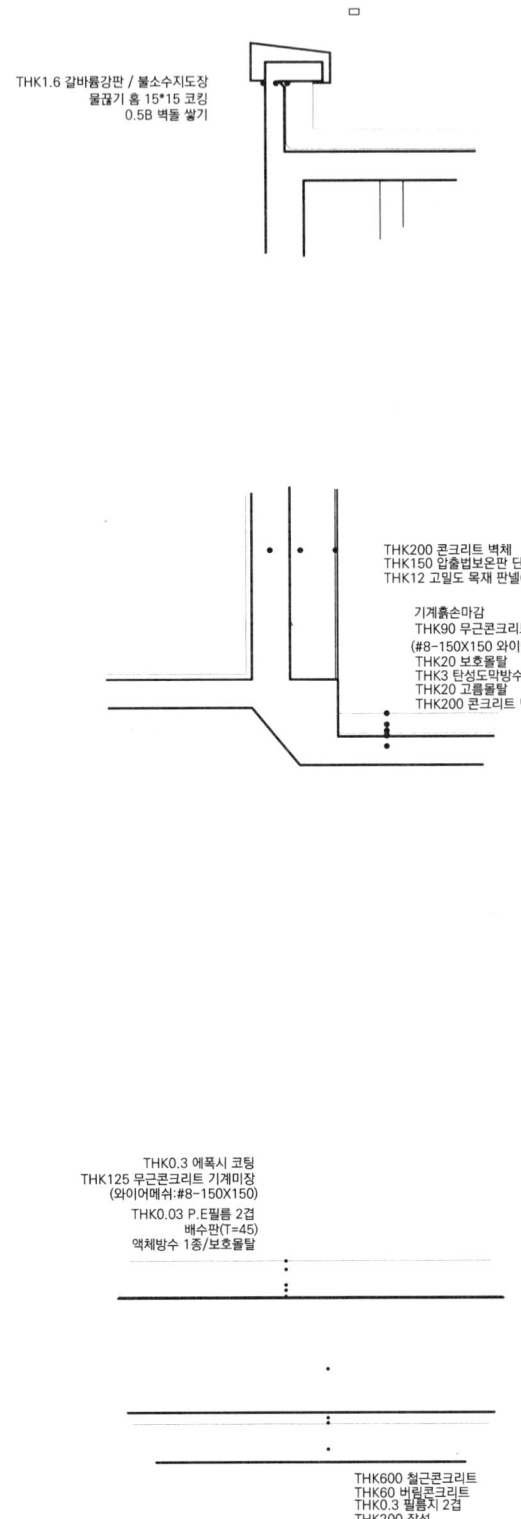

THK1.6 갈바륨강판 / 불소수지도장
물끊기 홈 15*15 코킹
0.5B 벽돌 쌓기

THK200 콘크리트 벽체
THK150 압출법보온판 단열재
THK12 고밀도 목재 판넬(외부)

기계흙손마감
THK90 무근콘크리트
(#8-150X150 와이어메쉬)
THK20 보호몰탈
THK3 탄성도막방수
THK20 고름몰탈
THK200 콘크리트 벽체

THK0.3 에폭시 코팅
THK125 무근콘크리트 기계미장
(와이어메쉬:#8-150X150)
THK0.03 P.E필름 2겹
배수판(T=45)
액체방수 1종/보호몰탈

THK600 철근콘크리트
THK60 버림콘크리트
THK0.3 필름지 2겹
THK200 잡석

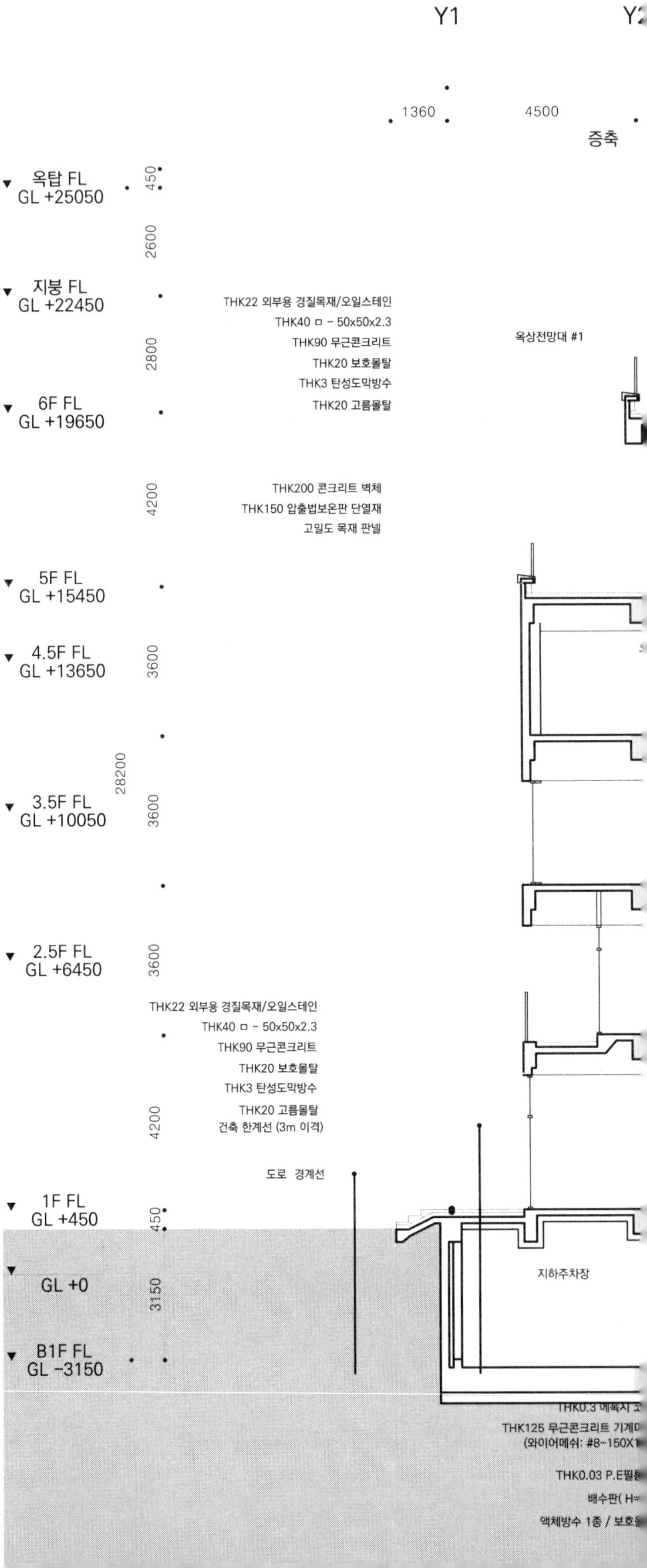

Y1　　　Y2

1360　　　4500

증축

▼ 옥탑 FL
GL +25050　450

2600

▼ 지붕 FL
GL +22450　　THK22 외부용 경질목재/오일스테인
THK40 ㅁ - 50x50x2.3
THK90 무근콘크리트
THK20 보호몰탈
THK3 탄성도막방수
THK20 고름몰탈

2800

옥상전망대 #1

▼ 6F FL
GL +19650

4200

THK200 콘크리트 벽체
THK150 압출법보온판 단열재
고밀도 목재 판넬

▼ 5F FL
GL +15450

▼ 4.5F FL
GL +13650

3600

▼ 3.5F FL
GL +10050

3600

28200

▼ 2.5F FL
GL +6450

3600

THK22 외부용 경질목재/오일스테인
THK40 ㅁ - 50x50x2.3
THK90 무근콘크리트
THK20 보호몰탈
THK3 탄성도막방수
THK20 고름몰탈
건축 한계선 (3m 이격)

4200

도로 경계선

▼ 1F FL
GL +450　450

▼ GL +0

3150

지하주차장

▼ B1F FL
GL -3150

THK0.3 에폭시 코
THK125 무근콘크리트 기계미
(와이어메쉬: #8-150X

THK0.03 P.E필름
배수판(H=
액체방수 1종 / 보호몰

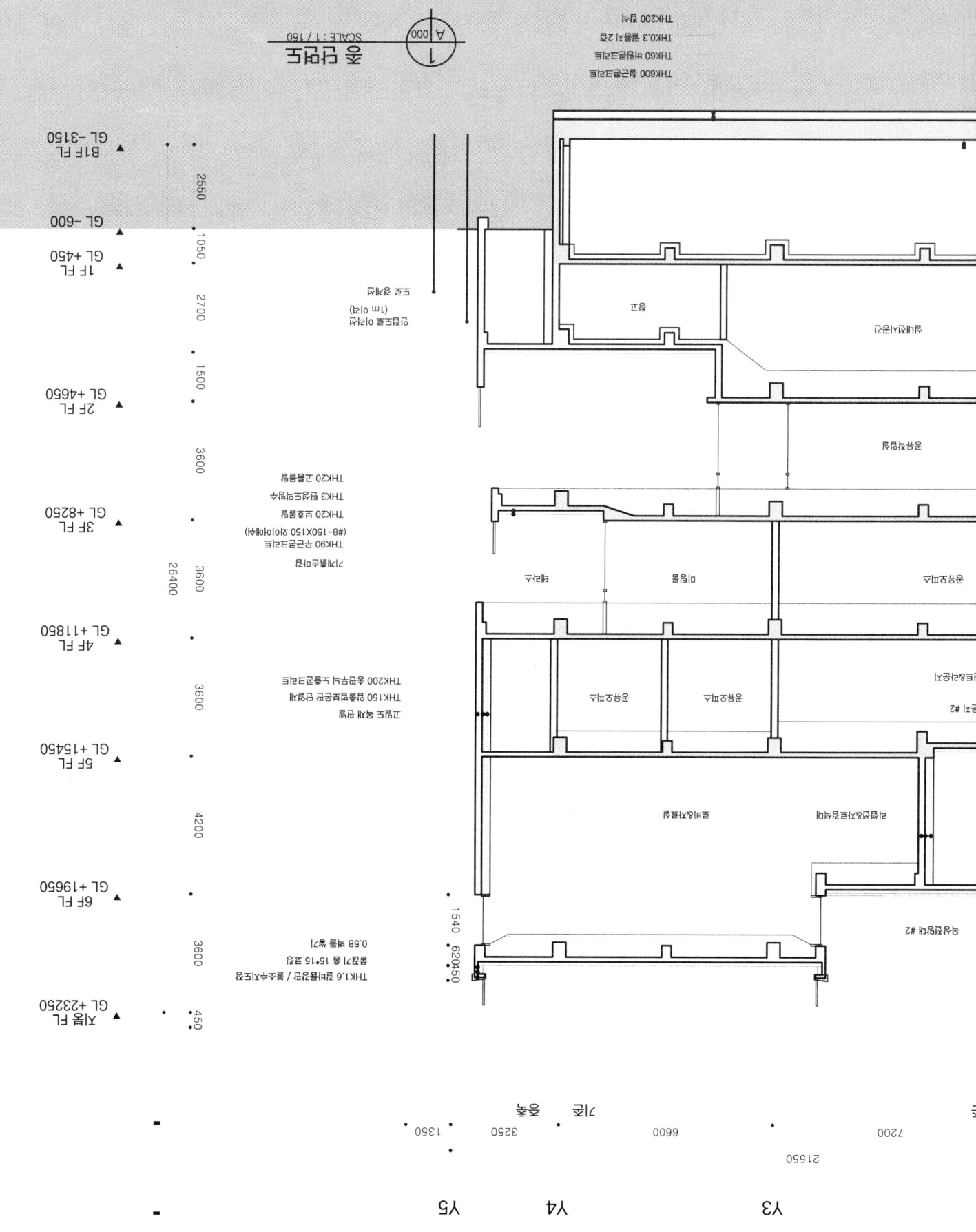

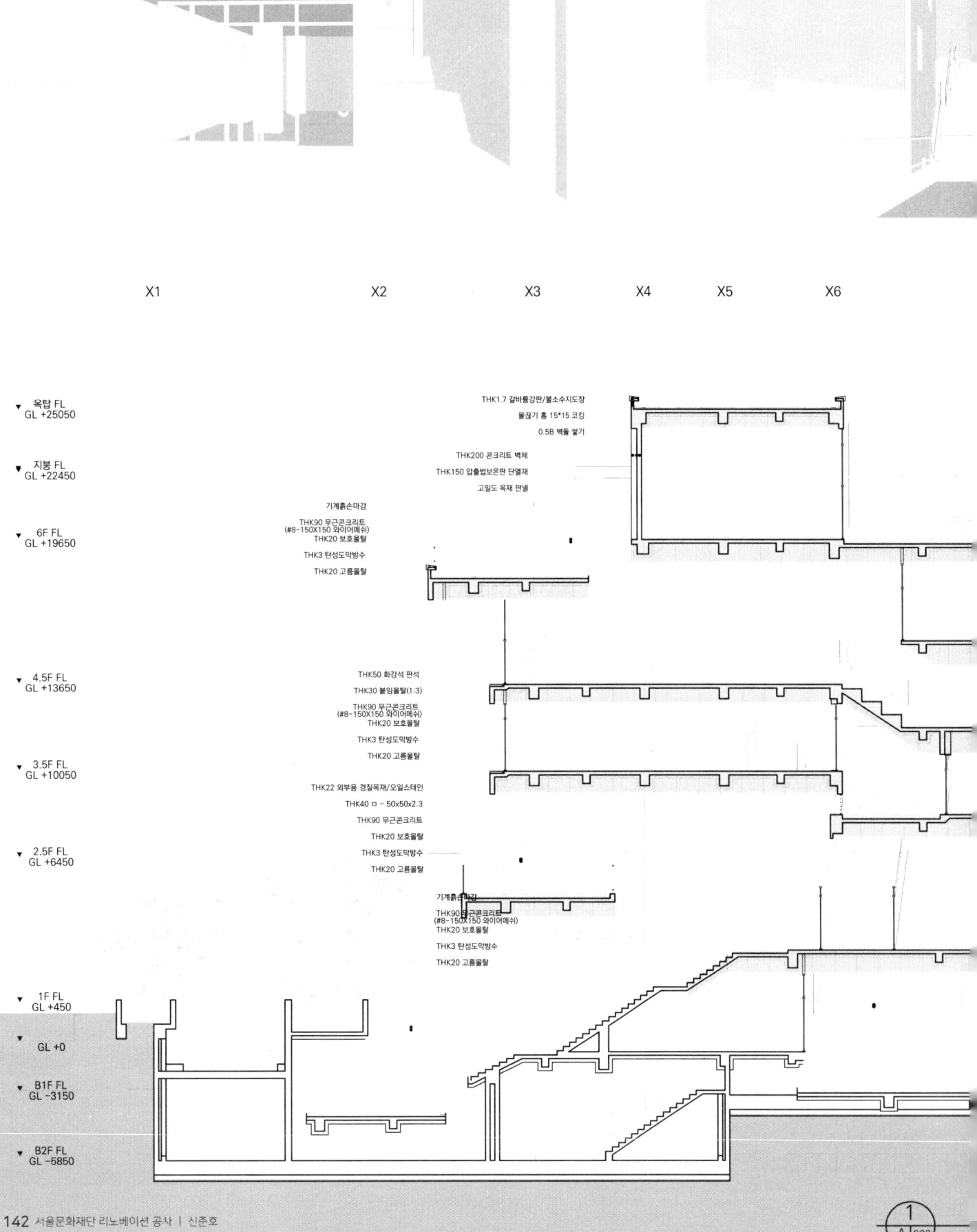

X1 X2 X3 X4 X5 X6

▼ 옥탑 FL
GL +25050

▼ 지붕 FL
GL +22450

▼ 6F FL
GL +19650

▼ 4.5F FL
GL +13650

▼ 3.5F FL
GL +10050

▼ 2.5F FL
GL +6450

▼ 1F FL
GL +450

▼ GL +0

▼ B1F FL
GL -3150

▼ B2F FL
GL -5850

THK1.7 갈바륨강판/불소수지도장
물끊기 홈 15*15 코킹
0.5B 벽돌 쌓기

THK200 콘크리트 벽체
THK150 압출법보온판 단열재
고밀도 목재 판넬

기계흙손마감
THK90 무근콘크리트
(#8-150X150 와이어매쉬)
THK20 보호몰탈
THK3 탄성도막방수
THK20 고름몰탈

THK50 화강석 판석
THK30 붙임몰탈(1:3)
THK90 무근콘크리트
(#8-150X150 와이어매쉬)
THK20 보호몰탈
THK3 탄성도막방수
THK20 고름몰탈

THK22 외부용 경질목재/오일스테인
THK40 ㅁ - 50x50x2.3
THK90 무근콘크리트
THK20 보호몰탈
THK3 탄성도막방수
THK20 고름몰탈

기계흙손마감
THK90 무근콘크리트
(#8-150X150 와이어매쉬)
THK20 보호몰탈
THK3 탄성도막방수
THK20 고름몰탈

1
A 000

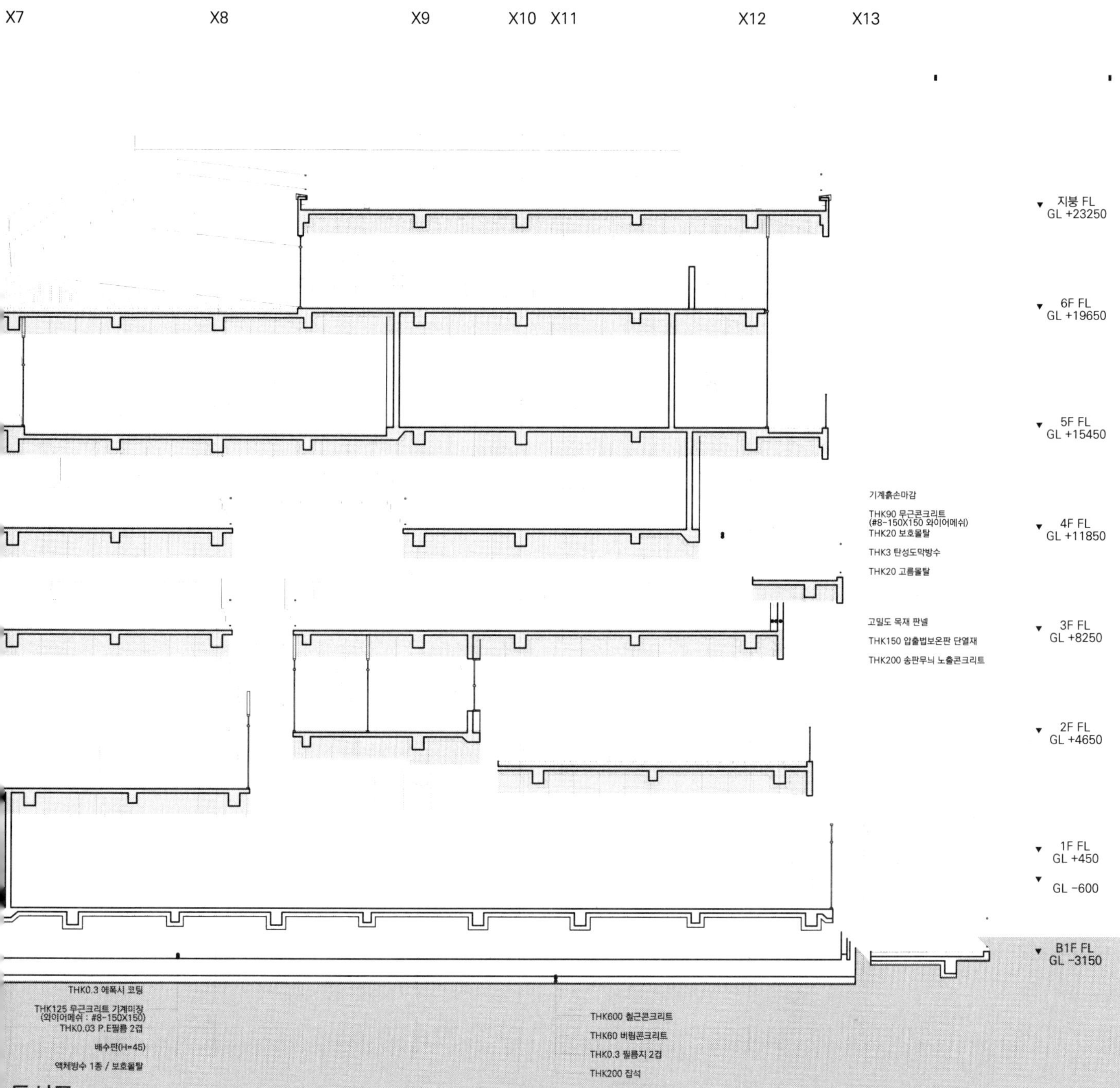

X7 X8 X9 X10 X11 X12 X13

▼ 지붕 FL
GL +23250

▼ 6F FL
GL +19650

▼ 5F FL
GL +15450

기계흙손마감

THK90 무근콘크리트
(#8-150X150 와이어메쉬)
THK20 보호몰탈

THK3 탄성도막방수

THK20 고름몰탈

▼ 4F FL
GL +11850

고밀도 목재 판넬

THK150 압출법보온판 단열재

THK200 송판무늬 노출콘크리트

▼ 3F FL
GL +8250

▼ 2F FL
GL +4650

▼ 1F FL
GL +450

▼ GL -600

▼ B1F FL
GL -3150

THK0.3 에폭시 코팅

THK125 무근크리트 기계미장
(와이어메쉬 : #8-150X150)
THK0.03 P.E필름 2겹

배수판(H=45)

액체방수 1종 / 보호몰탈

THK600 철근콘크리트

THK60 버림콘크리트

THK0.3 필름지 2겹

THK200 잡석

투시도
ALE : NONE

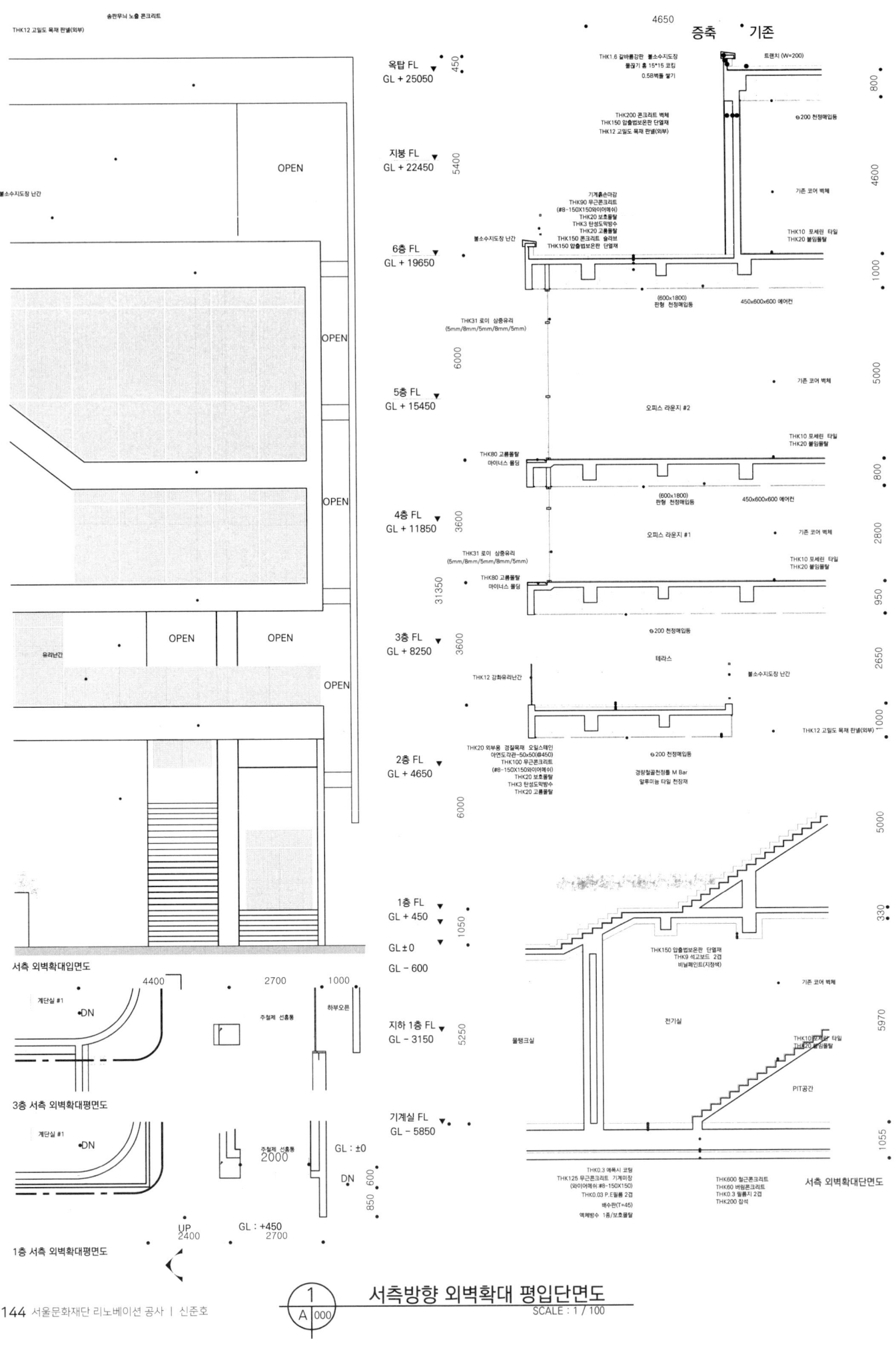

서측방향 외벽확대 평입단면도

SCALE : 1 / 100

서측 외벽확대입면도

3층 서측 외벽확대평면도

1층 서측 외벽확대평면도

서측 외벽확대단면도

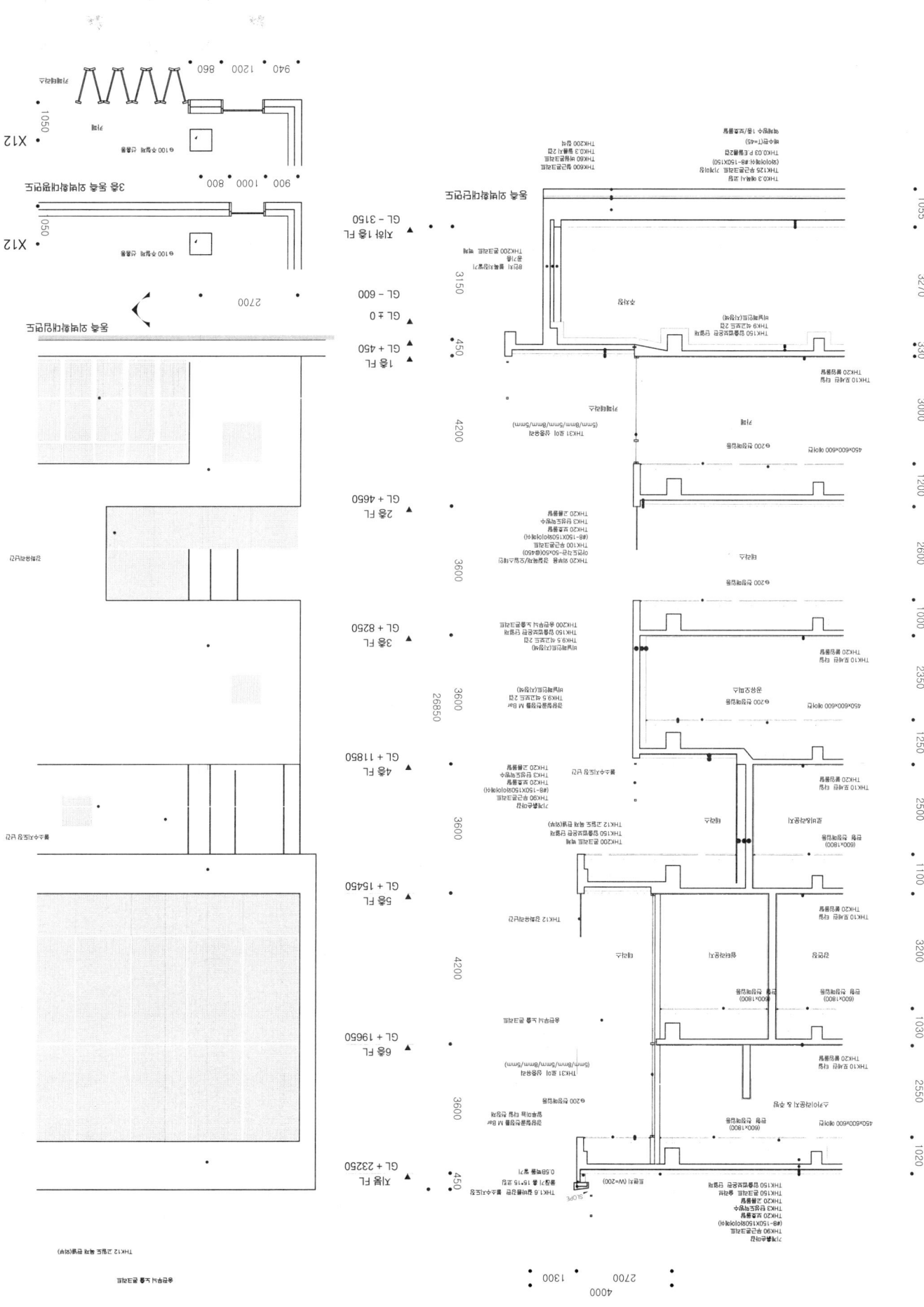

동천상가 인테리어 공사 입면 단면도
SCALE : 1/100

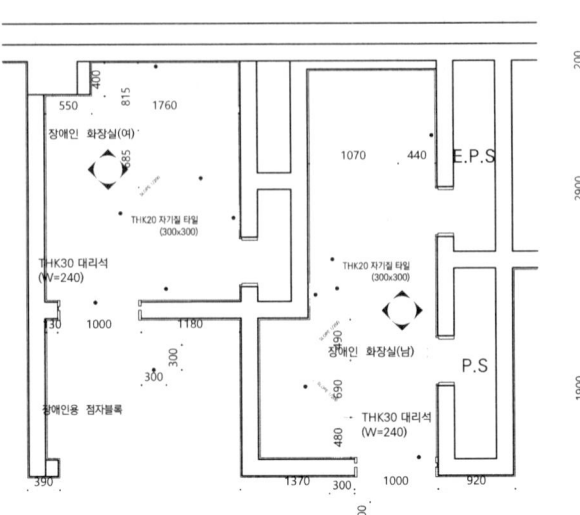

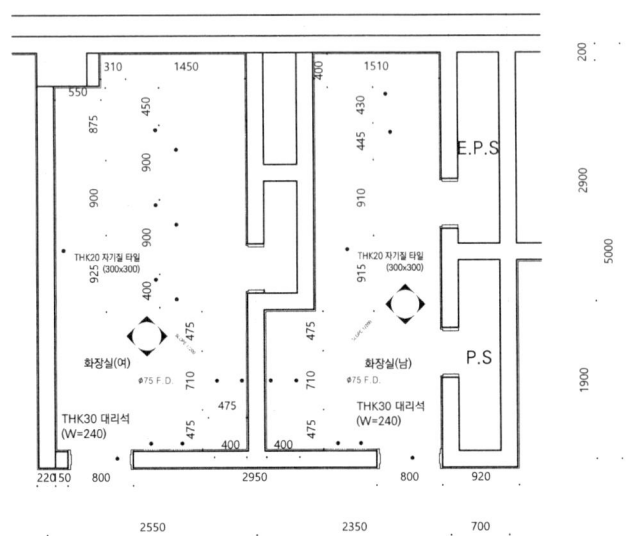

화장실 평면도
SCALE : 1 / 50

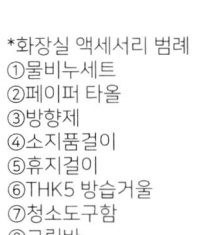

*화장실 액세서리 범례
①물비누세트
②페이퍼 타올
③방향제
④소지품걸이
⑤휴지걸이
⑥THK5 방습거울
⑦청소도구함
⑧그립바

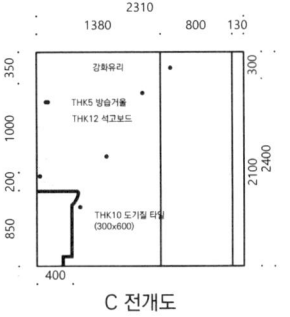

A 전개도

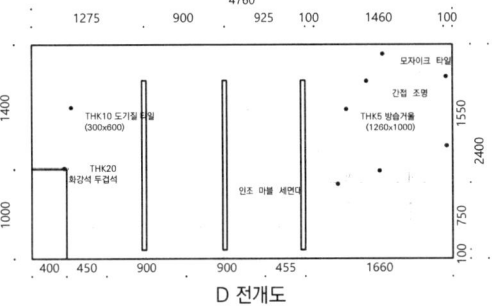

B 전개도

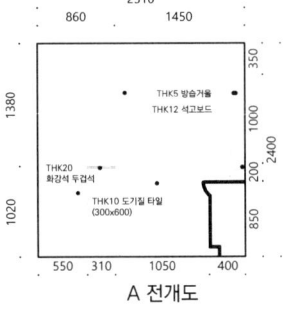

C 전개도

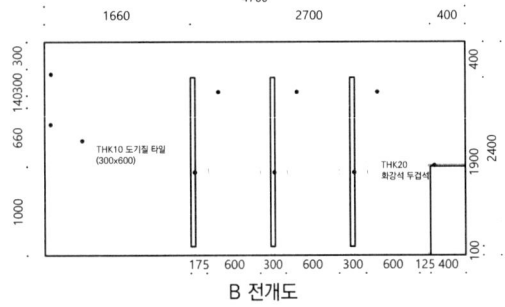

D 전개도

화장실 전개도
SCALE : 1 / 50

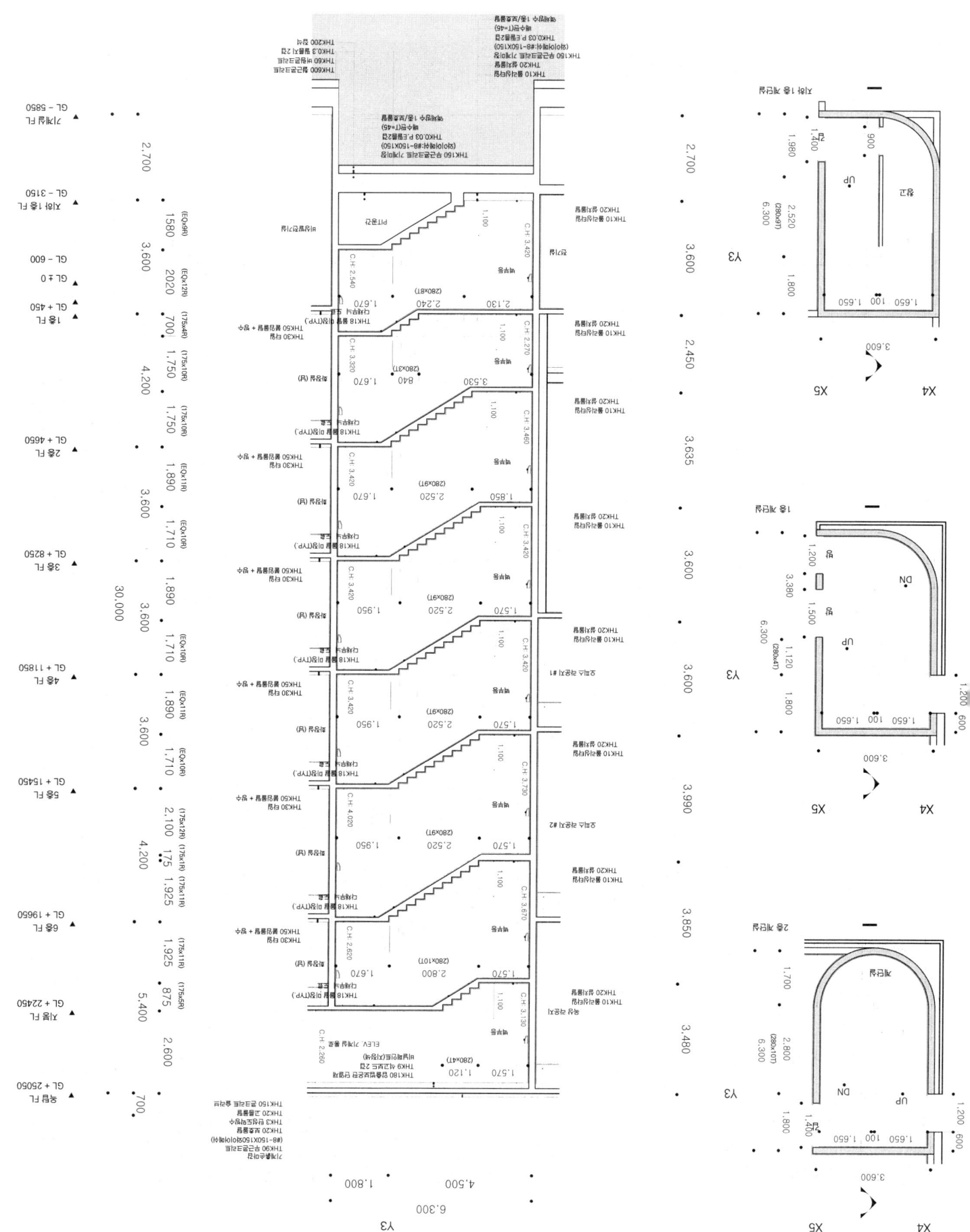

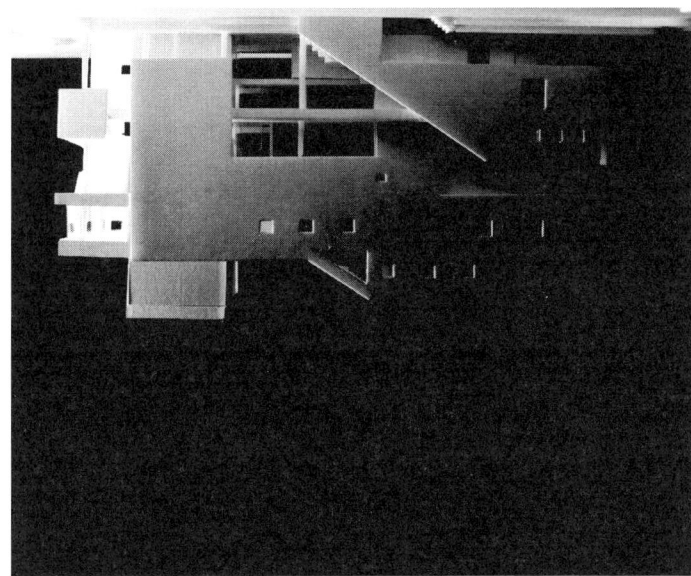

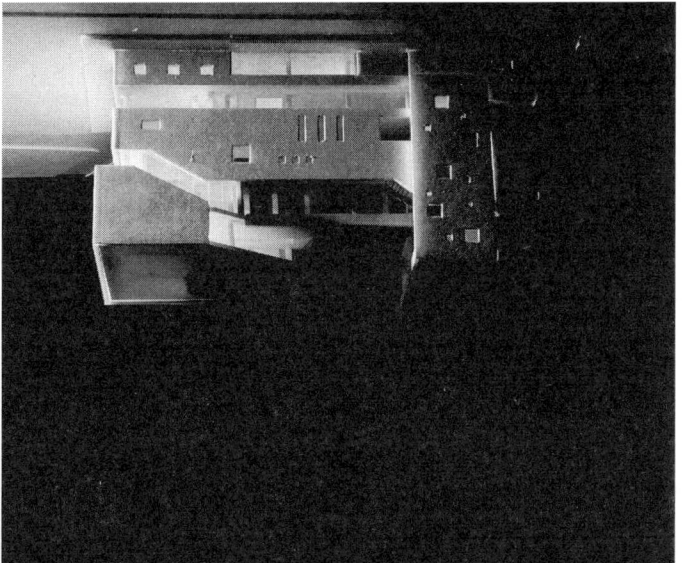

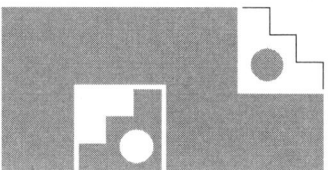

양유진 | YANG YOOJIN

위치	|	서울특별시 동대문구 용두동 255-67 외1필지
용도	|	문화 및 집회시설, 업무시설
대지면적	|	1663m²
건축면적	|	918m²
연면적	|	5299.83m²
건폐율	|	918 / 1663 x 100 = 55.20%
용적률	|	4009.07 / 1663 x 100 = 241.07%
구조	|	철근콘크리트
규모	|	지하1층, 지상6층
최고 높이	|	GL + 23.87m

MUsic,UMsic

움직이는 음악, 파도치는 문화 경험

청계천 서울문화재단에 종합음악원이라는 생활soc 공간을 담아냈습니다.

적극적으로 문화를 소비하고 향유하는 사람들은 공연관람외에도 연출에 사용된 음악, 도서, 배경역사들도

궁금해할 것입니다. 음악을 듣고 관람에서만 그치는것이 아닌 파도타듯 연결되는 문화경험이 새로운 태도가 되고 있습니다.

공연장 매스를 중심으로 교차되는 음악박물관과 뮤직라이브러리는 관람객의 적극적인 참여 및 관람을 이끌어 냅니다.

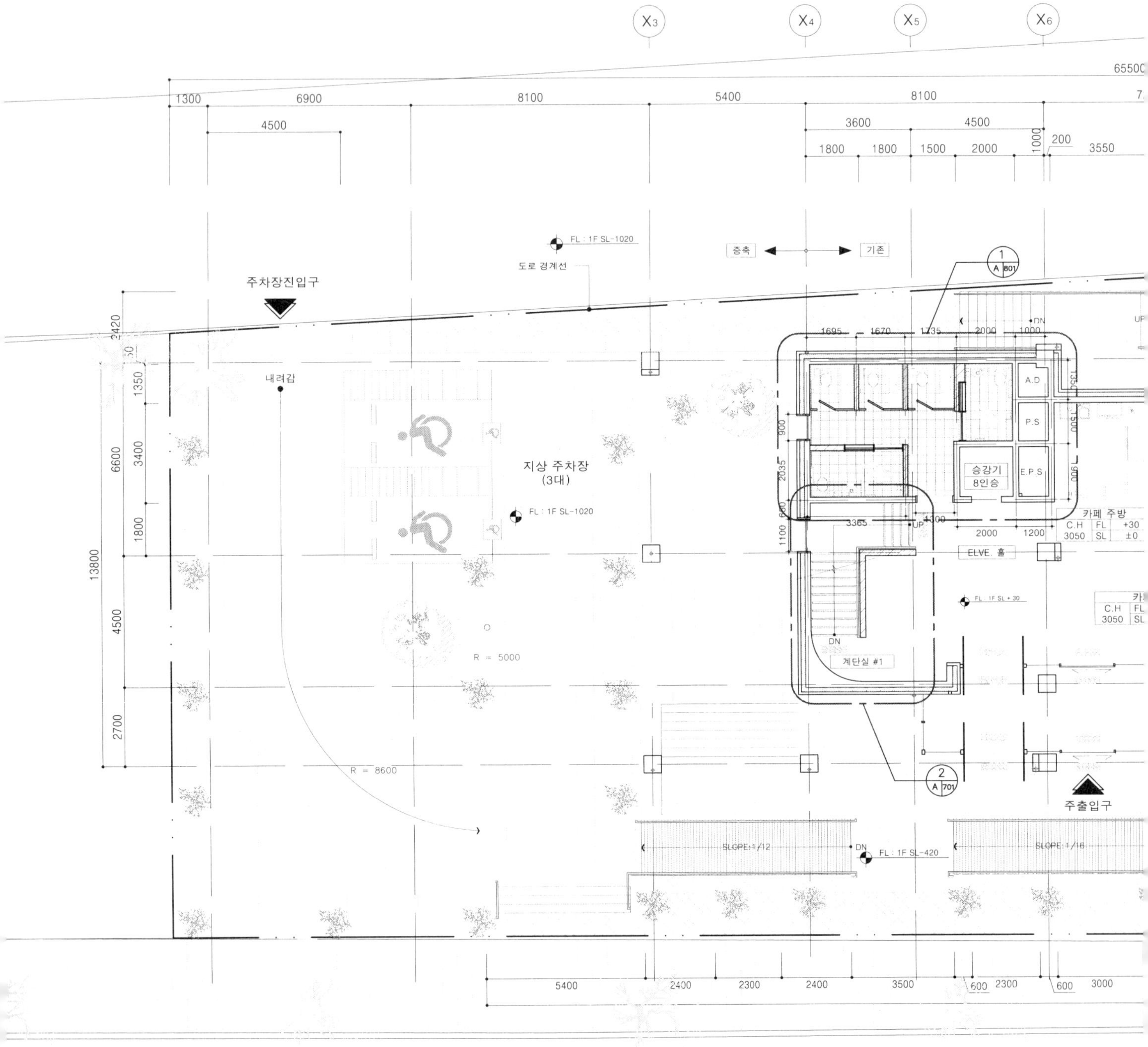

6550C

1300   6900   8100   5400   8100   7

4500   3600   4500

1800   1800   1500   2000   1000   200   3550

FL : 1F SL-1020

도로 경계선   증축 ◄ ━━ ► 기존

주차장진입구

1 / A 801

1695   1670   1735   2000   1000   DN

내려감

A.D

P.S

E.P.S

지상 주차장
(3대)

승강기
8인승

카페 주방

FL : 1F SL-1020

C.H FL +30
3050 SL ±0

3365   UP

2000   1200

ELVE. 홀

카페

FL : 1F SL + 30

C.H FL
3050 SL

R = 5000

DN

계단실 #1

2 / A 701

R = 8600

주출입구

SLOPE 1/12   DN   FL : 1F SL-420   SLOPE 1/16

2420   1350   6600   3400   1800   13800   4500   2700

5400   2400   2300   2400   3500   600   2300   600   3000

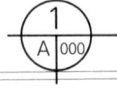

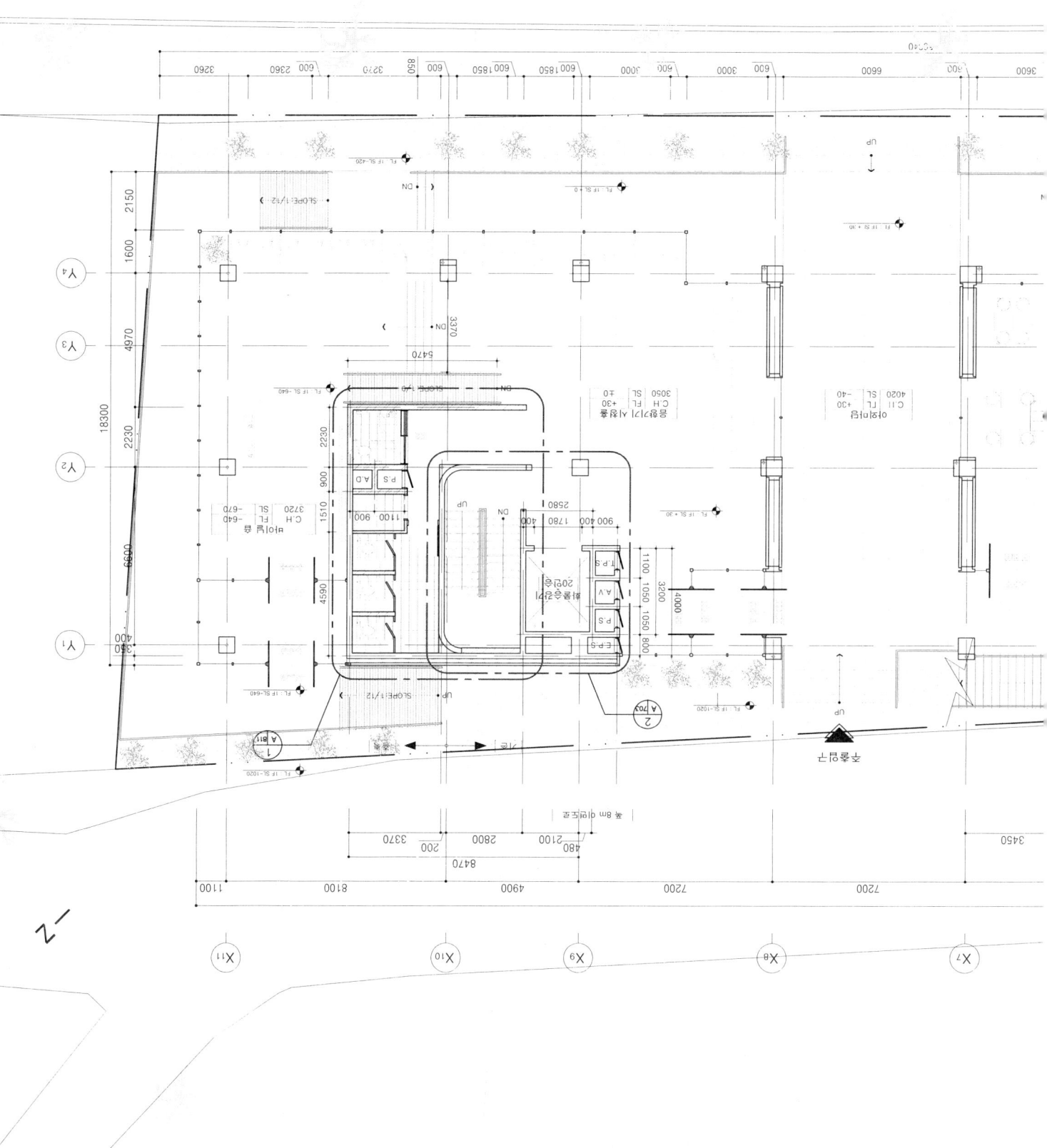

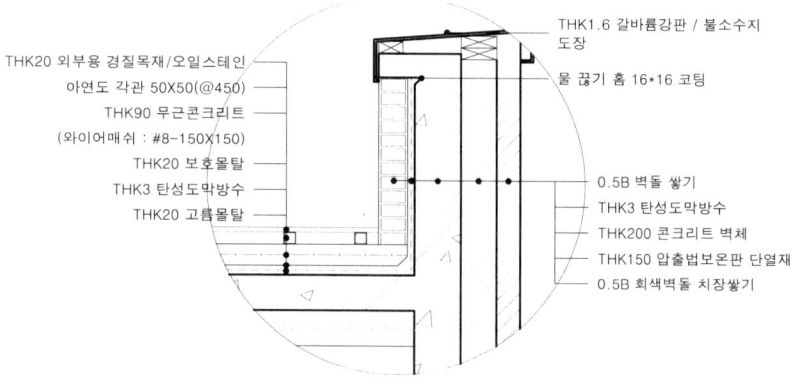

THK1.6 갈바륨강판 / 불소수지
도장

THK20 외부용 경질목재/오일스테인
아연도 각관 50X50(@450)
THK90 무근콘크리트
(와이어매쉬 : #8-150X150)
THK20 보호몰탈
THK3 탄성도막방수
THK20 고름몰탈

물 끊기 홈 16*16 코팅

0.5B 벽돌 쌓기
THK3 탄성도막방수
THK200 콘크리트 벽체
THK150 압출법보온판 단열재
0.5B 회색벽돌 치장쌓기

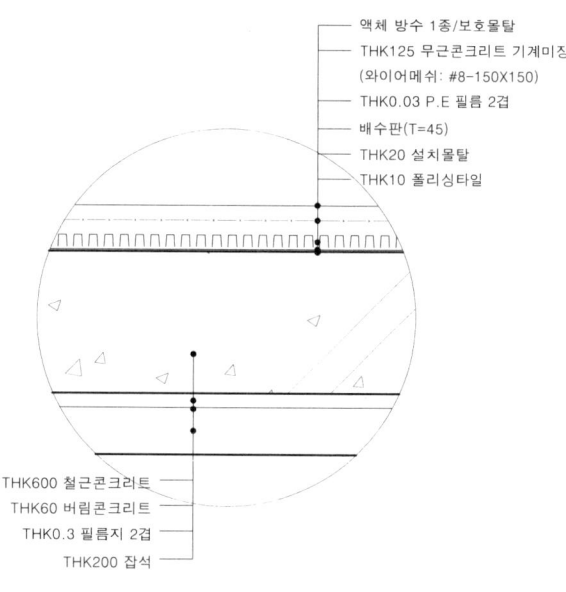

액체 방수 1종/보호몰탈
THK125 무근콘크리트 기계미장
(와이어메쉬: #8-150X150)
THK0.03 P.E 필름 2겹
배수판(T=45)
THK20 설치몰탈
THK10 폴리싱타일

THK600 철근콘크리트
THK60 버림콘크리트
THK0.3 필름지 2겹
THK200 잡석

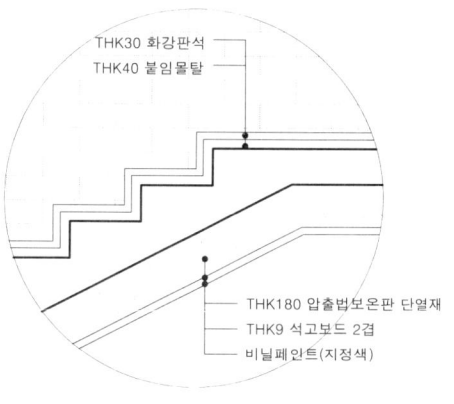

THK30 화강판석
THK40 붙임몰탈

THK180 압출법보온판 단열재
THK9 석고보드 2겹
비닐페인트(지정색)

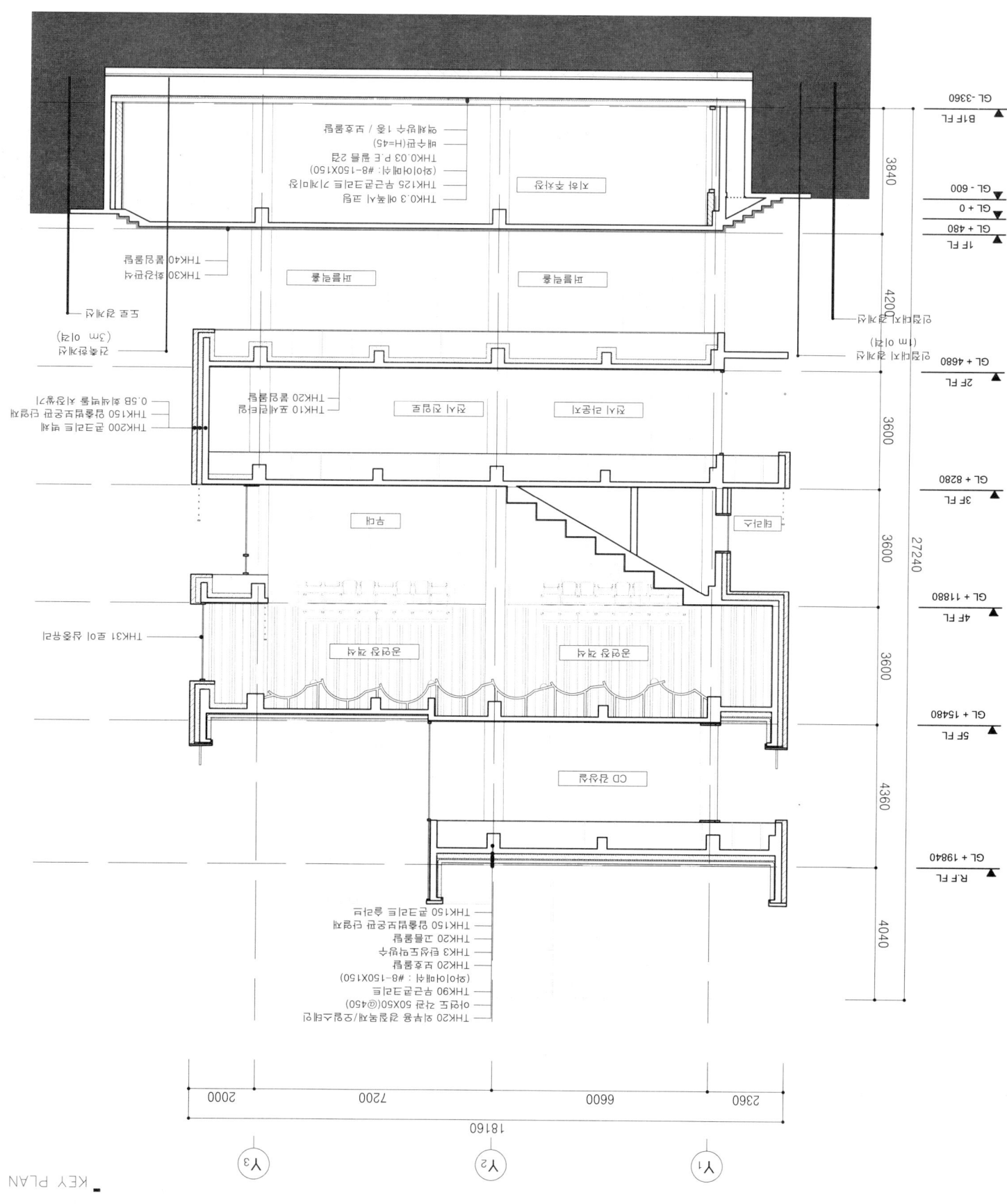

종단면도
SCALE : 1/150

KEY PLAN

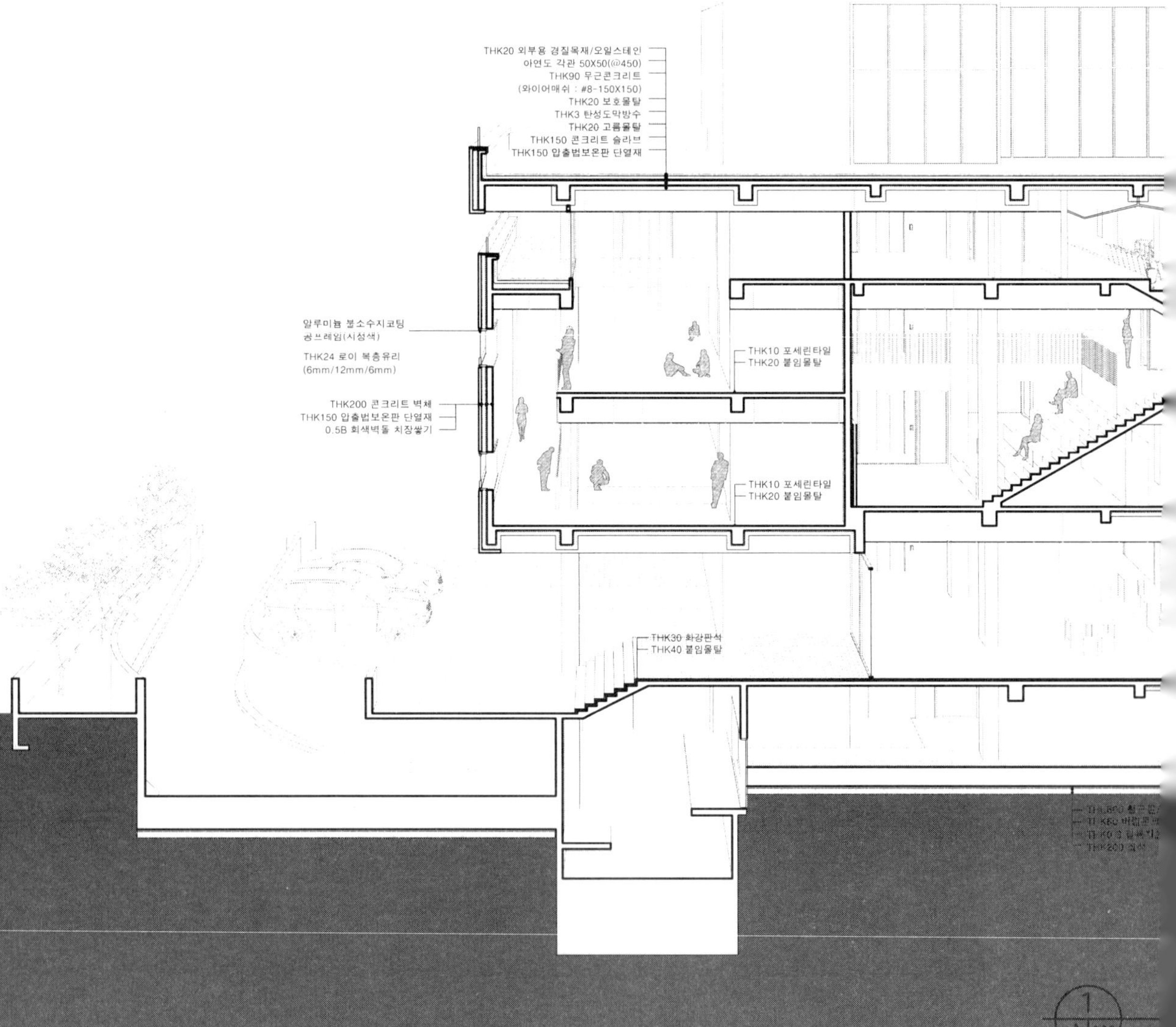

THK20 외부용 경질목재/오일스테인
아연도 각관 50X50(@450)
THK90 무근콘크리트
(와이어매쉬 : #8-150X150)
THK20 보호몰탈
THK3 탄성도막방수
THK20 고름몰탈
THK150 콘크리트 슬라브
THK150 압출법보온판 단열재

알루미늄 불소수지코팅
컬브레임(시정색)

THK24 로이 복층유리
(6mm/12mm/6mm)

THK200 콘크리트 벽체
THK150 압출법보온판 단열재
0.5B 회색벽돌 치장쌓기

THK10 포세린타일
THK20 붙임몰탈

THK10 포세린타일
THK20 붙임몰탈

THK30 화강판석
THK40 붙임몰탈

THK800 철근콘
TI K60 버림콘
THK40 잡석다
THK200 토목

1
A 000

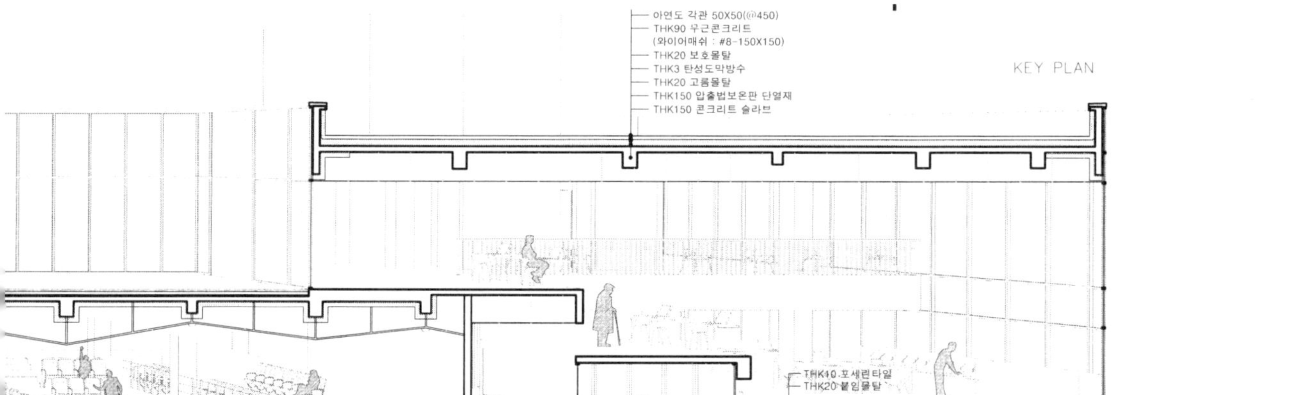

KEY PLAN

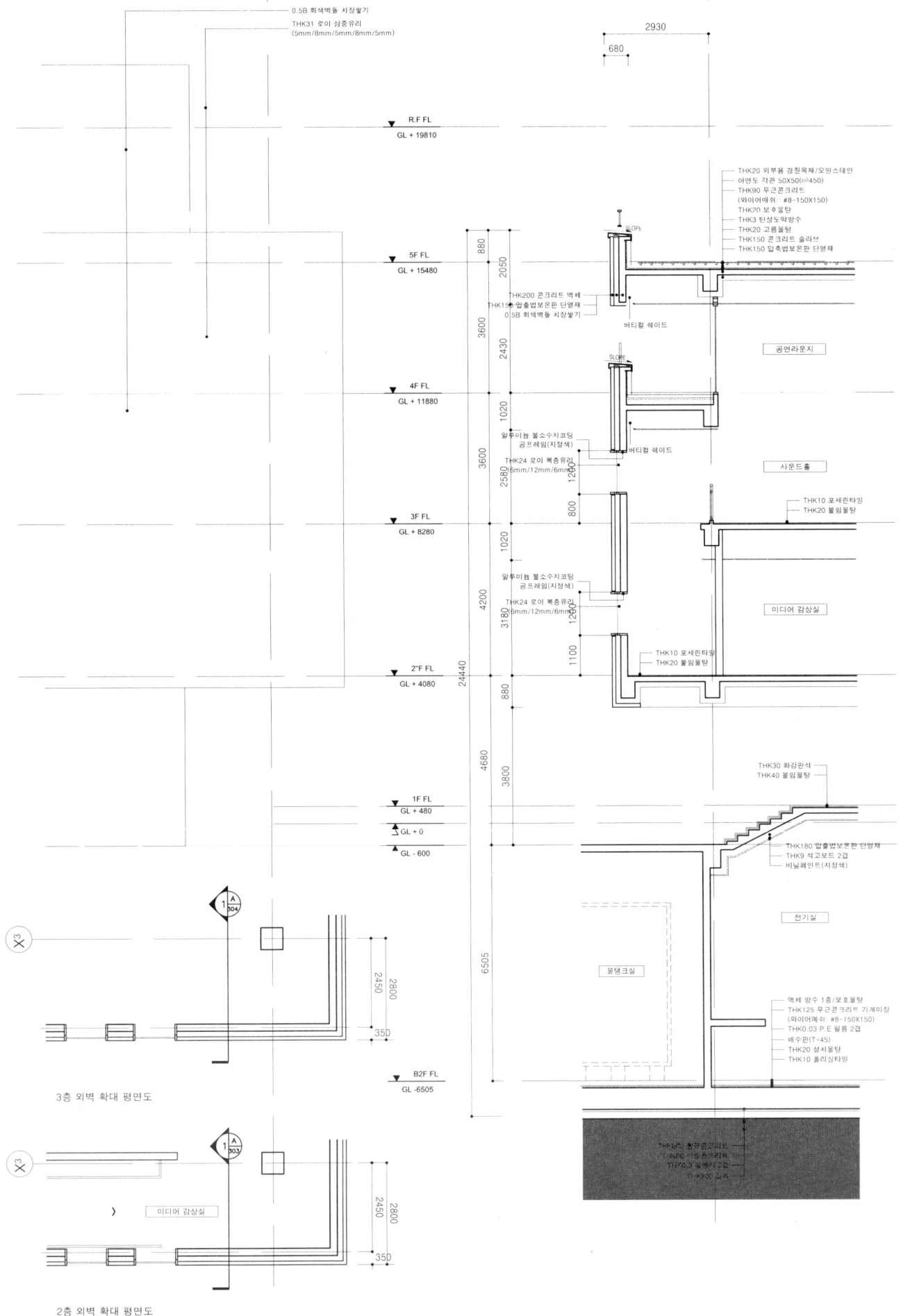

Y₁

X₃

0.5B 회색벽돌 치장쌓기
THK31 로이 삼중유리
(5mm/8mm/5mm/8mm/5mm)

2930
680

R.F FL
GL + 19810

THK20 외부용 겹침목재/오일스테인
아연도 각관 50X50(@450)
THK90 무근콘크리트
(와이어메쉬 : #8-150X150)
THK20 보호몰탈
THK3 탄성도막방수
THK20 고름몰탈
THK150 콘크리트 슬라브
THK150 압축법보온판 단열재

880
2050

5F FL
GL + 15480

THK200 콘크리트 벽체
THK150 압출법보온판 단열재
0.5B 회색벽돌 치장쌓기

버티컬 쉐이드

공연라운지

3600
2430

SLOPE

4F FL
GL + 11880

1020

알루미늄 불소수지코팅
공프레임(지정색)
THK24 로이 복층유리
6mm/12mm/6mm

버티컬 쉐이드

사운드홀

3600
2580
1220

THK10 포세린타일
THK20 붙임몰탈

3F FL
GL + 8280

1020

알루미늄 불소수지코팅
공프레임(지정색)
THK24 로이 복층유리
6mm/12mm/6mm

미디어 감상실

4200
3180
1220

800

THK10 포세린타일
THK20 붙임몰탈

2"F FL
GL + 4080

1100

880

24440

1F FL
GL + 480

GL + 0

GL - 600

THK30 화강판석
THK40 붙임몰탈

4680
3800

THK180 압출법보온판 단열재
THK9 석고보드 2겹
비닐페인트(지정색)

전기실

물탱크실

액체 방수 1층/보호몰탈
THK125 무근콘크리트 기계미장
(와이어메쉬 : #8-150X150)
THK0.03 P.E 필름 2겹
배수판(T=45)
THK20 설치몰탈
THK10 폴리싱타일

6505

X₃

2800
2450
350

1
A 304

3층 외벽 확대 평면도

B2F FL
GL -6505

THK 붙임몰탈
THK 이중콘크리트
THK0.3 필름 2겹
THK20 고름

X₃

미디어 감상실

2800
2450
350

1
A 303

2층 외벽 확대 평면도

1
A 000

서측방향 외벽확대 평입단면도
SCALE : 1 / 100

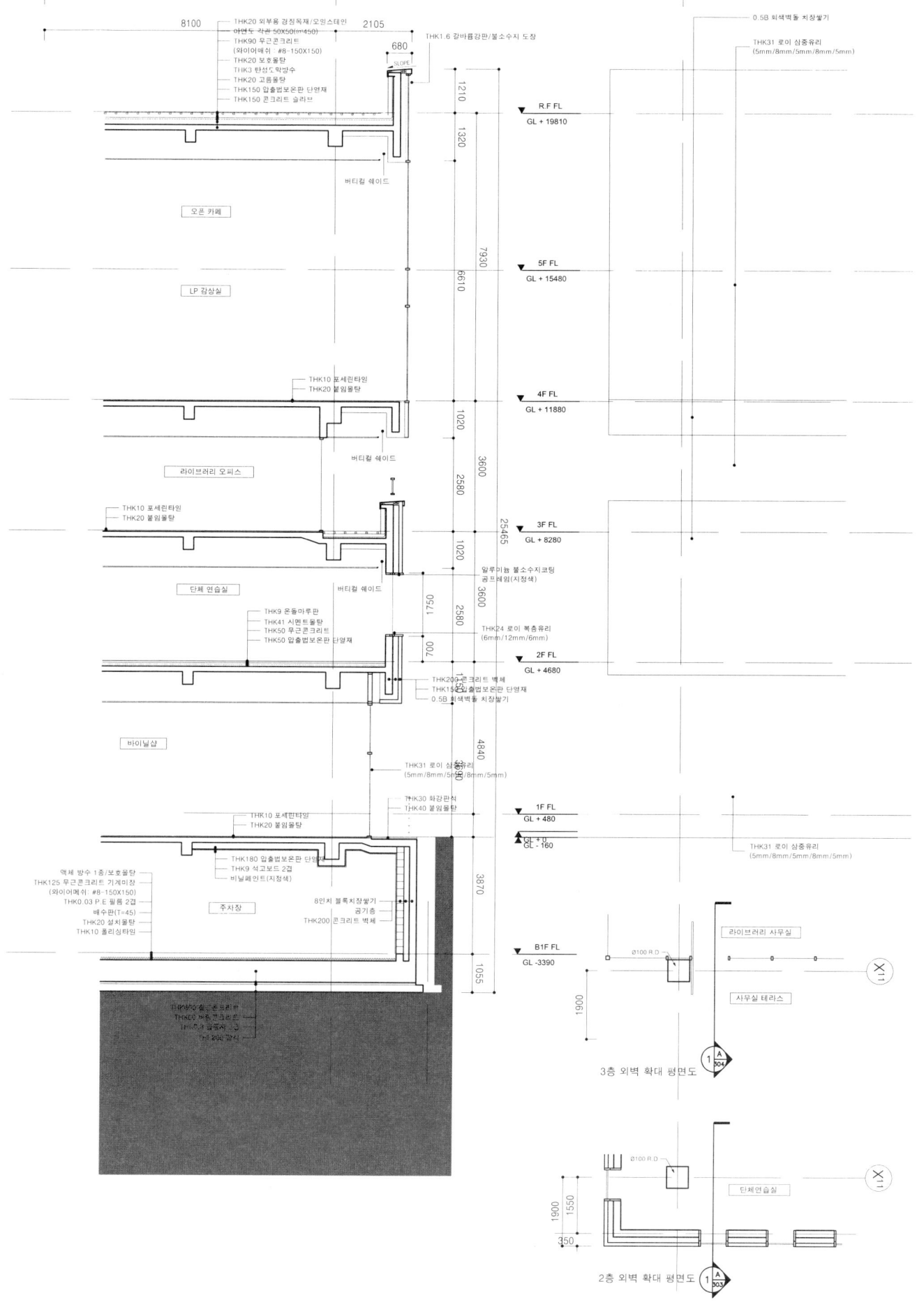

오픈 카페

LP 감상실

라이브러리 오피스

단체 연습실

바이닐샵

주차장

R.F FL
GL + 19810

5F FL
GL + 15480

4F FL
GL + 11880

3F FL
GL + 8280

2F FL
GL + 4680

1F FL
GL + 480

GL ± 0
GL - 160

B1F FL
GL -3390

라이브러리 사무실

사무실 테라스

X11

3층 외벽 확대 평면도

단체연습실

X11

2층 외벽 확대 평면도

동측방향 외벽확대 평입단면도
SCALE : 1 / 100

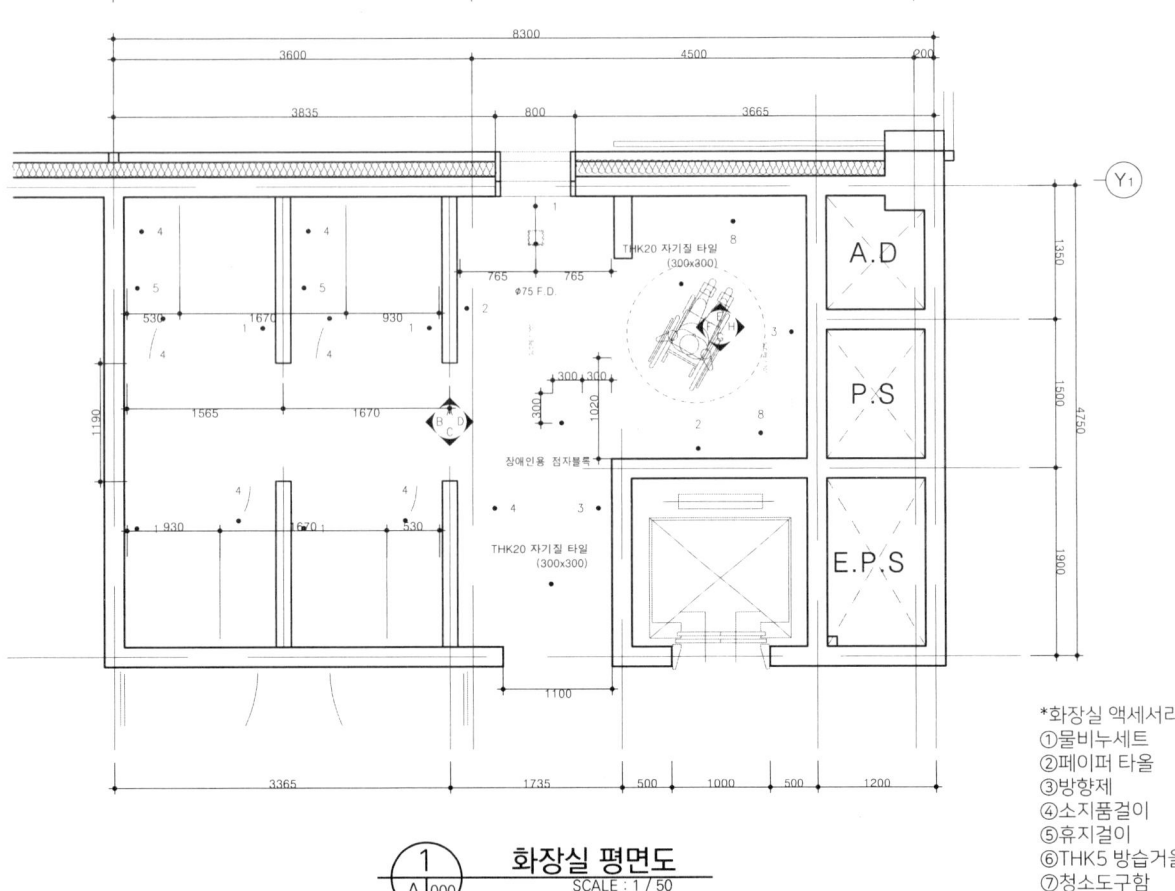

THK20 자기질 타일
(300x300)

765 765

Ø75 F.D.

A.D

P.S

E.P.S

300 300

장애인용 점자블록

THK20 자기질 타일
(300x300)

*화장실 액세서리 범례
①물비누세트
②페이퍼 타올
③방향제
④소지품걸이
⑤휴지걸이
⑥THK5 방습거울
⑦청소도구함
⑧그립바

① / A000 화장실 평면도
SCALE : 1 / 50

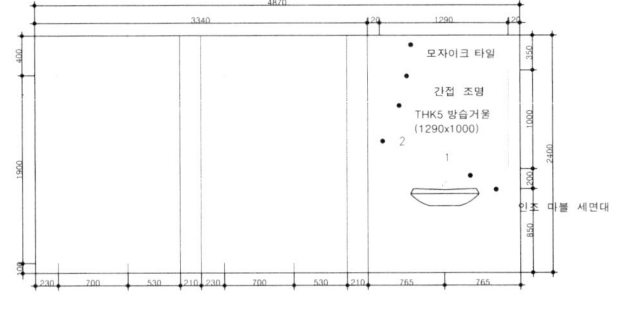

모자이크 타일

간접 조명

THK5 방습거울
(1290x1000)

인조 마블 세면대

화장실 입면전개도 [A]

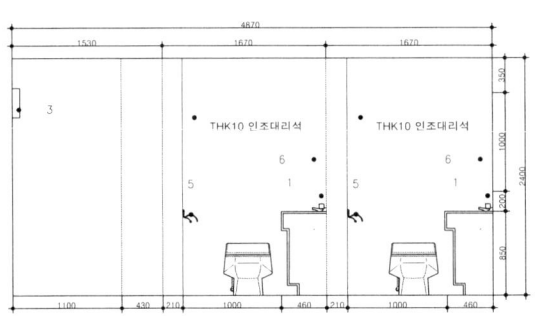

THK10 인조대리석   THK10 인조대리석

화장실 입면전개도 [C]

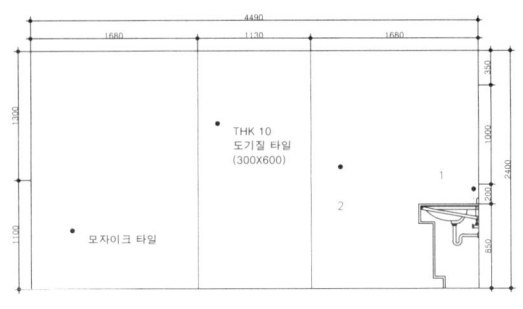

THK 10
도기질 타일
(300x600)

모자이크 타일

화장실 입면전개도 [B]

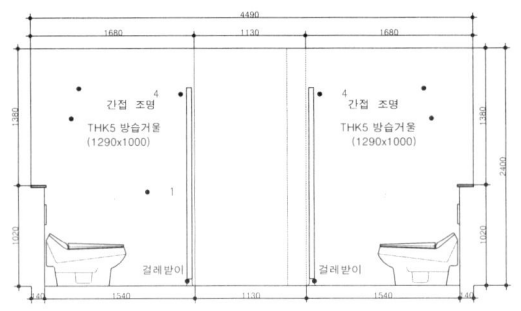

간접 조명   간접 조명
THK5 방습거울   THK5 방습거울
(1290x1000)   (1290x1000)

걸레받이   걸레받이

화장실 입면전개도 [D]

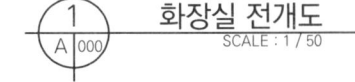

① / A000 화장실 전개도
SCALE : 1 / 50

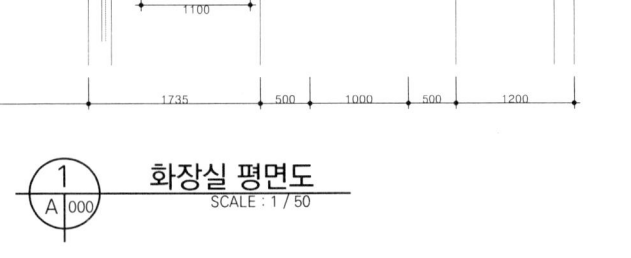

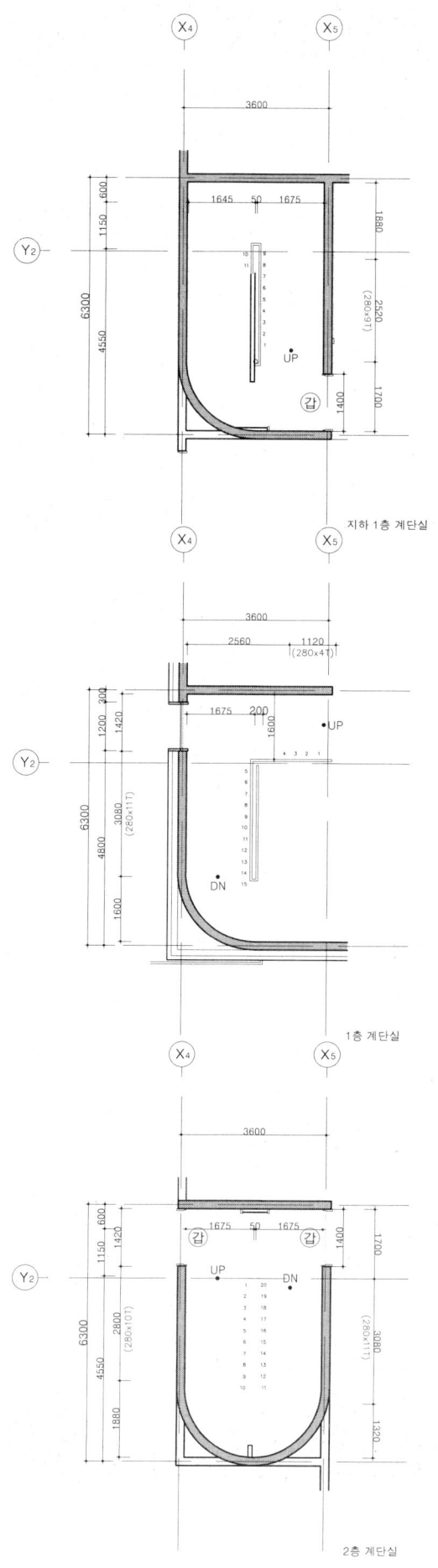

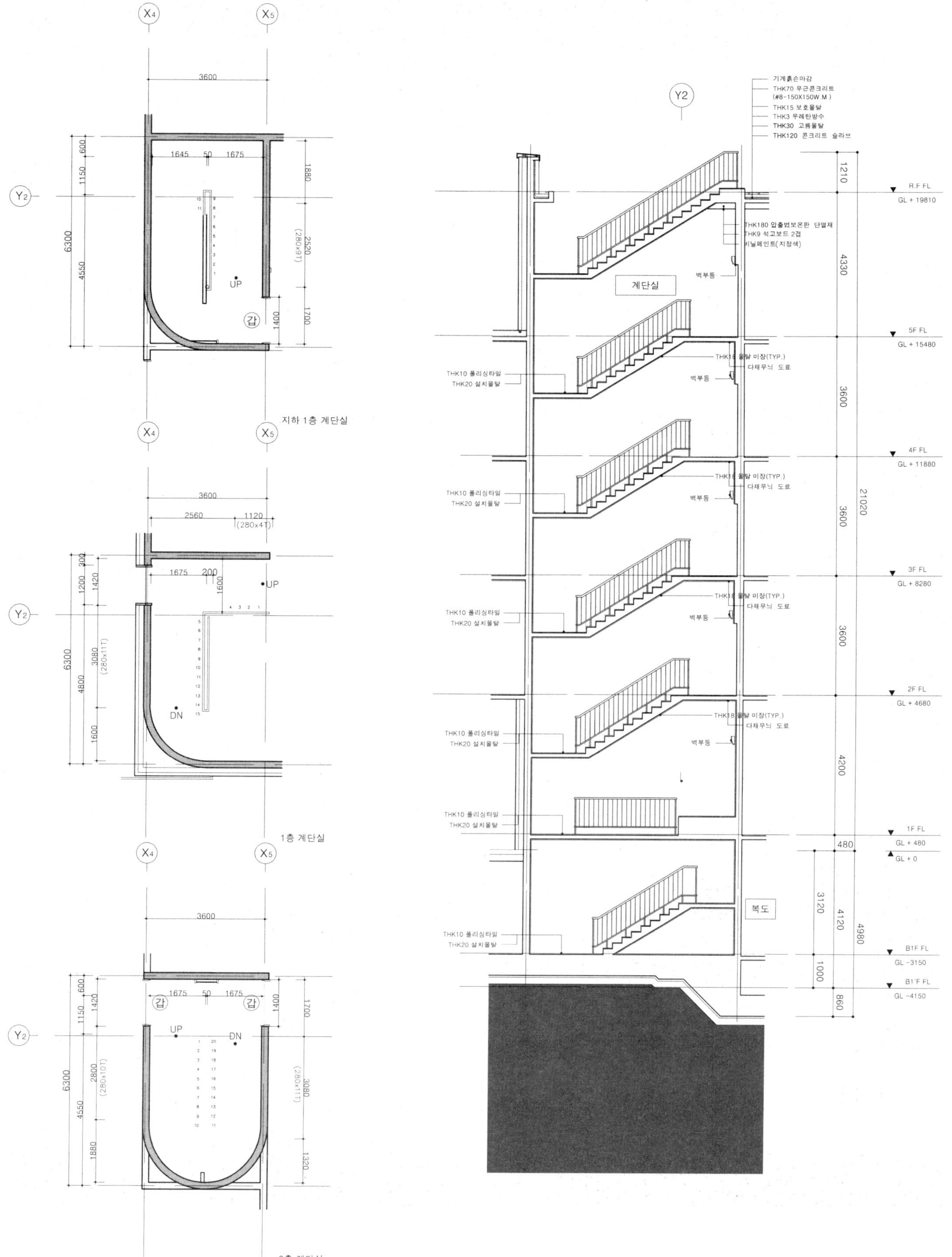

X₄ X₅

3600
1645 50 1675
600
1150
1880
(280×9T)
2520
6300
4550
1700
1400
UP
갑

지하 1층 계단실

3600
2560 1120
(280×4T)
1675 200
200
1200
1420
1600
•UP
6300
4800
3080
(280×11T)
1600
•DN

1층 계단실

3600
갑 1675 50 1675 갑
600
1150
1420
1700
1400
UP• •DN
6300
2800
(280×10T)
4550
3080
(280×11T)
1880
1320

2층 계단실

Y2

기계흡음마감
THK70 무근콘크리트
(#8-150X150W.M)
THK15 보호몰탈
THK3 우레탄방수
THK30 고름몰탈
THK120 콘크리트 슬라브

1210
R.F FL
GL + 19810

THK180 압출법보온판 단열재
THK9 석고보드 2겹
비닐페인트(지정색)
벽부등
계단실

4330

5F FL
GL + 15480

THK10 폴리싱타일
THK20 설치몰탈
THK18 몰탈 미장(TYP.)
다채무늬 도료
벽부등

3600

4F FL
GL + 11880

THK10 폴리싱타일
THK20 설치몰탈
THK18 몰탈 미장(TYP.)
다채무늬 도료
벽부등

3600

21020

3F FL
GL + 8280

THK10 폴리싱타일
THK20 설치몰탈
THK18 몰탈 미장(TYP.)
다채무늬 도료
벽부등

3600

2F FL
GL + 4680

THK10 폴리싱타일
THK20 설치몰탈
THK18 몰탈 미장(TYP.)
다채무늬 도료
벽부등

4200

1F FL
GL + 480
GL + 0

THK10 폴리싱타일
THK20 설치몰탈

480
3120
4120
4980

복도

THK10 폴리싱타일
THK20 설치몰탈

1000

B1F FL
GL -3150
B1'F FL
GL -4150

860

1
A 000

계단실1 확대 평단면도
SCALE : 1 / 100

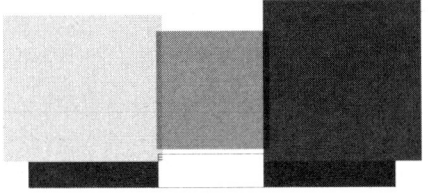

임예지 | YEJI LIM

위치	서울특별시 동대문구 용두동 255-67 외1필지
용도	문화 및 집회시설, 업무시설
대지면적	1617.67m²
건축면적	920.12m²
연면적	3476.33m²
건폐율	920.12 / 1617.67 x 100 = 56.8%
용적률	3476.33 / 1617.67 x 100 = 214.89%
구조	철근콘크리트
규모	지하2층, 지상5층
최고 높이	GL + 24.0m

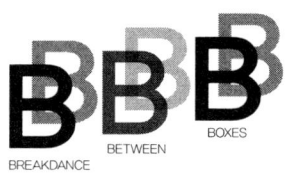

Breakdance Between Boxes. 두 개의 매스 사이에서 벌어지는 퍼포먼스

청계천을 바라볼 수 있는 문화 교육 시설과 공연장을 포함한 새로운 서울문화재단을 제시하고자 한다.

높은 층고를 요구하는 공연장을 매스 중간에 끼워 넣어 공연장마다 다른 층고를 입면에서 드러나게 했다.

공연장을 중심으로 양옆의 매스를 밀고 당겨 입체감을 주었으며

1층의 매스를 투명하게, 위의 매스를 무겁게 처리하여 매스가 떠있는 듯한 공간을 제시하고자 한다.

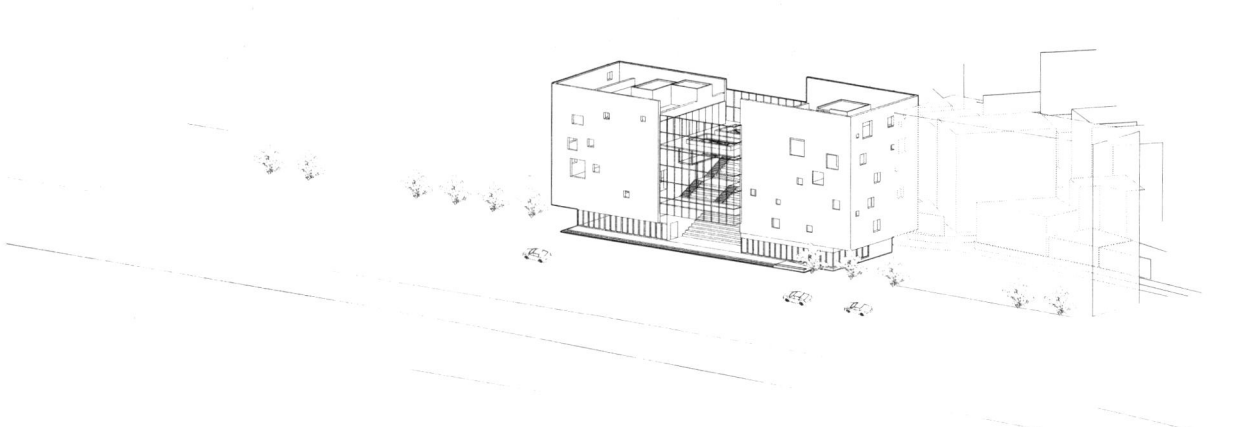

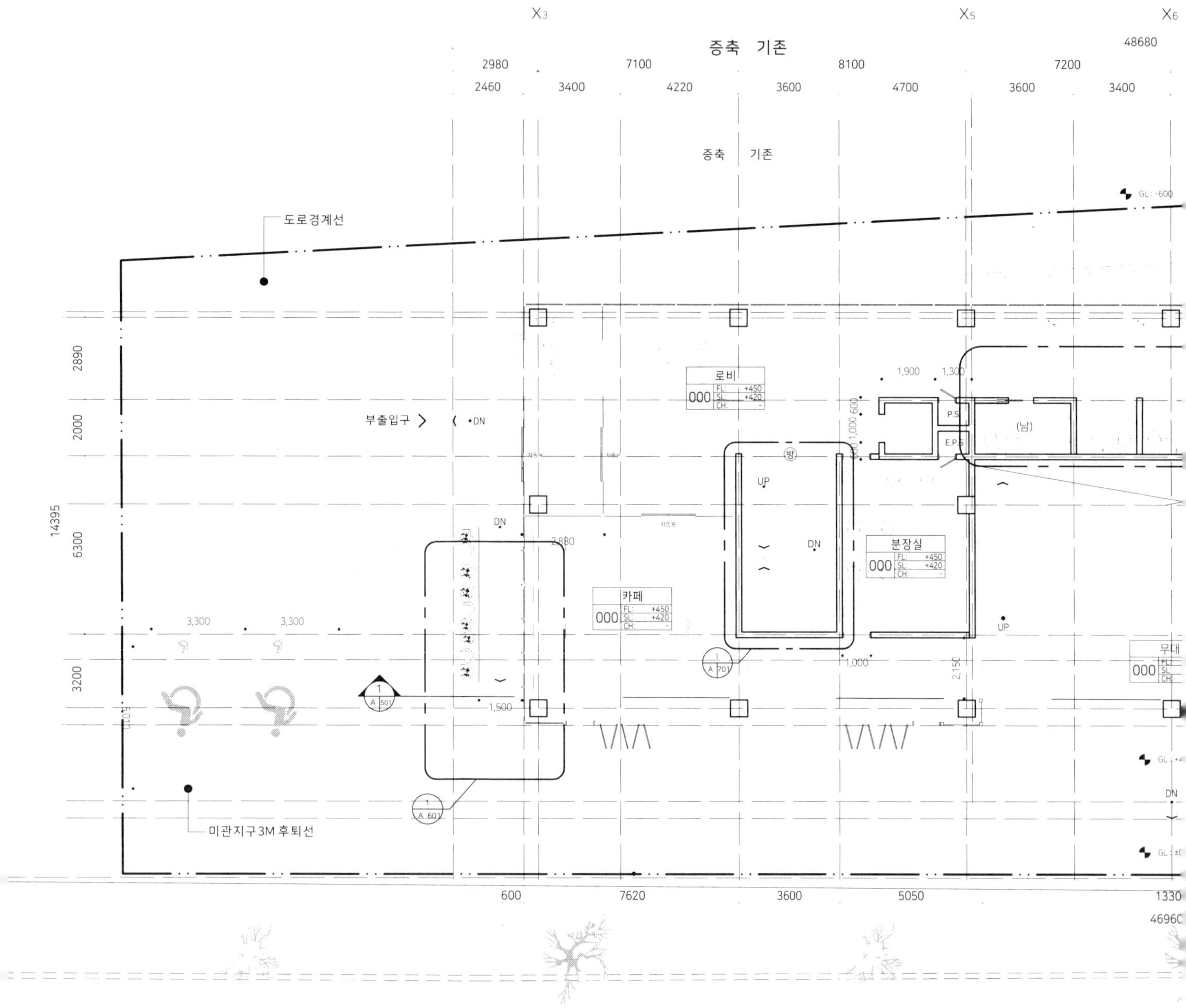

증축 기존

X₃   X₅   X₆
                                                          48680
2980   7100   8100   7200
2460   3400   4220   3600   4700   3600   3400

증축   기존

GL:-600

도로경계선

2890

2000   부출입구 〉   〈·DN   로비
                                                000 FL +450
                                                     SL +420
                                                     CH
14395   1,900 1,300
                                                                            P.S   (남)
6300   DN   UP   E.P.S
        3,300   3,300   3,880
                                                     〜   DN   분장실
                                          〈   000 FL +450
                                   카페   SL +420
3200   000 FL +450   CH
                                   SL +420   〜
                                   CH   1,000   UP
                           A 501   1,500   무대
                                                                2,150 000
                           A 601
미관지구 3M 후퇴선   A 701 GL
                                                                          DN

        600   7620   3600   5050   1330
                                                               46960

166 서울문화재단 리노베이션 공사 | 임예지

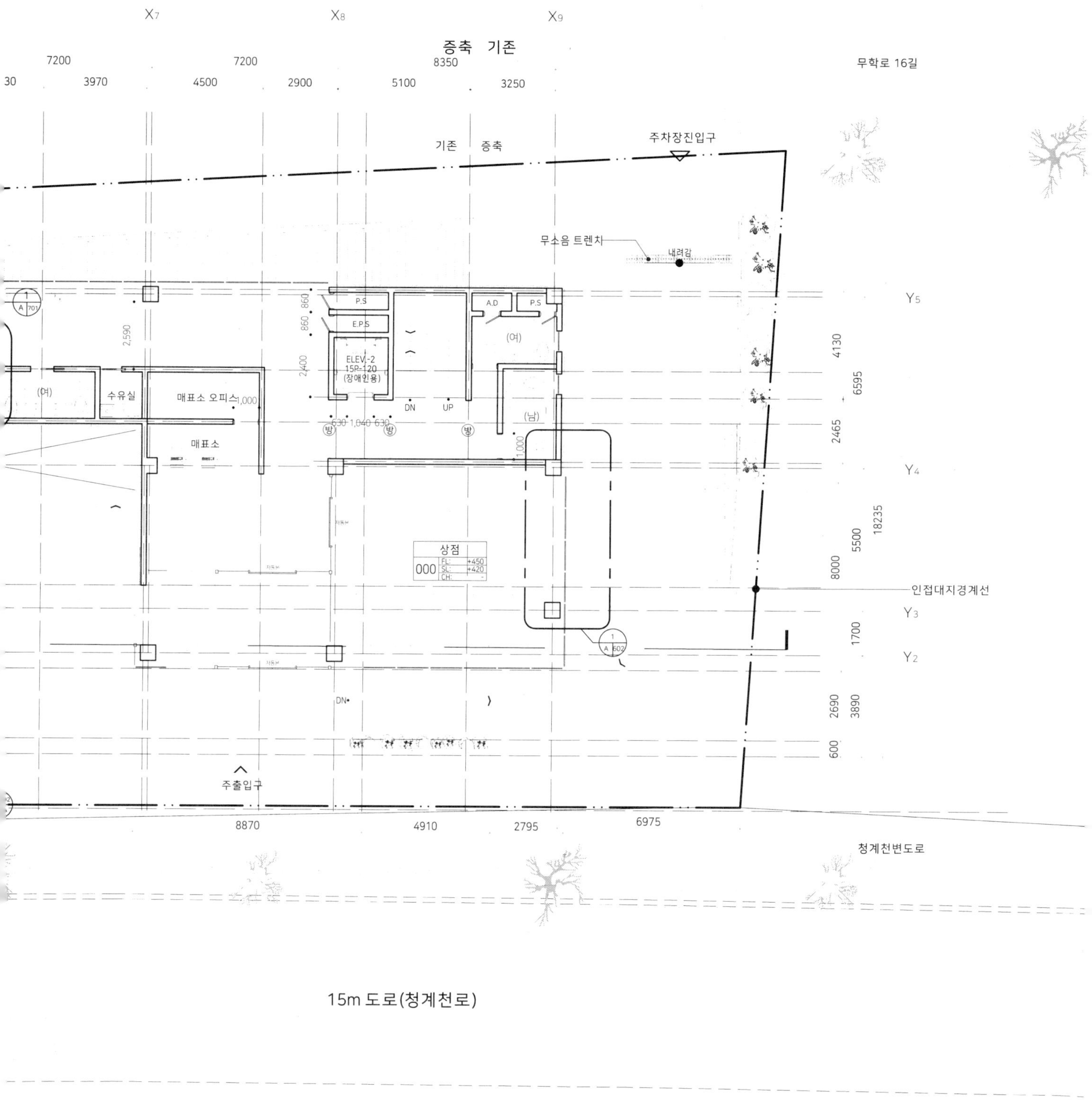
X7
X8
X9
증축 기존
7200
7200
8350
무학로 16길
30
3970
4500
2900
5100
3250
기존 증축
주차장진입구
무소음 트렌치
내려감
P.S
A.D
P.S
E.P.S
ELEV.-2
15P-120
(장애인용)
(여)
(여)
수유실
매표소 오피스
1,000
2,590
2400
860 860
DN
UP
630 1,040 630
(남)
1,000
매표소
상점
000
FL: +450
SL: +420
CH: -
Y5
Y4
Y3
Y2
4130
6595
2465
5500
18235
8000
1700
2690
3890
600
인접대지경계선
DN
주출입구
8870
4910
2795
6975
청계천변도로
15m 도로(청계천로)

평면도
1 / 150

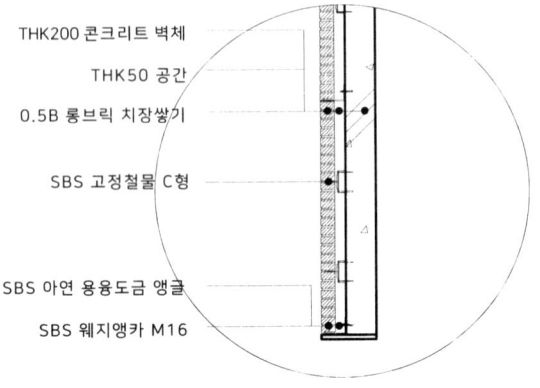

THK200 콘크리트 벽체

THK50 공간

0.5B 롱브릭 치장쌓기

SBS 고정철물 C형

SBS 아연 용융도금 앵글

SBS 웨지앵카 M16

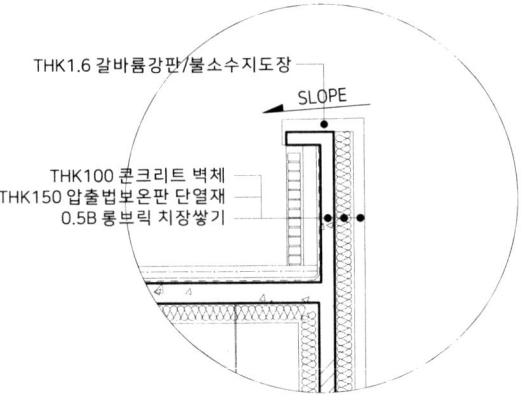

THK1.6 갈바륨강판/불소수지도장

SLOPE

THK100 콘크리트 벽체
THK150 압출법보온판 단열재
0.5B 롱브릭 치장쌓기

▼ Roof FL
GL +19650

▼ 5F FL
GL +15,450

▼ 4F FL
GL +11850

▼ 3F FL
GL +8250

▼ 2.5F FL
GL +6450

▼ 2F FL
GL +4650

도로

▼ 1F FL
GL +450

THK8 강화마루 대폭 MA-06
THK20 붙임몰탈

450x600x600 에어컨

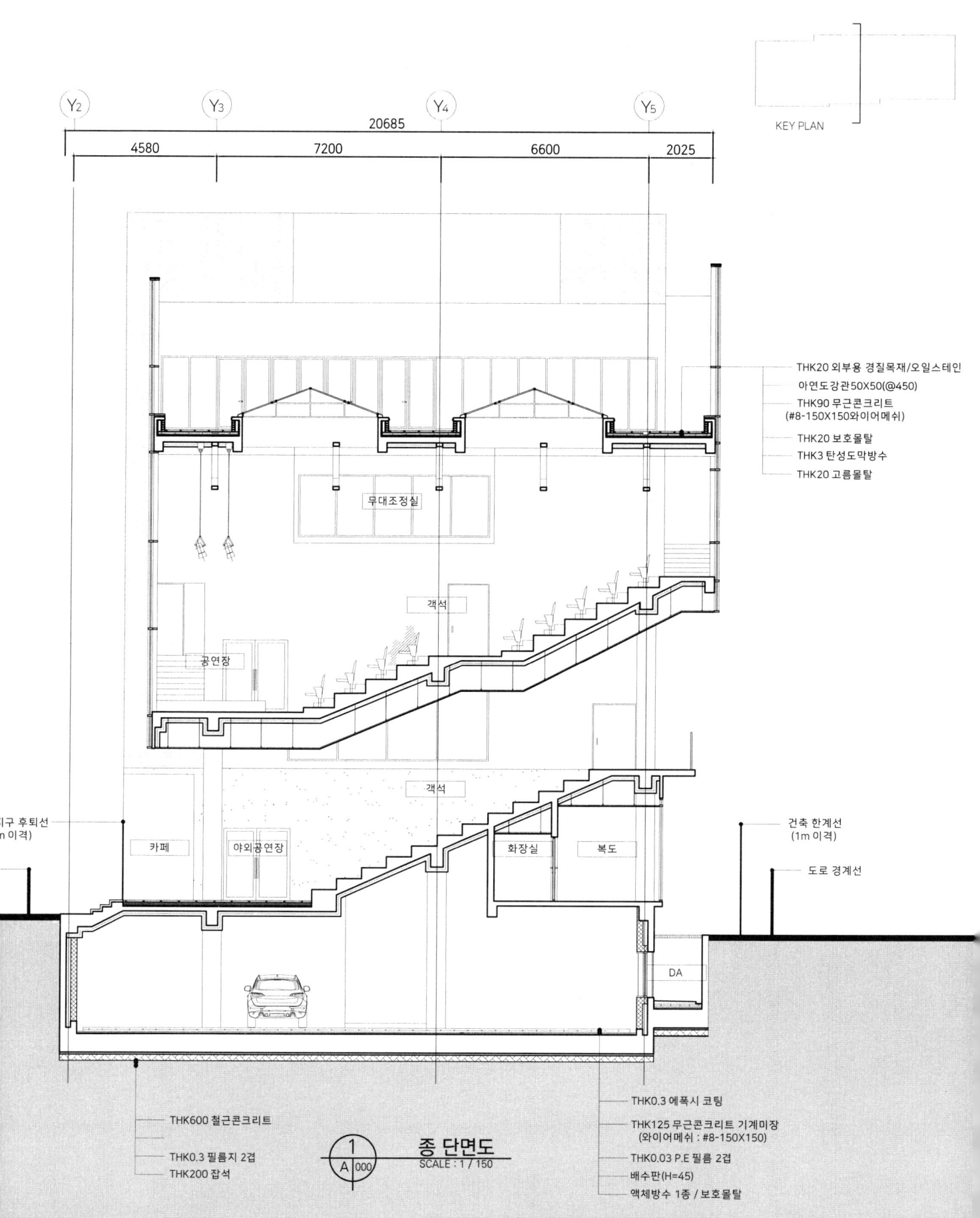

Y2　　　Y3　　　　　　Y4　　　　　Y5

20685

4580　　　7200　　　　6600　　　2025

KEY PLAN

THK20 외부용 경질목재/오일스테인
아연도강관50X50(@450)
THK90 무근콘크리트
(#8-150X150와이어메쉬)
THK20 보호몰탈
THK3 탄성도막방수
THK20 고름몰탈

무대조정실

객석

공연장

객석

|구 후퇴선
n 이격)

건축 한계선
(1m 이격)

카페　야외공연장

화장실　복도

도로 경계선

DA

THK0.3 에폭시 코팅
THK125 무근콘크리트 기계미장
(와이어메쉬 : #8-150X150)
THK0.03 P.E 필름 2겹
배수판(H=45)
액체방수 1종 / 보호몰탈

THK600 철근콘크리트
THK0.3 필름지 2겹
THK200 잡석

① 종 단면도
A 000　SCALE : 1 / 150

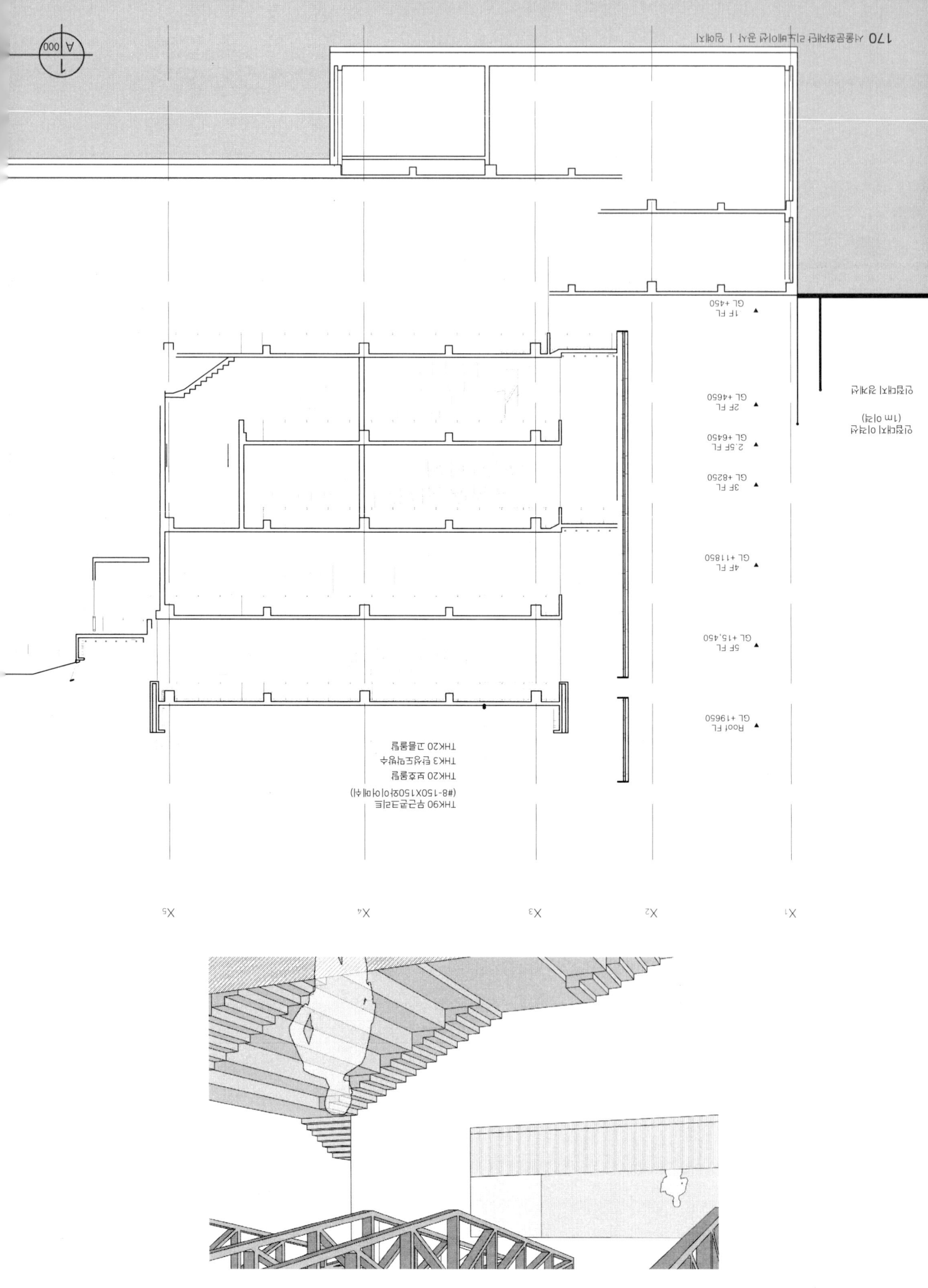

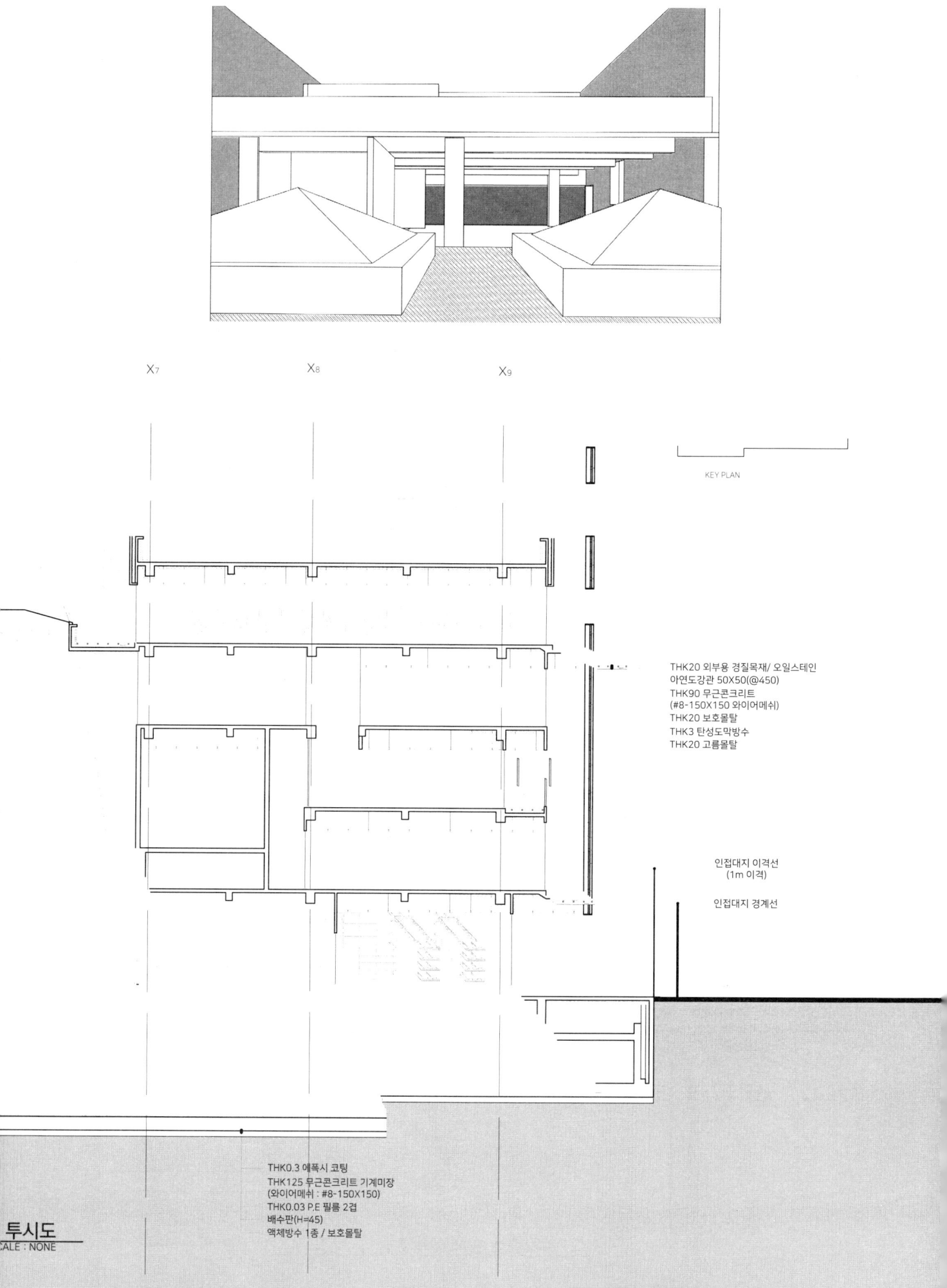

투시도
CALE : NONE

X₇   X₈   X₉

KEY PLAN

THK20 외부용 경질목재/ 오일스테인
아연도강관 50X50(@450)
THK90 무근콘크리트
(#8-150X150 와이어메쉬)
THK20 보호몰탈
THK3 탄성도막방수
THK20 고름몰탈

인접대지 이격선
(1m 이격)

인접대지 경계선

THK0.3 에폭시 코팅
THK125 무근콘크리트 기계미장
(와이어메쉬 : #8-150X150)
THK0.03 P.E 필름 2겹
배수판(H=45)
액체방수 1종 / 보호몰탈

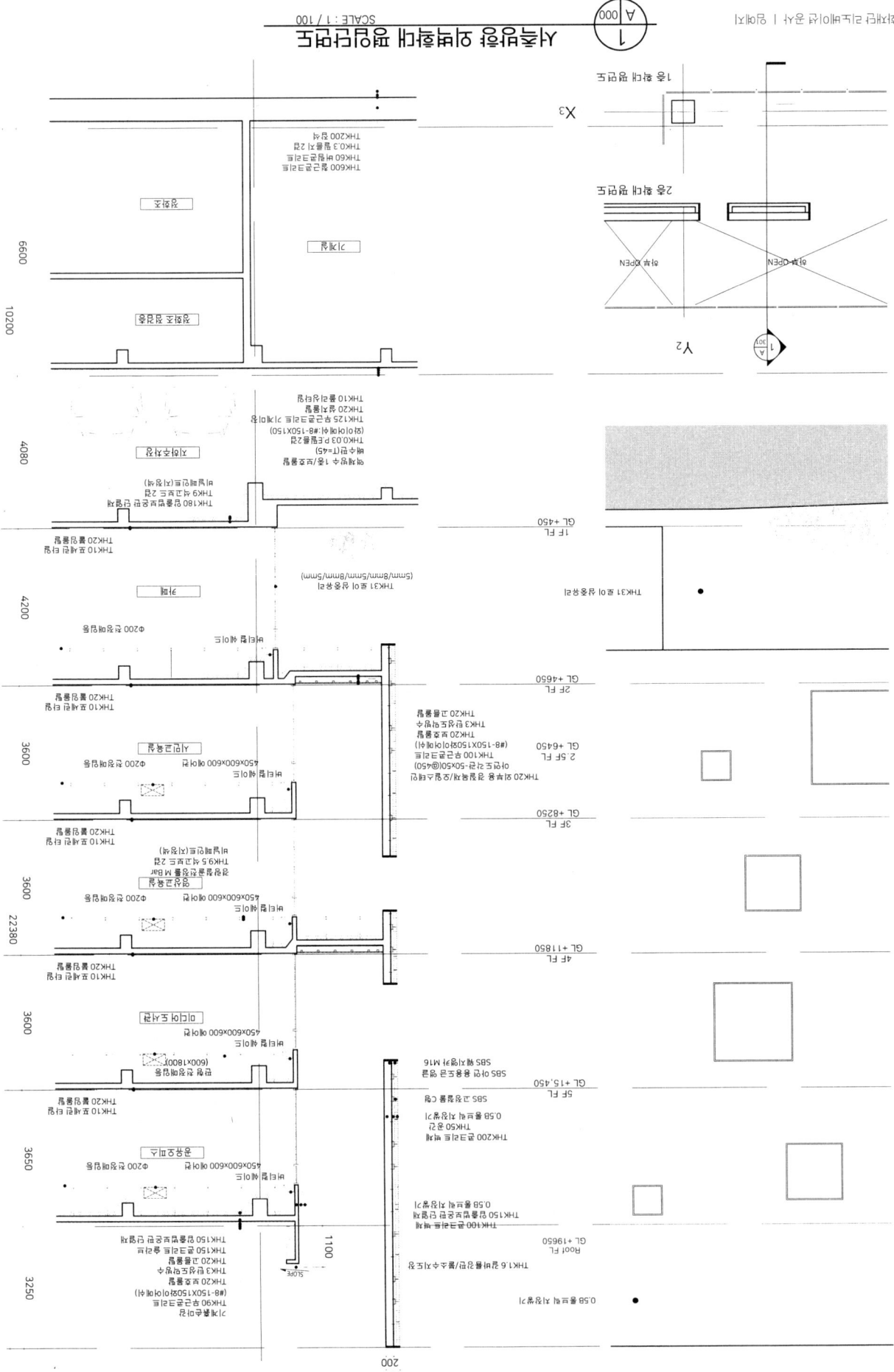

사직상활 인재활동세 종합안전망도

SCALE : 1/100

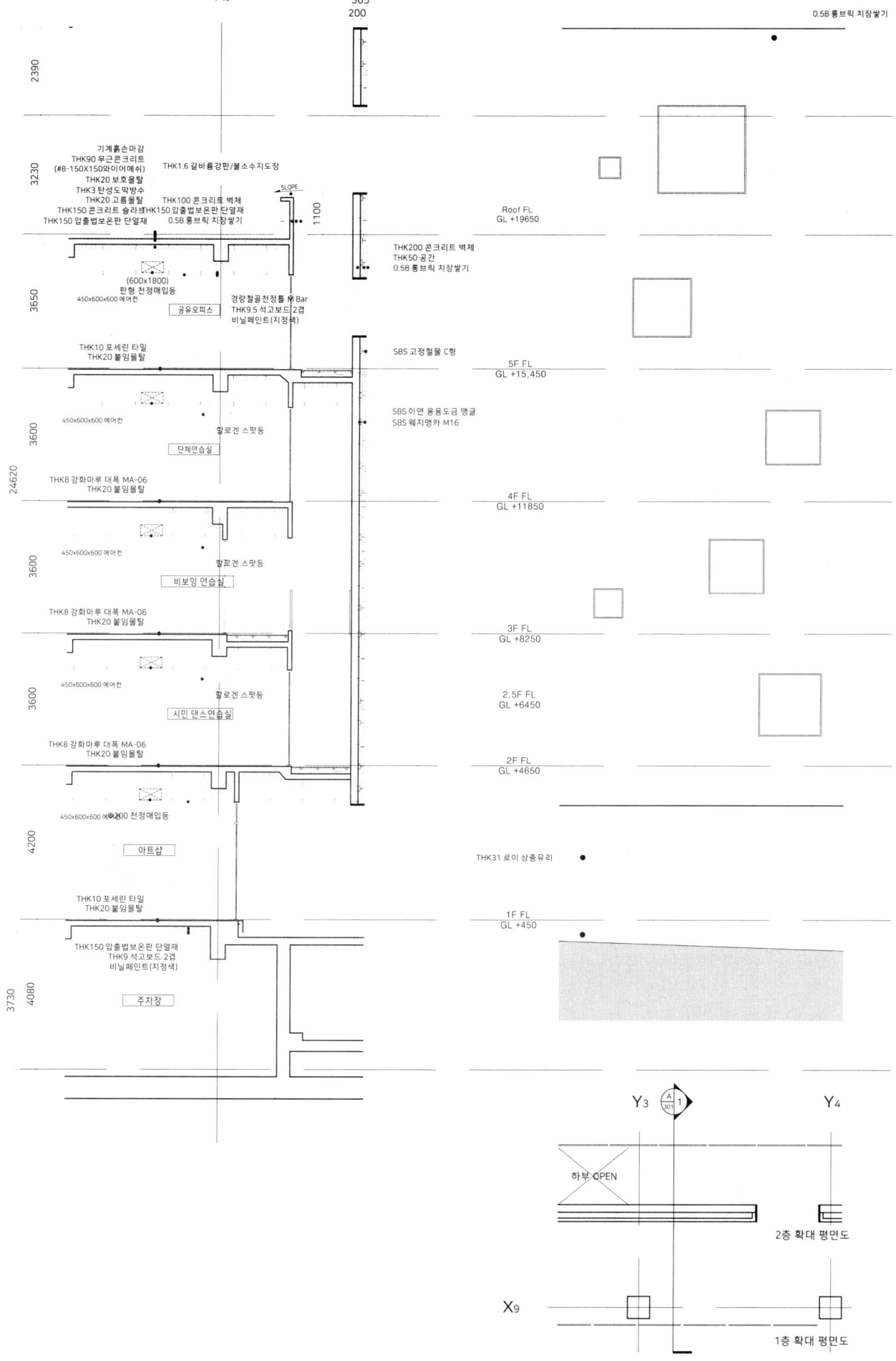

X₉

365
200

2390

0.5B 롱브릭 치장쌓기

3230
기계흙손마감
THK90 무근콘크리트
(#8-150X150와이어메쉬)
THK1.6 갈바륨강판/불소수지도장
THK20 보호몰탈
THK3 탄성도막방수
THK20 고름몰탈   THK100 콘크리트 벽체
THK150 콘크리트 슬라브 HK150 압출법보온판 단열재
THK150 압출법보온판 단열재   0.5B 롱브릭 치장쌓기

SLOPE

1100

Roof FL
GL +19650

THK200 콘크리트 벽체
THK50 공간
0.5B 롱브릭 치장쌓기

3650
(600x1800)
판형 천정매입등
450x600x600 에어컨
공유오피스

경량철골천정틀 M Bar
THK9.5 석고보드 2겹
비닐페인트(지정색)

THK10 포세린 타일
THK20 붙임몰탈

SBS 고정철물 C형

5F FL
GL +15,450

3600
450x600x600 에어컨
할로겐 스팟등
단체연습실

SBS 아연 용융도금 앵글
SBS 웨지앵카 M16

THK8 강화마루 대폭 MA-06
THK20 붙임몰탈

4F FL
GL +11850

24620

3600
450x600x600 에어컨
할로겐 스팟등
비보잉 연습실

THK8 강화마루 대폭 MA-06
THK20 붙임몰탈

3F FL
GL +8250

3600
450x600x600 에어컨
할로겐 스팟등
시민 댄스연습실

2.5F FL
GL +6450

THK8 강화마루 대폭 MA-06
THK20 붙임몰탈

2F FL
GL +4650

450x600x600 에어컨 Ø200 천정매입등

4200
아트샵

THK10 포세린 타일
THK20 붙임몰탈

THK31 로이 삼중유리

1F FL
GL +450

THK150 압출법보온판 단열재
THK9 석고보드 2겹
비닐페인트(지정색)

3730
4080
주차장

Y₃   A 301 1   Y₄

하부 OPEN

2층 확대 평면도

X₉

1층 확대 평면도

1
A 000
동측방향 외벽확대 평입단면도
SCALE : 1 / 100

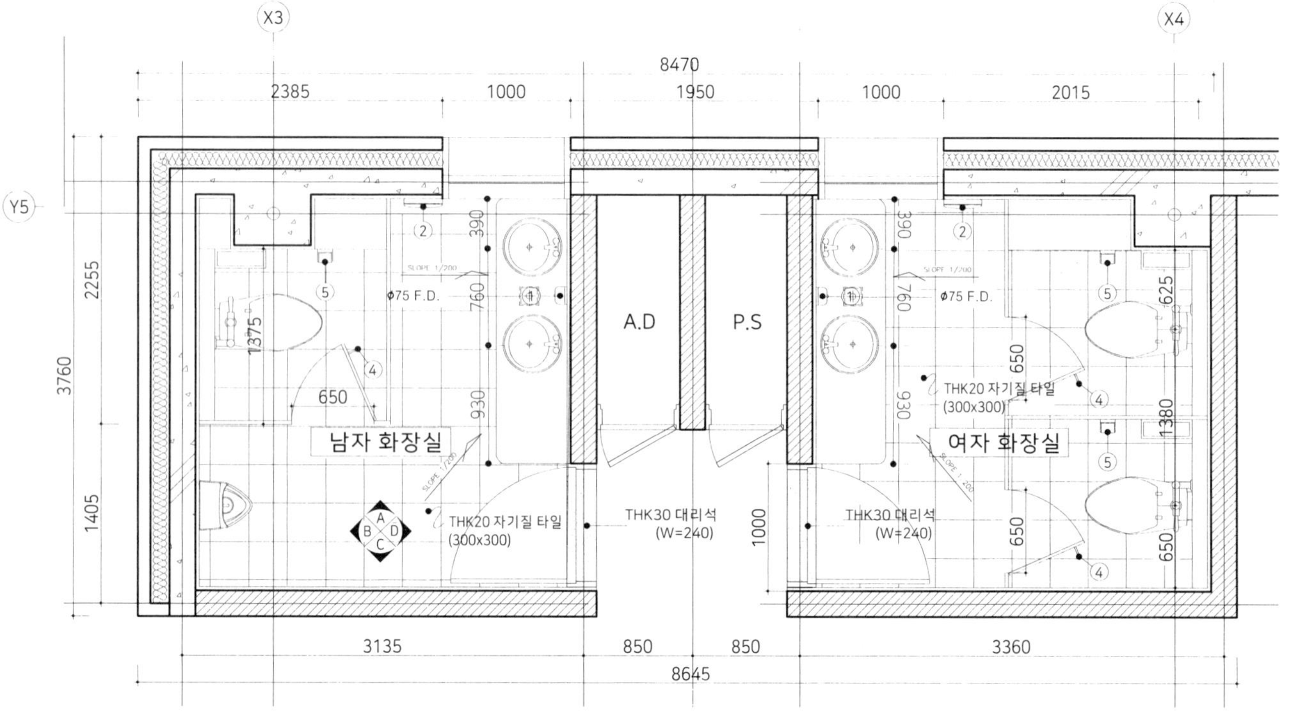

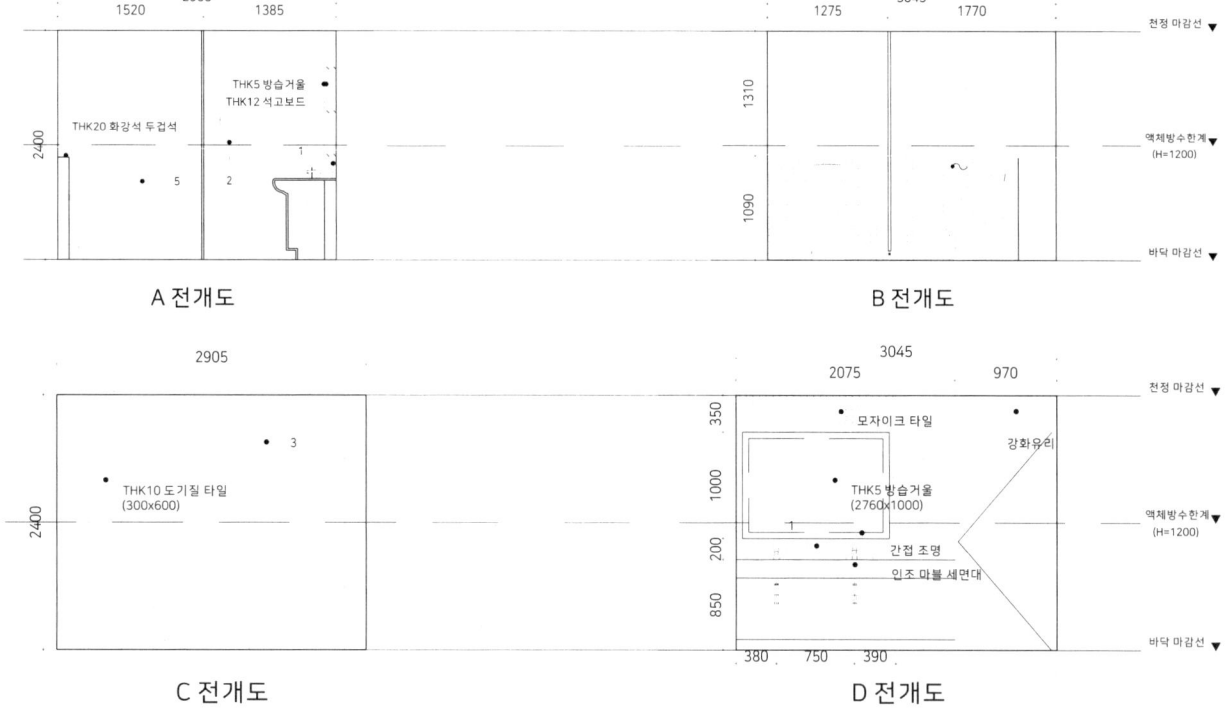

화장실 평면도

화장실 평면도
SCALE : 1 / 50

X3 8470 X4

2385 1000 1950 1000 2015

Y5

2255 3760 1405

390 760 ∅75 F.D. SLOPE 1/100

1375 650

남자 화장실

THK20 자기질 타일
(300x300)

930

A.D P.S

THK30 대리석
(W=240)

1000

850 850

390 760 ∅75 F.D. SLOPE 1/100

THK20 자기질 타일
(300x300)

930

여자 화장실

THK30 대리석
(W=240)

625 1380 650

650

3135 850 850 3360

8645

*화장실 액세서리 범례
①물비누세트
②페이퍼 타올
③방향제
④소지품걸이
⑤휴지걸이
⑥THK5 방습거울
⑦청소도구함
⑧그립바

A 전개도

1520 2905 1385

2400

THK20 화강석 두겁석

THK5 방습거울
THK12 석고보드

5 2 1

B 전개도

1275 3045 1770

천정 마감선 ▼

1310

1090

액체방수한계
(H=1200)

바닥 마감선 ▼

C 전개도

2905

2400

THK10 도기질 타일
(300x600)

3

D 전개도

3045

2075 970

천정 마감선 ▼

350 1000 200 850

모자이크 타일

강화유리

THK5 방습거울
(2760x1000)

간접 조명
인조 마블 세면대

액체방수한계
(H=1200)

380 750 390

바닥 마감선 ▼

화장실 전개도
SCALE : 1 / 50

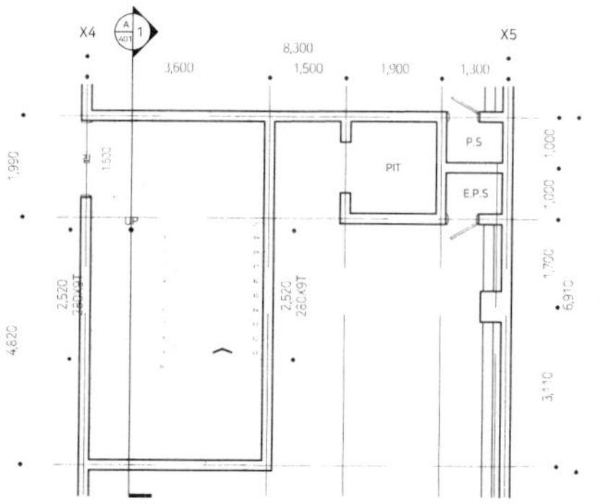

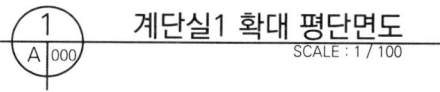

지하 2층 계단실 확대평면도

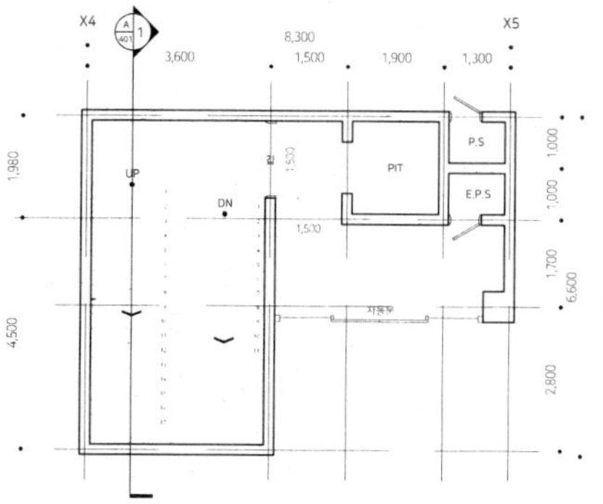

X4 X5
8,300
3,600 1,500 1,900 1,300
1,990 1,532
PIT P.S
E.P.S
2,520 (280X9T)
4,620 Y4

지하 1층 계단실 확대평면도

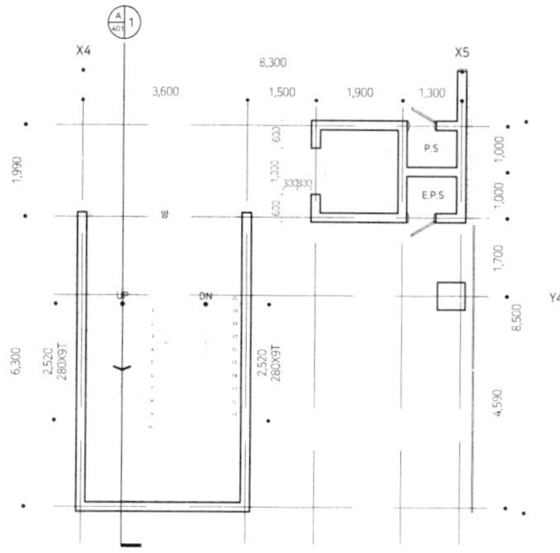

X4 X5
8,300
3,600 1,500 1,900 1,300
1,860 UP 1,530 PIT P.S
DN 1,510 E.P.S
2,520 (280X9T)
4,500 Y4

2~6층 계단실 확대평면도

X4 X5
8,300
3,600 1,500 1,900 1,300
1,990 P.S
DN E.P.S
2,520 (280X9T)
6,300 Y4

계단실 1 확대단면도

기계흙손마감
THK90 무근콘크리트 (#8-150X150와이어메쉬)
THK20 보호몰탈
THK3 탄성도막방수
THK20 고름몰탈
THK150 콘크리트 슬라브

THK1.6 갈바륨강판/불소수지도장

THK150 압출법보오판 단열재
THK22 내수합판
투습방수지
THK6 알루미늄 복합판넬(DRY SEAL)

SLOPE SLOPE

옥탑 FL GL + 21570

THK150 압출법보
THK6 알루미늄 복합판넬(DRY SEAL)
THK22 내수합판
투습 방수지

지붕 FL GL + 19050

C.H: 2,190
2,520 (280X9T) 벽부등 C.H: 3,990

보강 PIPE 50X30X1.4T
2,520 (280X9T) C.H: 2,400
1,800 1,750
2,520 (280X9T)

5F FL GL + 15450

보강 PIPE 50X30X1.4T
2,520 (280X9T) C.H: 2,550
1,800 1,750
2,520 (280X9T) 벽부등 C.H: 3,390

4F FL GL + 11850

THK18 몰탈미장 /다채무늬 도료(TYP.)
보강 PIPE 50X30X1.4T
2,520 (280X9T) C.H: 2,550
1,800 1,750
2,520 (280X9T)

3F FL GL + 8250

보강 PIPE 50X30X1.4T
2,520 (280X9T) C.H: 2,550
1,800 1,750
2,520 (280X9T) 벽부등 C.H: 3,390

THK10 폴리싱타일
THK20 설치몰탈

2F FL GL + 4650

보강 PIPE 50X30X1.4T
C.H: 3,150
1,160 3,640 (280X13T) 1,470
C.H: 3,990 벽부등 C.H: 2,780
560 (280X2T)
1,560 4,480 (280X16T) 2,030

1F FL GL + 450
GL ± 0

C.H: 3,340
2,520 (280X9T)
C.H: 4,650 C.H: 2,910

B1F FL GL - 3150

벽부등
2,120 2,520 (280X9T) 1,940
C.H: 3,390

B2F FL GL - 6750

28320 2520 3600 3600 3600 3600 4200 3600

THK10 폴리싱타일
THK25 설치몰탈
THK150 부근콘크리트 기계미장 (와이어메쉬:#8-150X150)
THK0.03 P.E필름2겹
배수판(T=45)

THK150 부근콘크리트 기계미장 (와이어메쉬:#8-150X150)
THK0.03 P.E필름2겹
배수판(T=45)
액체방수 1층/보호몰탈

THK600 철근콘크리트 기초
THK50 버림 콘크리트
THK0.03 P.E필름2겹
THK200 잡석다짐

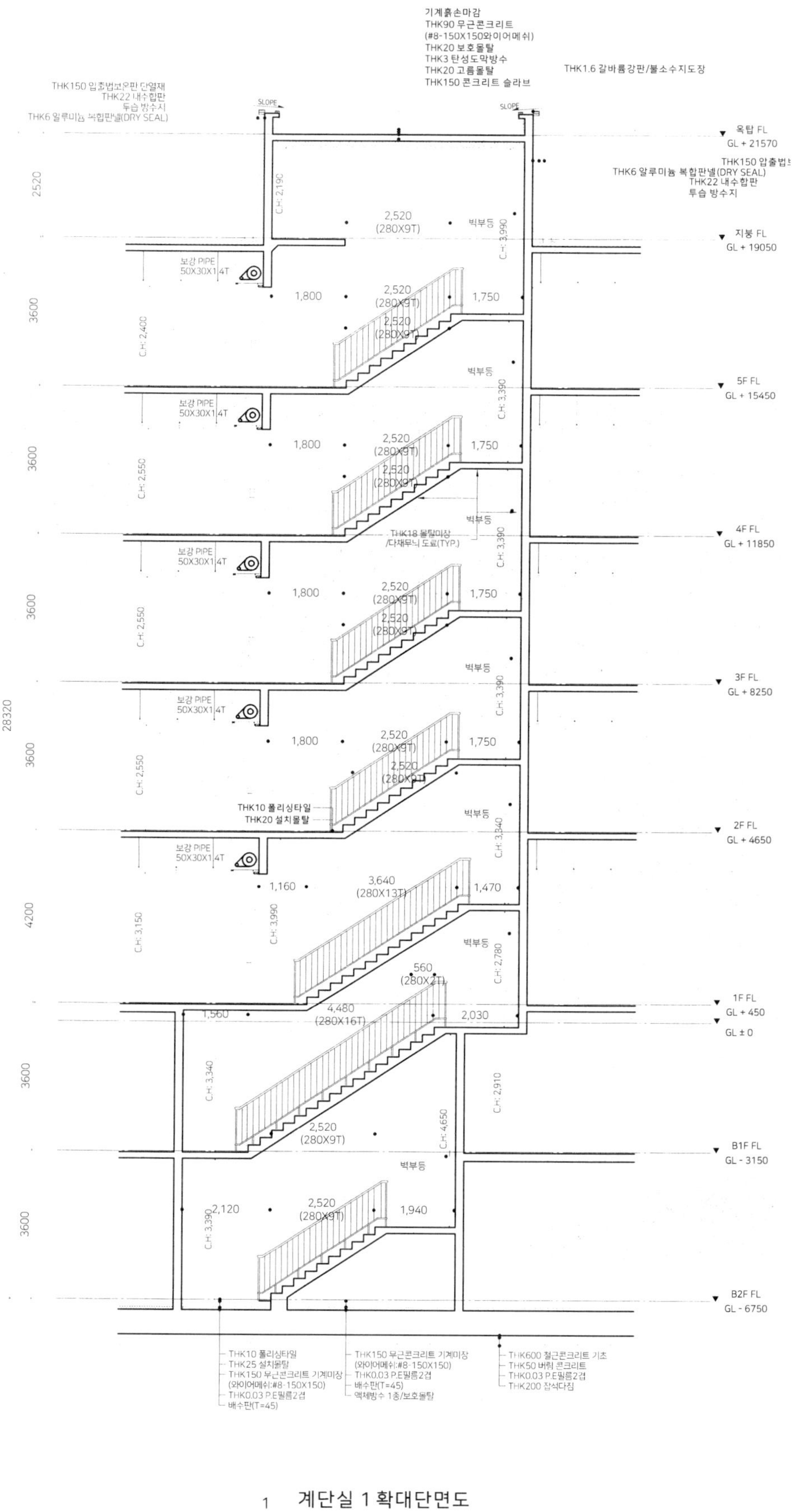

1 계단실 1 확대단면도
A 703 scale 1:100

1 계단실1 확대 평단면도
A 000 SCALE : 1 / 100

Type a command

EPILOGUE

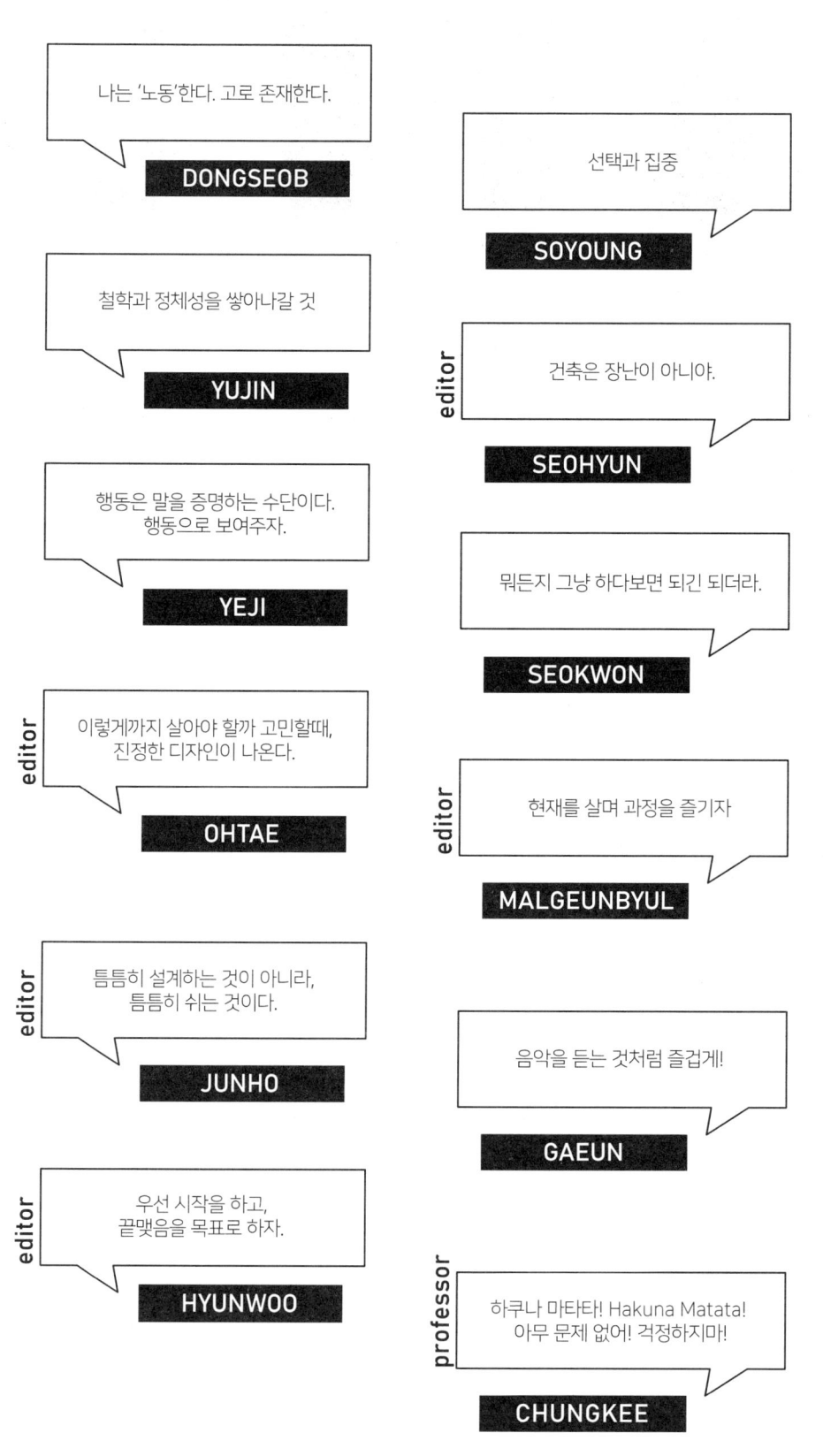

이 충 기 스 튜 디 오 최 종 결 과 물

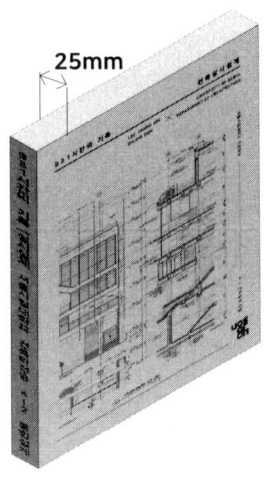

25mm

(김가은)	**162 Page**		(김가은)	**23mm**
(김소영)	**162 Page**		(김소영)	**23mm**
(박서현)	**166 Page**		(박서현)	**24mm**
(최맑은별)	**164 Page**		(최맑은별)	**24mm**
(강현우)	**170 Page**		(강현우)	**26mm**
(권오태)	**172 Page**		(권오태)	**27mm**
(남석원)	**170 Page**		(남석원)	**25mm**
(노동섭)	**170 Page**		(노동섭)	**26mm**
(신준호)	**172 Page**		(신준호)	**27mm**
(양유진)	**170 Page**		(양유진)	**25mm**
(임예지)	**170 Page**		(임예지)	**25mm**
(평균 페이지)	**168 Page**		**(평균 두께)**	**25mm**

이충기 스튜디오 도면집 평균 두께

 깨 운
STUDIO
NOTES

 SOY ARCH.
NOTES

 **SoT**
NOTES

 PROJECT TITLE
인사 아카이브
PROJECT NOTE

 STUDIO
WON
114-28 singil dong yeongdeungpo gu
seoul korea 110-230
sktmrms@uosarch.ac.kr
NOTES

 ㅇㅌ
건축사사무소
PROJECT TITLE
서울문화재단 리노베이션 공사
NOTE

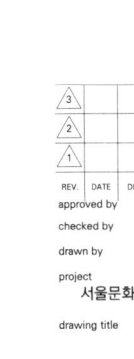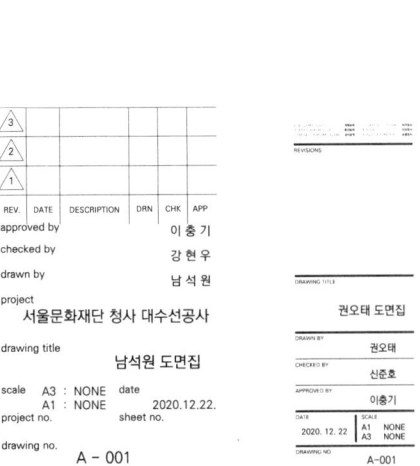

Page: 162 Page	Page: 162 Page	Page: 166 Page	Page: 164 Page	Page: 170 Page	Page: 172 Page
두께: 23mm	두께: 23mm	두께: 24mm	두께: 24mm	두께: 25mm	두께: 27mm

PROJECT TITLE

인사동
미디어테크

DRAWING TITLE
김가은 도면집

DATE
20. 12. 22

PROJECT ARCHITECT
김가은

APPROVED BY
이충기

CHECKED BY
최맑은별

DRAWNG NO.
A001

① 김가은 도면집 도곽

PROJECT TITLE

Approved by 이충기
Project Architect 김소영
Checked 박서현
Drawn 김소영

DRAWING TITLE
김소영 도면집

DRAWING NO.

DATE
2020.12.22

SCALE A1 : NONE
A3 : NONE

② 김소영 도면집 도곽

REV. DATE DESCRIPTION DRN CHK APP

PROJECT TITLE

인사동 미디어테크

DRAWING TITLE
박서현 도면집

DATE	CHECKED BY
2020 . 12 . 22	김 소 영
APPROVED BY	PROJECT ARCHITECT
이 충 기	박 서 현
SCALE	DRAWN BY
NONE	박 서 현

DRAWNG NO.
A-001

③ 박서현 도면집 도곽

STUDIO
M E B . C

DATE
2020.12.22

DRAWING TITLE
최맑은별 도면집

DRAWING NO.
A-001

APPROVED BY
이충기

DESIGNED BY
최맑은별

FORMAT SCALE
A3 NONE

④ 최맑은별 도면집 도곽

REV. DATE DESCRIPTION DRN CHK APP

approved by 이 충 기
checked by 강 현 우
drawn by 남 석 원

project
서울문화재단 청사 대수선공사

drawing title
남석원 도면집

scale A3 : NONE date
A1 : NONE 2020.12.22.
project no. sheet no.

drawing no. A - 001

⑤ 남석원 도면집 도곽

REVISIONS

DRAWING TITLE
권오태 도면집

DRAWN BY	
	권오태
CHECKED BY	
	신준호
APPROVED BY	
	이충기
DATE	A1 NONE
2020. 12. 22	A3 NONE

DRAWING NO.
A-001

⑥ 권오태 도면집 도곽

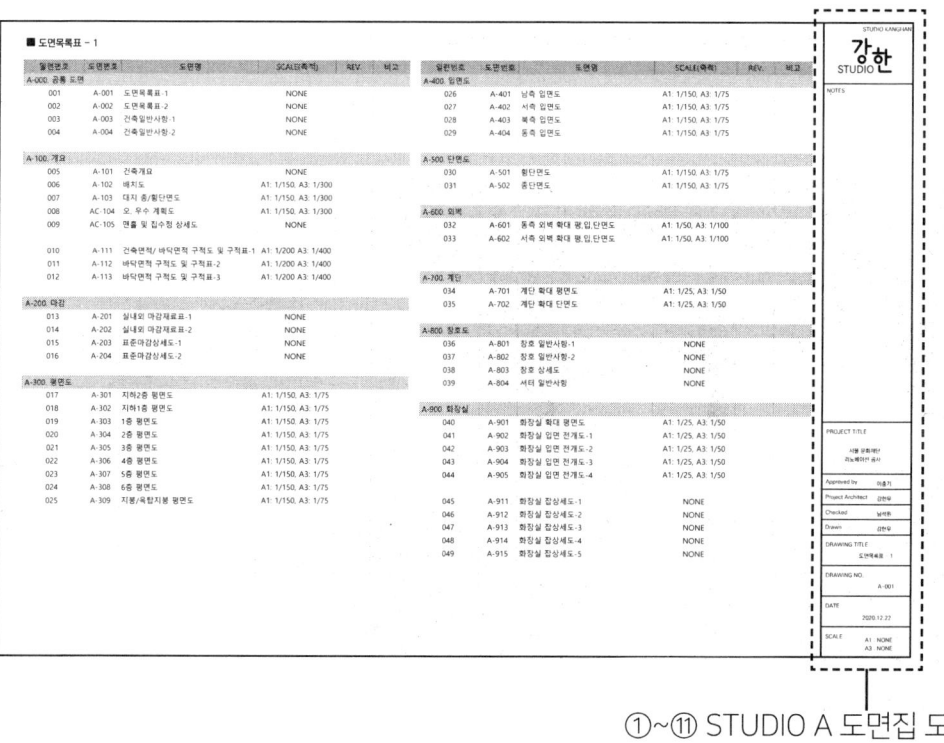

■ 도면목록표 - 1

일련번호	도면번호	도면명	SCALE(축척)	REV.	비고
A-000 공통 도면					
001	A-001	도면목록표-1	NONE		
002	A-002	도면목록표-2	NONE		
003	A-003	건축일반사항-1	NONE		
004	A-004	건축일반사항-2	NONE		
A-100. 개요					
005	A-101	건축개요	NONE		
006	A-102	배치도	A1: 1/150, A3: 1/300		
007	A-103	대지 종/횡단면도	A1: 1/150, A3: 1/300		
008	AC-104	오. 우수 계획도	A1: 1/150, A3: 1/300		
009	AC-105	면출 및 집수정 상세도			
010	A-111	건축면적/ 바닥면적 구적도 및 구적표-1	A1: 1/200 A3: 1/400		
011	A-112	바닥면적 구적도 및 구적표-2	A1: 1/200 A3: 1/400		
012	A-113	바닥면적 구적도 및 구적표-3	A1: 1/200 A3: 1/400		
A-200. 마감					
013	A-201	실내외 마감재료표-1	NONE		
014	A-202	실내외 마감재료표-2	NONE		
015	A-203	표준마감상세도-1	NONE		
016	A-204	표준마감상세도-2	NONE		
A-300. 평면도					
017	A-301	지하2층 평면도	A1: 1/150, A3: 1/75		
018	A-302	지하1층 평면도	A1: 1/150, A3: 1/75		
019	A-303	1층 평면도	A1: 1/150, A3: 1/75		
020	A-304	2층 평면도	A1: 1/150, A3: 1/75		
021	A-305	3층 평면도	A1: 1/150, A3: 1/75		
022	A-306	4층 평면도	A1: 1/150, A3: 1/75		
023	A-307	5층 평면도	A1: 1/150, A3: 1/75		
024	A-308	6층 평면도	A1: 1/150, A3: 1/75		
025	A-309	지붕/옥탑지붕 평면도	A1: 1/150, A3: 1/75		

일련번호	도면번호	도면명	SCALE(축척)	REV.	비고
A-400. 입면도					
026	A-401	남측 입면도	A1: 1/150, A3: 1/75		
027	A-402	서측 입면도	A1: 1/150, A3: 1/75		
028	A-403	북측 입면도	A1: 1/150, A3: 1/75		
029	A-404	동측 입면도	A1: 1/150, A3: 1/75		
A-500. 단면도					
030	A-501	횡단면도	A1: 1/150, A3: 1/75		
031	A-502	종단면도	A1: 1/150, A3: 1/75		
A-600. 외벽					
032	A-601	동측 외벽 확대 평,입,단면도	A1: 1/50, A3: 1/100		
033	A-602	서측 외벽 확대 평,입,단면도	A1: 1/50, A3: 1/100		
A-700. 계단					
034	A-701	계단 확대 평면도	A1: 1/25, A3: 1/50		
035	A-702	계단 확대 단면도	A1: 1/25, A3: 1/50		
A-800. 창호도					
036	A-801	창호 일반사항-1	NONE		
037	A-802	창호 일반사항-2	NONE		
038	A-803	창호 상세도	NONE		
039	A-804	셔터 일반사항	NONE		
A-900. 화장실					
040	A-901	화장실 확대 평면도	A1: 1/25, A3: 1/50		
041	A-902	화장실 입면 전개도-1	A1: 1/25, A3: 1/50		
042	A-903	화장실 입면 전개도-2	A1: 1/25, A3: 1/50		
043	A-904	화장실 입면 전개도-3	A1: 1/25, A3: 1/50		
044	A-905	화장실 입면 전개도-4	A1: 1/25, A3: 1/50		
045	A-911	화장실 칸상세도-1	NONE		
046	A-912	화장실 칸상세도-2	NONE		
047	A-913	화장실 칸상세도-3	NONE		
048	A-914	화장실 칸상세도-4	NONE		
049	A-915	화장실 칸상세도-5	NONE		

①~⑪ STUDIO A 도면집 도곽 확대

강한 STUDIO KANGHAN
NOTES

임노 건축사사무소
10-2, Jeonnong-ro 38ra-gil
Dongdaemun-gu, Seoul, Korea, 02492
rohhj1234@daum.net
NOTES

ARCHISHIN
tel 010 7756 0665
fax 010 7756 0665
web archishin.co.kr
163, Seoulsiripdae-ro, Dongdaemun-gu, Seoul
Republic of Korea
grand0605@daum.net
NOTES

WORKSHOP YVNG
NOTES
특이사항 (NOTE)

Page: 170 Page
두께: 26mm

Page: 170 Page
두께: 26mm

Page: 172 Page
두께: 27mm

Page: 170 Page
두께: 25mm

Page: 170 Page
두께: 25mm

PROJECT TITLE
서울 문화재단
리노베이션 공사

Approved by 이충기
Project Architect 강현우
Checked 남석원
Drawn 강현우
DRAWING TITLE 강현우 도면집
DRAWING NO. A-001
DATE 2020.12.22
SCALE A1 : NONE A3 : NONE

⑦ 강현우 도면집 도곽

PROJECT TITLE
서울문화재단 리노베이션
DRAWING TITLE
노동섭 도면집
DATE 2020. 12. 31
CHECKED BY 임예지
APPROVED BY 이충기
PROJECT ARCHITECT 노동섭
SCALE A3 : NONL A1 : NONL
DRAWING NO. A - 001

⑧ 노동섭 도면집 도곽

---

architecture designed by 신준호
structure designed by 신준호
mechanical designed by 신준호
electrical designed by 신준호
approved by 이충기
checked by 권오태
drawn by 신준호
project 서울문화재단 리노베이션 프로젝트
drawing title 신준호 도면집
scale A3 : NONE date 2020.12.22
A1 : NONE
project no. sheet no.
drawing no. A - 001

⑨ 신준호 도면집 도곽

설 계 명 (PROJECT TITLE)
용두동 서울문화재단 실시설계
설 계 자
설 계 (DRAWN BY) YANG YOO JIN
검 사 (CHECKED BY)
승 인 (SUBMITTED BY)
결 재 (APPROVED BY) 이충기
일 자 (DATE) 2020.12.22
축 척 (SCALE) A1 : NONE A3 : NONE
도 면 명 (DRAWING TITLE) 양유진 도면집
도면번호 (DRAWING NO.) A - 001

⑩ 양유진 도면집 도곽

PROJECT TITLE
Approved by 이충기
Project Architect 임예지
Checked 임예지
Drawn 임예지
DRAWING TITLE 임예지 도면집
DRAWING NO. A-001
DATE 2020.12.22
SCALE A1 : NONE A3 : NONE

⑪ 임예지 도면집 도곽

---

① 이충기 스튜디오 도면집 도곽 모음
A-000
SCALE : NONE

건축 실시설계
931시간의 기록

NOTES

(정규 수업시간)	6H X 28
(이충기 교수 수업 연장)	2H X27
(설계 하루 전)	12H X 27
(마감 하루 전)	18H X 2
(마감 2주 ~ 하루 전)	10H X 8
(마감 2주 이전)	6H X 34
(추석 연휴)	3H X 3
(한글날)	10H
(모델 제작)	18H
+ (3D 모델링)	10H X 3
	931H

PROJECT TITLE
이충기 스튜디오
4-2 통합설계

Approved by	이충기
Project Architect	Member of Studio A
Edit by	강현우, 권오태, 박서현, 신준호, 최맑은별
Published By	우리북

DRAWING TITLE
건축실시설계
931시간의 기록

DRAWING NO.
A-000

DATE
2020.12.22

SCALE
A1 : NONE
A3 : NONE

STUD

A

2020

U.

0.S

RCHITECTURE

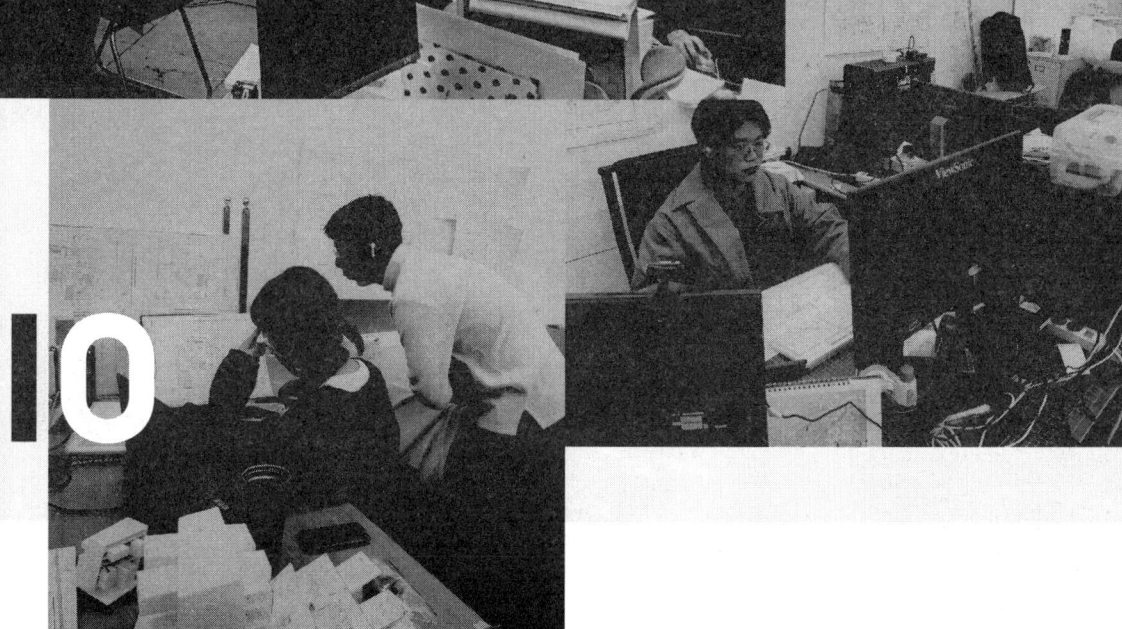

IO

HYUNWOO KANG

MALGEUNBYUL CHO

SEOHYUN PARK

YEJI LIM

GAEUN KIM

YOOJIN YAN

OHTAE KWON

JUNHO SHIN

DONGSEOP NOH

SOYOUNG KIM

CHUNGKEE LEE

FROM. LEE CHUNG-KEE STUDIO

건축실시설계
931시간의 기록

LEE, CHUNG KEE STUDIO 2020
University of Seoul Architecture

펴낸 곳. 도서출판 우리북
서울시 서초구 언남11길 7-4, 양재빌딩 1층
출판등록: 2010년 8월 27일
등록번호: 제 321-2010-000175호
펴낸이: 김영덕
휴대폰: 010-5228-2130
전화: 02-3463-2130
팩스: 02-2360-2150
이메일: kyd2130@hanmail.net
홈페이지: http://ooribook.com

초판 1쇄 인쇄: 2021년 11월 01일
초판 1쇄 발행: 2021년 11월 01일

ISBN: 979-11-85164-38-0
가격: 25,000원

편집: 강현우, 권오태, 박서현, 신준호, 최맑은별

* 본 작품집에 실린 도면들은 A3 크기를 기반으로 작업되었으며, 편집 과정에서 축소되어 표기된 축척과 다를 수 있습니다.